# L'AVENIR CLIMATIQUE

## Du même auteur

L'Effet de serre
(en la collaboration avec Hervé Le Treut)
*Flammarion, « Dominos », 2001*

*JEAN-MARC JANCOVICI*

# L'AVENIR CLIMATIQUE

## Quel temps ferons-nous ?

*ÉDITIONS DU SEUIL*
*27, rue Jacob, Paris VIe*

*À Hélène, Marion et Alice*

ISBN 2-02-051235-1



www.seuil.com

# Avant-propos

Ce livre aurait tout aussi bien pu s'appeler « réflexion d'ingénieur sur le changement climatique ». En quoi le fait d'être ingénieur confère-t-il à un individu un regard particulier sur un phénomène qui concerne tout le monde ? La réponse tient à ce qu'il occupe une position intermédiaire entre le scientifique et le public le plus large : de tous temps, son métier a été de s'appuyer sur la science du moment, sans être nécessairement en mesure d'en vérifier tous les fondements par lui-même, pour s'efforcer de traduire les découvertes faites par d'autres en objets quotidiens ou en actions concrètes, pour ce qu'il pense être le bénéfice du plus grand nombre. De ce fait, la science n'est pas la seule matière première de l'ingénieur : les souhaits d'un public, ou l'idée – nécessairement partiale – qu'il se fait du progrès sont aussi pris en compte pour guider ses pas.

Dans le cadre de cet ouvrage, je suis parti de l'hypothèse que l'idée de progrès et l'attente de tout un chacun se confondaient dans un même objectif de société, dont la première caractéristique serait d'éviter à tout prix de graves désordres climatiques futurs. Pourrait-on alors « concevoir » un monde qui correspondrait à cette vision de l'avenir et nous permettrait néanmoins de vivre heureux ?

Bien sûr, il m'a semblé difficile de m'engager dans cette réflexion sans exposer tout d'abord ce que nous dit la science sur le changement climatique induit par l'homme, comment elle nous le dit, et quelles garanties nous pouvons avoir sur la validité de ses conclusions, même quand nous ne sommes pas du sérail. Ce n'est certes pas le premier livre contenant ce genre d'informations ; j'ai même eu le grand plaisir de partager récemment avec Hervé Le Treut la rédaction d'un ouvrage de vulgarisation sur ce sujet[1]. J'ai pourtant souhaité reprendre ici une partie de ces données, parce qu'elles constituent le socle de tout débat concernant les autres facettes du problème, économique ou sociétale, et que donner comme premier conseil de lire d'autres livres avant de commencer celui-ci aurait engendré quelques complications pratiques !

Une deuxième partie est consacrée aux conséquences possibles, physiques et économiques, de l'évolution en cours. Il n'est pas aisé de traiter cet aspect en évitant le catastrophisme – le pire n'est jamais certain – et l'insouciance – le meilleur non plus. Cette délicate navigation entre possible et probable m'a pourtant paru indispensable : pourquoi chercher à se prémunir contre des risques encourus qui ne pourraient être exposés avec un minimum de précision ?

Dans un troisième temps, j'ai essayé d'exposer comment notre comportement quotidien influence le climat de demain. Des émissions de gaz à effet de serre sont en effet associées à quasiment tous nos actes de la vie courante, et les mesurer et les comparer est la seule méthode qui soit pour identifier les marges de manœuvre. Cet inventaire réservera probablement quelques surprises au lecteur.

Enfin la dernière partie de cet ouvrage tentera, sur la base des précédentes, de donner des éléments de choix pour l'avenir. Certes, quoi que nous fassions désormais, nous ne pouvons déjà plus empêcher le climat de changer de notre fait au cours des prochains siècles. Toutefois, l'évolution future et sa brutalité dépendent encore largement de ce que seront nos actions et désirs des années et décennies futures. J'ai essayé de faire en sorte que chaque lecteur puisse juger par lui-même de l'ampleur des efforts à réaliser pour, peut-être, éviter les conséquences les plus graves de l'évolution dans laquelle nous entraînons le climat. Ces efforts seraient loin d'être minces, à chacun de dire s'ils sont tolérables et justifiés.

Ces parties sont volontairement relativement indépendantes les unes des autres. Ainsi, en fonction de son temps disponible, ou de l'ordre dans lequel chacun souhaite découvrir les différentes composantes de l'ensemble, il est possible de parcourir ces lignes autrement qu'en suivant le fil des chapitres ; des renvois sont insérés pour

1. *L'Effet de serre*, Hervé Le Treut et Jean-Marc Jancovici, Flammarion, collection « Dominos », 2001.

faciliter ce type de lecture. J'espère toutefois que personne ne laissera totalement de côté l'une des parties. Seule une vue globale permet de se forger sainement sa propre opinion sur un problème aussi complexe, tant il est vrai que les manifestations de scepticisme ou les jugements erronés proviennent souvent d'une connaissance partielle des informations disponibles.

Un ingénieur qui examine une question se résigne mal, une fois qu'il en a fait le tour, à ne pas proposer d'éléments de solution, et cette tendance est d'autant plus difficile à réfréner que la situation découverte semble préoccupante. Me soumettant à la loi du genre, je me risquerai, en guise de conclusion, à formuler une proposition iconoclaste pour aller de l'avant. Pourrait-elle nous permettre de sortir de la schizophrénie dont nous sommes tous atteints ?

PREMIÈRE PARTIE

# La science et les scientifiques

# Les scientifiques : quels scientifiques ?

## DEPUIS UN SIÈCLE, DÉJÀ...

Si, aussi loin que les historiens puissent le savoir, l'influence du climat sur l'homme a constitué un sujet fréquent de préoccupation, il est courant de penser que l'influence de l'homme sur le climat est une découverte récente. Cela ne fait que quelques années que la couverture médiatique de ce sujet est significative ; cela ne fait que 10 ans que les premiers rapports destinés à alerter les gouvernements ont parus ; cela ne fait que 10 à 15 ans que la diplomatie internationale s'en préoccupe, le Sommet de la Terre à Rio en 1992 en ayant constitué le premier moment fort ; la survenue fréquente du changement climatique dans les discours politiques ne date pas de plus de quelques années, du moins en France. Pourtant, la modification possible du climat par suite de l'utilisation des combustibles fossiles par l'homme est un phénomène connu depuis fort longtemps : plus d'un siècle nous sépare de cette découverte, par un chimiste suédois du nom de Svante Arrhenius, brillant esprit de son temps (il reçut le prix Nobel en 1903 pour des travaux liés à l'électrolyse). Il ne fut pourtant pas le premier à se pencher sur le sujet : avant lui Fourier avait déjà découvert le phénomène de l'effet de serre, et Tyndall et Pouillet avaient identifié les principales molécules qui en sont la cause, la vapeur d'eau et le gaz carbonique. Arrhenius sera toutefois le premier, en 1896, à prédire et quantifier une augmentation de la température moyenne de notre planète comme conséquence de l'utilisation industrielle des combustibles fossiles.

Avec pour seuls outils une feuille de papier et un crayon, Arrhenius avait fort bien estimé le réchauffement qui suivrait un doublement ou un quadruplement de la teneur en gaz carbonique de l'atmosphère. Il avait également perçu les grandes lignes de l'évolution régionale des températures, et compris qu'une augmentation globale de la température engendrerait une augmentation globale des précipitations. Mais, à la différence de nos contemporains, Arrhenius y voyait une fort bonne nouvelle. À son idée, en contrecarrant la survenue d'une inéluctable glaciation à venir (c'est au XIXe siècle que fut découverte l'existence de glaciations plus ou moins périodiques dans le passé), ce réchauffement allait empêcher l'humanité de pâtir d'une forte baisse des températures assurément redoutable, voire fatale, pour les habitants des moyennes latitudes. Au contraire, une élévation des températures, des précipitations, et de « l'acide carbonique » présent dans l'atmosphère (on désignait ainsi le dioxyde de carbone), allaient favoriser la croissance des plantes et mettre ainsi les hommes à l'abri de la faim. À l'époque, les famines étaient déjà un souvenir du passé en Europe, mais les populations vivaient encore essentiellement à la campagne. Cette perspective de voir les récoltes gagner en abondance a alors semblé particulièrement réjouissante, et n'a pas incité à se préoccuper plus que cela d'éventuels désagréments liés à une telle évolution.

Cette conséquence bénéfique de l'accroissement de l'effet de serre – provoquée par l'industrialisation en plein essor – sur le devenir de la planète était aussi vue, dans le droit fil de la pensée de l'époque, comme une retombée positive supplémentaire d'une science et d'une technique triomphantes. Enfin, la Terre d'Arrhenius était 4 fois moins peuplée que la nôtre, ne disposait pas d'armes de destruction massive, et n'avait pas encore connu sa Première Guerre mondiale. La question des éventuelles répercussions géopolitiques catastrophiques d'une déstabilisation des populations n'avait pas, par la force des choses, l'acuité qu'elle peut présenter aujourd'hui.

Le discours a désormais bien changé : notre activité industrielle n'est pas une police d'assurance contre un futur coup de froid, disent ceux qui étudient la question, mais peut-être le point de départ de très gros ennuis. Qu'est-ce qui a suscité un tel renversement d'opinion sur un phénomène connu depuis si longtemps ?

## LE VASTE MÉLI-MÉLO DES DISCIPLINES

La presse utilise souvent, pour désigner les personnes qui se penchent sur l'avenir du climat, le terme générique de « scientifiques ». Chacun s'imagine peut-être qu'il s'agit là d'une catégorie relativement homogène d'individus observant les climats du futur se dessiner en bleu et rouge sur des écrans d'ordinateurs, et qu'ils appartiennent à un champ disciplinaire bien précis. Rien ne saurait être plus inexact : il y a pléthore de spécialités impliquées, dont la majorité ne se revendiquaient absolument pas de la « science climatique » il y a 10 ou 20 ans, et, parfois, ne s'en revendiquent toujours pas. Bien évidemment, il est difficile d'étudier le climat sans climatologues, lesquels appartiennent indubitablement à cette « science climatique ». Leur activité consiste notamment à mettre au point, puis à utiliser des modèles, qui sont des représentations mathématiques aussi fiables que possible du fonctionnement du climat de notre planète (voir page 80).

Mais ces spécialistes n'arrivent en fait qu'en bout de chaîne : simuler le climat futur n'a de sens qu'en ayant, au préalable, décortiqué du mieux possible le fonctionnement de notre planète, et en particulier des grands processus qui régissent le fonctionnement de la machinerie climatique. Que faut-il avoir d'abord compris ?

– combien de rayonnement nous recevons du Soleil et comment il se répartit au cours des âges (voir page 29), ce qui est l'affaire des astronomes et des astrophysiciens ;

– comment se déroulent les échanges d'énergie entre le Soleil, la Terre et l'espace, ce qui nous demandera des thermodynamiciens ;

– comment la composition chimique de l'atmosphère évolue au cours du temps : c'est le domaine des aérologues ;

– quelles sont les circulations d'air à grande échelle, la composition des diverses couches de l'atmosphère et les interactions des unes avec les autres, ce qui nécessite des physiciens de spécialités diverses ;

– comment se présente l'occupation des sols (glace, eau, végétation...) et leur variation au cours du temps : entrée en scène des géographes ;

– quels sont les cycles des éléments chimiques de base sur Terre, notamment le carbone et l'azote, étudiés par les biogéochimistes ;

– et encore comment se forment les nuages, fonctionne l'évaporation continentale, influent les volcans…

Cette simple entrée en matière montre déjà que « la science » qui intervient ne sera pas une entité homogène : peut-on considérer comme semblables un vulcanologue et un spécialiste de la photosynthèse ?

## LA TERRE EST SURTOUT... COUVERTE D'EAU

Le climat ne dépend pas que du comportement de l'atmosphère. Pour en percer les mystères, il est aussi essentiel de comprendre comment se comporte l'océan, siège de cycles dont les constantes de temps peuvent aller jusqu'à quelques milliers d'années, et qui gouverne bien plus que l'atmosphère les variations longues du climat. Si notre planète ne possédait pas d'océans, elle présenterait des contrastes thermiques considérables entre les saisons ou entre le jour et la nuit. La présence de grandes masses d'eau agit comme un amortisseur des différences de température, et comme un convoyeur de chaleur entre les latitudes, permettant ainsi à la température en tout point du globe de ne pas trop s'écarter des valeurs qui sont propices à l'éclosion de la vie : même les habitants du centre de la Russie bénéficient d'un climat fortement tempéré par l'existence d'océans sur Terre. Qui dit océans dit océanographes, amplement mis à contribution dans le cadre qui nous intéresse. Et n'oublions pas l'eau solide : la glace (de mer ou continentale, comme celle des calottes glaciaires) joue un rôle très important dans la formation du climat, notamment (mais pas seulement) parce que son étendue contribue à déterminer la part de l'énergie en provenance du Soleil qui sera utilisée *in fine* par la machine climatique. L'eau solide a aussi ses spécialistes : les glaciologues.

## VOICI LA MÉTÉO

Pour qu'un ordinateur fournisse des indications sur notre climat futur, il ne suffit pas de lui traduire les règles physiques et chimiques régissant notre environnement. Il faut aussi lui décrire une situation climatique de départ, ce qui revient, à peu de choses près, à lui décrire le temps qu'il a vraiment fait un jour donné. Cela requiert de s'adresser aux météorologues, lesquels, grâce à leurs nombreux moyens de mesure, disposent désormais de relevés de température, de pression, de précipitations, de nébulosité, etc., pour à peu près n'importe quel endroit de la planète. Ce n'est pas un hasard si le GIEC (Groupe intergouvernemental sur l'évolution du climat, voir page 21) a été créé sous l'égide de l'Organisation météorologique mondiale. Travaillant avec les mêmes données, partageant un objectif de même nature (prévoir le temps qu'il fera), climatologues et météorologues utilisent du reste des outils de conception voisine. La seule différence – quoique de taille ! – porte sur les échéances : quelques jours d'un côté, jusqu'à quelques siècles de l'autre. Outre leurs centres de prévision, plusieurs organisations météorologiques disposent en propre d'un centre de modélisation climatique, c'est par exemple le cas de Météo France, ou de son équivalent britannique, dont l'équipe (celle du Hadley Centre) est notoirement à la pointe du sujet.

## RETOUR VERS LE FUTUR

Un modèle climatique, bien entendu, doit aider à étudier l'avenir. Pourtant, dès qu'une innovation est introduite dans un modèle existant, ou qu'un nouveau modèle est créé, la première chose qui est faite est… de se tourner vers le passé. Pourquoi ? C'est que le seul moyen à notre disposition, pour tester un modèle, est d'examiner s'il simule correctement le climat que nous avons connu. Cela permet aussi de l'étalonner, en fixant la valeur de certains paramètres utilisés (étalonner par l'expérience est une démarche classique ! cela ne signifie pas que personne n'est capable d'y voir clair). Pour cette opération, toutefois, seuls les climats du XX^e^ siècle et de la seconde moitié du XIX^e^ peuvent servir de référent. En effet, bien que l'invention du thermomètre soit attribuée à Galilée, en 1592, il aura fallu attendre le milieu du XIXe siècle pour que les mesures soient suffisamment nombreuses et précises pour fournir une valeur acceptable de la température moyenne au niveau du sol. D'autres méthodes que la mesure directe peuvent être utilisées pour des périodes plus anciennes, mais le degré de précision du résultat n'est pas suffisant pour l'étalonnage d'un modèle.

La température n'est pas le seul paramètre utilisé : pour les décennies récentes, la pression, l'hygrométrie, les courants marins, le vent, ou encore les grandes variations pluriannuelles telles que El Niño, servent aussi à comparer climat simulé et climat observé. Pour ce passé proche, ce sont encore les organisations météorologiques qui servent de banques d'informations. Les observations par satellite ont permis d'augmenter considérablement la quantité de données disponibles sur toute la surface du globe (avec les stations au sol, l'océan est nécessairement très mal couvert) et cela a permis une avancée très significative en climatologie.

S'intéresser au passé a d'autres vertus que de permettre le calibrage du modèle. En recoupant l'évolution des grands paramètres climatiques et les conditions de vie relatées ou supposées, nous en tirerons des conclusions intéressantes sur notre avenir possible. Seront alors sollicités :

– des historiens, qui analysent les archives pour y déceler tout indice utile pour notre affaire. Par exemple, le « petit âge glaciaire » qu'a traversé l'Europe il y a quelques siècles se traduit par la mention, dans les livres ou actes administratifs rédigés à cette époque, de mauvaises récoltes, de feux allumés dans les cheminées en plein mois d'août, de glaciers descendant dans les vallées, etc. ;

– des glaciologues, déjà mentionnés plus haut. Année après année, la neige qui se dépose sur un glacier amène avec elle son lot de renseignements incomparables sur le temps qu'il a fait au moment de la chute de neige ; nous y reviendrons fréquemment ;

– des spécialistes des faibles radioactivités et de l'analyse isotopique. La proportion des différents isotopes composant tel ou tel matériau qui s'est formé graduellement au cours des temps géologiques permet en effet de déduire de précieux renseignements sur les conditions climatiques de l'époque de formation. Par ailleurs, le monde qui nous entoure comporte – de manière parfaitement naturelle – de nombreux éléments radioactifs, qui servent à la fois de traceurs (ils se détectent facilement) et d'horloge (leur proportion varie avec le temps). En étudiant attentivement leur proportion ici et là, il est possible de reconstituer des cycles et des flux concernant notre atmosphère ou nos océans. Le rôle majeur tenu par ces spécialités dans la compréhension des climats du passé explique que, aussi étonnant que cela puisse sembler, c'est au Commissariat à l'énergie atomique (Laboratoire des sciences du climat et de l'environnement, unité mixte CEA-CNRS) que se rencontrent des compétences précieuses pour disposer de points de repère sur le temps qu'il a fait « avant ».

L'énumération pourrait être prolongée à l'envi : la vaste entreprise que constituent l'étude de notre climat et l'estimation des conséquences d'un changement climatique requiert également des botanistes, des agronomes, des spécialistes des écosystèmes, des hydrologues, d'autres astronomes (pour observer l'effet de serre qui existe chez nos voisines, à savoir Vénus et Mars), des géologues, des palynologues (spécialistes des pollens)…

## ÉCONOMISTES, DÉMOGRAPHES, TECHNICIENS, INGÉNIEURS…

En dehors des représentants des sciences dites « dures » (c'est-à-dire des diverses branches de la physique, de la chimie et de la biologie), qui se trouveront généralement dans les universités ou les grands laboratoires de recherche, des experts divers, provenant d'autres disciplines et parfois d'autres milieux, sont nécessaires. Ils interviennent notamment pour l'établissement des « scénarios d'émission » de gaz à effet de serre, fondés sur des hypothèses techniques, démographiques, économiques, et sociales correspondant chacune à une vision particulière de l'avenir. Il sera souvent difficile de dire si ces scénarios caractérisent des évolutions plus probables que d'autres, ou même seulement possibles. Leur élaboration est toutefois indispensable, puisqu'ils permettent de traduire physiquement l'action de l'homme : les futures émissions se relient directement à l'évolution de la perturbation climatique (voir page 145).

Les émissions de l'humanité dépendent bien sûr du nombre d'individus sur Terre. Savoir si nous serons 8, 10 ou 15 milliards d'habitants dans 100 ans (attention : il s'agit de prolongations de tendances, même si le terme de « prévision » est souvent employé) nécessitera des démographes. Mais nos émissions futures dépendront aussi de la quantité de combustibles fossiles consommés, de la manière dont nous produirons l'électricité, de nos souhaits en matière de logement, de transport, et pour tous ces domaines des experts sectoriels seront nécessaires pour permettre la traduction d'évolutions sociétales possibles en émissions de gaz à effet de serre.

La déforestation conduit également à des émissions de gaz à effet de serre ainsi qu'à un changement de la proportion du rayonnement solaire réfléchi par la surface de la Terre : connaître l'ampleur et l'évolution probable de cette évolution est aussi indispensable pour faire des projections. Nous aurons alors besoin de spécialistes forestiers, d'économistes spécialistes des pays tropicaux…

Même la nature de notre alimentation, selon qu'elle est plus ou moins fortement carnée, a son importance : agronomes et sociologues auront aussi leur mot à dire !

Ce chapitre aura-t-il permis, comme je l'espère, de faire comprendre que « les scientifiques » est une notion qui, finalement, ne correspond à rien ? Ce qui existe, c'est une vaste population de scientifiques et d'experts, représentant de très nombreuses disciplines, résidant dans tous les pays du monde (les États-Unis fournissent le contingent le plus important), qui travaillent avec des cadres et des notions hétérogènes et qui vont, par la mise en commun de leurs travaux, nous donner des visions possibles de notre avenir climatique. Rassembler en un seul lieu, sous forme synthétique, les informations pertinentes de ce point de vue est loin d'être trivial : c'est à cette seule fin qu'a été créé le GIEC, que nous allons présenter maintenant.

# Synthétiser les connaissances

## QU'EST-CE QUE LE GIEC ?

En raison de ses caractéristiques planétaires, de l'ampleur des dégâts possibles, et des implications considérables qu'aurait pour notre société une réduction soutenue des émissions de gaz à effet de serre, l'étude de l'influence de l'homme sur le climat a justifié, en 1988, le lancement de l'un des plus importants processus d'expertise scientifique au monde. Il a été confié au GIEC (Groupe intergouvernemental sur l'évolution du climat, en anglais IPCC pour International Panel on Climate Change). Cet organisme a été mis en place à la demande du G7 (groupe des 7 pays les plus riches : États-Unis, Japon, Allemagne, France, Grande-Bretagne, Canada, Italie), sous l'égide de l'Organisation météorologique mondiale et du Programme pour l'environnement des Nations unies. Le GIEC est une organisation de pays ; tous les membres des Nations unies (189 en 2000) en sont adhérents. Son rôle est d'« expertiser l'information scientifique, technique et socio-économique qui concerne le risque de changement climatique provoqué par l'homme ». Le GIEC n'est donc pas chargé de mener des recherches, mais d'organiser la synthèse et l'expertise des travaux existants en vue de dégager des éléments de consensus pour éclairer le débat politique et les négociations internationales.

Le GIEC est administré par un bureau élu par l'assemblée générale des pays adhérents, où chaque pays membre dispose d'une voix. Il possède son propre budget, fourni pour l'essentiel *via* la mise à disposition de personnel par certains pays membres (la Suisse, la

France, les Pays-Bas, la Grande-Bretagne...). Il est subdivisé en 3 groupes de travail ayant chacun un champ d'investigations précis :

– le fonctionnement du climat et l'appréciation du changement climatique (groupe 1) ;

– la vulnérabilité de la biosphère et de notre système socio-économique face aux évolutions possibles du climat (groupe 2) ;

– la manière dont peuvent évoluer les émissions de gaz à effet de serre et les variables d'action pour réduire les émissions (groupe 3).

Ses productions écrites essentielles s'appellent des « rapports d'évaluation » (en anglais *Assessment Reports*). Tous les 4 à 5 ans environ, l'assemblée plénière du GIEC (où chaque pays dispose d'une voix) décide d'un programme de travail, en arrêtant de manière formelle le sommaire prévisionnel du rapport qui sera rendu en bout de course, avec toutes les têtes de chapitre prévues. Sur la base de ce sommaire prévisionnel, qui résulte directement des points sur lesquels les gouvernements souhaitent un avis d'expert, le bureau du GIEC met en route le processus d'expertise, en commençant par solliciter des « auteurs principaux », qui prendront en charge par petits groupes une tête de chapitre, et qui s'adjoindront des « contributeurs » (plusieurs dizaines par chapitre), spécialistes chargés, sur un sujet qu'ils connaissent bien, de faire le tour des travaux en cours puis de synthétiser l'état des connaissances. Par exemple, au sein du chapitre concernant le climat du passé, un contributeur examinera les travaux relatifs aux variations de tel ou tel composé dans les carottages sédimentaires effectués au fond des océans ; un autre rassemblera les publications sur les analyses de pollens dans les glaciers terrestres, etc.

Une fois la matière première rassemblée, les auteurs principaux rédigent une première version de chapitre, faisant la part des choses entre ce sur quoi il y a consensus et les questions qui font encore débat, avec dans chaque cas les arguments à l'appui et les éventuelles réserves. Ce premier jet est largement diffusé aux scientifiques du monde entier, afin de recueillir toute remarque, critique ou suggestion opportune. À ce stade, des chercheurs qui ne seraient pas destinataires de l'envoi peuvent aussi se manifester, obtenir une copie et faire part de leur avis, quel que puisse être ce dernier.

Les remarques faisant suite à cette première consultation (jusqu'à plusieurs milliers par projet de rapport) sont prises en compte par les auteurs, qui élaborent une deuxième version, alors diffusée pour avis, critiques et commentaires, non seulement aux scientifiques, mais aussi aux gouvernements des pays membres du GIEC.

Ce n'est qu'à l'issue de ces allers et retours qu'un « véritable » projet de rapport d'évaluation est rédigé pour être soumis à l'approbation de l'assemblée du GIEC. À ce jour, les rapports d'évaluation ont tous été approuvés à l'unanimité par cette assemblée, où siègent naturellement les États-Unis et l'Arabie saoudite, alors que le pétrole et le charbon ne sont clairement pas à la fête dans les conclusions. Cette approbation formelle montre que les pays représentés à l'assemblée jugent le processus loyal, et estiment qu'aucun point de vue recevable n'a été censuré.

Une fois approuvés, les rapports d'évaluation sont déclarés « publications du GIEC ». La liste complète des contributeurs et des experts ayant fait part d'un avis est publiée avec chaque rapport.

Ces rapports d'évaluation sont également condensés dans des versions de quelques dizaines de pages appelées « résumés pour décideurs », qui sont discutés mot à mot par l'assemblée plénière avant d'être approuvés. Bien entendu, ces résumés pour décideurs ne peuvent restituer toutes les nuances d'un rapport 10 à 20 fois plus gros, ce qui leur vaut parfois des critiques, mais ces différences ne sont pas de nature à induire de graves contresens.

Trois rapports d'évaluation ont été rendus, en 1990, 1995, et juillet 2001 pour le dernier. Ces documents servent de référence dans le cadre des négociations internationales sur les gaz à effet de serre, mais le GIEC n'ayant qu'un rôle d'évaluation et non de recommandation, il n'est pas officiellement représenté dans ces négociations. Le GIEC édite aussi des documents qui ont pour objet d'approfondir un point particulier, par exemple la contribution des avions aux émissions de gaz à effet de serre, ou celle du changement d'usage des sols. Ces documents ne sont pas explicitement approuvés par l'assemblée plénière du GIEC mais sont établis suivant une procédure analogue à celle des rapports d'évaluation. Les documents édités par le GIEC sont tous publics (voir bibliographie en fin d'ouvrage).

## QUEL CRÉDIT ACCORDER AU GIEC ?

Dès qu'un groupe d'individus est invoqué comme référence, et que la destinée du monde peut être modifiée par la prise en compte de ses conclusions, il est légitime de se demander si toute confiance peut lui être accordée. La réponse à cette question, ici, est très clairement oui. Le processus du GIEC a pour unique objet d'aboutir à un consensus – c'est-à-dire à des conclusions considérées comme non réfutables – parmi des milliers de scientifiques considérés jusqu'à présent comme parfaitement compétents et crédibles ; il s'agit d'une procédure ouverte, permettant à qui veut de proposer directement toute explication sur les phénomènes en cause ; et surtout il n'y aurait pas de mobile au crime en cas de mensonge délibéré. Peut-on sérieusement soutenir, comme je l'ai lu parfois, que le besoin de crédits de recherche (qui a toujours existé) suffit à provoquer ici, chez des individus avant tout épris de rigueur et d'exactitude, une adhésion en masse à une même contrevérité ? L'attitude normale du profane – catégorie dans laquelle je me range – est de considérer comme valide ce qui est écrit dans les rapports du GIEC. Que penser, alors, des quelques voix discordantes qui s'élèvent parfois ? Vu l'importance de l'enjeu, cette question mérite un examen attentif.

Tout d'abord, la « science climatique », comme nous l'avons vu, s'appuie sur une large palette de disciplines dont les théories et résultats expérimentaux ne sont pas nés avec les interrogations récentes. Pour critiquer les conclusions des rapports du GIEC, il ne suffit pas de savoir ce qu'est une température. Les mettre en doute, c'est aussi avoir un avis circonstancié sur la proportion des différents isotopes de l'oxygène dans la glace polaire, la vitesse de sédimentation des fonds océaniques, la chimie de l'ozone dans la haute atmosphère, les émissions industrielles de dioxyde de soufre, ou la taille et la distribution des gouttelettes d'eau dans les nuages : à part ceux qui sont quotidiennement confrontés au sujet, qui peut le faire sérieusement et honnêtement ?

Il serait bien entendu parfaitement absurde de ma part de considérer toute critique comme illégitime : le débat contradictoire est, et a toujours été, un élément essentiel du progrès scientifique, et du progrès tout court. Mais, à l'instar des règles de procédure pour un procès, la confrontation des opinions doit respecter certaines règles de forme pour permettre d'y voir clair. En l'espèce, comment procède un chercheur « normal » qui s'estime en mesure d'apporter une information nouvelle, éventuellement contradictoire avec des explications communément admises ? Il va d'abord chercher à soumettre son raisonnement à d'autres experts de sa spécialité, les plus à même de donner un avis pertinent. Pour cela, il rédigera un article qu'il cherchera à faire paraître dans une revue scientifique spécialisée, laquelle ne publie jamais sans prendre l'avis d'autres experts de la discipline couverte, qui ausculteront l'article en détail. C'est après cette étape, et à condition qu'aucune erreur de méthode, de raisonnement, ou d'interprétation n'ait été décelée, que l'article sera publié. Cette expertise par les pairs constitue la voie normale de validation des connaissances au sein du monde scientifique, et le GIEC ne fait que reproduire, sur une large échelle, une méthode aussi vieille que la (bonne) science elle-même. Ces règles formelles n'empêchent en rien l'innovation de se frayer un chemin. Que des théories aussi révolutionnaires à l'époque que la physique quantique ou la relativité générale aient pu émerger montre bien que cette manière de procéder n'est pas une forme déguisée de censure : nous ne sommes plus au temps de Galilée !

Jamais un chercheur *honnête* ne commencera par faire part d'une idée nouvelle, nécessairement spéculative, à un public étranger à sa spécialité : quelle validation pourrait-il en attendre ? Que penser, alors, des contestations basées sur des arguments « scientifiques », quand l'auteur n'a jamais publié ses arguments dans une revue scientifique couvrant la discipline en cause ? Voici pour la forme, mais en outre, sur le fond, il serait erroné de penser que les arguments généralement utilisés seraient nouveaux pour le GIEC : qu'il s'agisse de l'influence des variations de l'activité solaire, du rôle des nuages, de la durée de vie du gaz carbonique dans l'atmosphère, des variations de température ici et là, etc., les explications alternatives proposées, ou les critiques formulées sont connues depuis bien longtemps et la meilleure réponse aux arguments évoqués est précisément celle qui est disponible dans le rapport d'évaluation. Ces interventions récurrentes, parfois parsemées – volontairement ? – d'erreurs élémentaires de raisonnement (comme la confusion entre évolution passée et évolution prévue, ou entre mesure isolée et moyenne), et qui ne peuvent prospérer que devant un public ignorant des mécanismes en cause, ne sont-elles pas motivées par des raisons moins avouables ? De fait, ces manifestations de scepticisme sont souvent l'œuvre :

– d'un individu connu pour ses convictions « ultra-libérales » (ce qui inclut les Républicains aux États-Unis), voyant d'un très mauvais œil toute entrave à la « croissance économique » ;

– d'une personne proche des milieux antinucléaires, alors que le recours à l'atome civil offre – de fait – une marge de manœuvre pour lutter contre l'effet de serre (voir page 230) ;

– d'un chercheur américain que l'on sait financé par les secteurs pétrolier ou charbonnier (aux États-Unis, la recherche doit faire appel à de nombreux financements privés)...

Les médias grand public, néanmoins, diffusent de telles contributions. Ne serait-ce pas, quand même, le signe qu'il existe une part de vérité dans l'argumentation ? Le mode de fonctionnement de la presse fournira la réponse. Une revue scientifique, ayant pour actif essentiel sa crédibilité, s'attache à ne pas publier d'affirmations non démontrées, et mettra tout en œuvre pour l'éviter. Par contre, un média grand public cherche avant tout à disposer d'un lectorat important, ce qui conditionne ses rentrées de toute nature (vente au numéro et recettes publicitaires, ces dernières constituant parfois sa première source de financement). Cela ne conduira pas toujours au même processus de sélection des articles ! Pour un journal grand public, un auteur connu, même en dehors du sujet traité, un style accrocheur, une mise en cause amusante, une affirmation sensationnelle ou une conclusion conforme à la « ligne éditoriale » pourront avoir bien plus de poids que la véracité des faits ou la qualité du raisonnement, que l'on ne cherchera alors pas particulièrement à vérifier.

Mais les journalistes ne sont-ils pas capables de faire la part des choses ? Hélas, que cela soit volontaire ou non (il est probable que ce soit involontaire la majeure partie du temps), ce n'est pas toujours le cas. Les rapports d'évaluation du GIEC (qui n'a pas été mis en place pour informer le grand public, mais pour conseiller les gouvernements) sont de volumineux documents techniques[1] en anglais faisant

1. Quelques exemples de termes figurant dans un rapport d'évaluation : « *primary mode of climate variability* », « *radiation-chemistry model* », « *non linear chemistries of* $NO_x$ », « *aerosol optical depth* », et il y en a à peu près 800 pages comme cela !

400 à 800 pages, et sont donc peu lus par les journalistes, ou par qui que ce soit en dehors du milieu scientifique. Même les résumés pour décideurs, qui sont des documents moins volumineux et plus accessibles, sont rarement parcourus *in extenso* par cette profession. Quand le grand public croit être informé de ce que contiennent les écrits du GIEC, il est le plus souvent informé de ce que le journaliste en a compris sans les avoir lus, faute de temps et/ou de maîtrise des notions nécessaires. Quelques nuances entre les deux sont possibles !

Il importe donc de ne pas assimiler les inconvénients résultant du processus d'expertise, et ceux provenant du filtre obligé que constitue la presse. Ce sont essentiellement les deuxièmes qui contribuent – mais une partie est probablement inévitable – à donner parfois une impression de profond désaccord au sein de la communauté scientifique compétente, alors que ce n'est pas le cas. Cette assimilation abusive est du reste à l'origine d'une autre source de « contestations » : croyant réfuter une conclusion du GIEC, certains auteurs ne font que réfuter une transcription médiatique erronée ou approximative de ces conclusions. Finalement, si la partie scientifique de l'affaire prêtait tant au doute, les tenants des théories opposées compteraient des effectifs à peu près équivalents, comme lors d'un procès ou les preuves sont minces et où les convictions de chacun sont prépondérantes. Les théories sur l'origine de l'univers ont fourni un exemple de ce cas de figure : plusieurs explications concurrentes étaient proposées, et aucune expérimentation ne départageait facilement les théories en présence, qui comptaient alors chacune des partisans en nombre significatif. Cette quasi-équivalence numérique des effectifs « pour » et « contre » ne se retrouve pas ici. Les « contestations » proviennent de quelques individus épars, qui ne représentent aucune école de pensée scientifique cohérente, et qu'il est généralement facile de rattacher à des groupes de pression identifiés.

Cette confiance qu'il est naturel d'avoir dans la démarche ne supprime pas toute difficulté d'interprétation de ses résultats, en revanche. Les précautions qui accompagnent la présentation des résultats dans les rapports d'évaluation sont quelquefois atténuées dans les « résumés pour décideurs », le plus souvent faute de place, parfois sous le jeu des désirs contradictoires des rédacteurs. Mais ces différences sont du deuxième ordre (un rapport commandé par M. Bush à quelques académiciens américains en juin 2001 ne dit pas autre chose). Une autre difficulté – incontournable, celle-là – provient de la nature même de l'information. Quand un événement est présenté de manière probabiliste (par exemple il n'est que « probable » que la fréquence des inondations va augmenter, et il est seulement « hautement probable » que les températures aient augmenté depuis 1860), tout le monde comprend-il la même chose ? Le risque associé à une évolution « probable » est-il évalué de la même manière par tout décideur ? Mais réfuter le processus parce qu'il est impossible de présenter ses conclusions autrement que de manière probabiliste serait assimiler à tort le fond et la forme. Le GIEC n'a été mis en place que pour garantir la forme, ce qui est le meilleur moyen de garantir le fond. Il ne vise pas à dicter une conduite, juste à éclairer du mieux possible un débat sur les priorités pour l'avenir qui lui échappe largement.

# Le climat varie naturellement

## ASTRONOMIE ET GRANDS CYCLES

Malgré son apparente stabilité à l'échelle de la vie humaine, le climat change en permanence. Nous parlons bien là des variations du climat, lequel désigne la succession des conditions météorologiques et les règles qui gouvernent ces enchaînements, et non du « temps qu'il fait », qui, lui, change rapidement à l'échelle du mois, de la journée, parfois de l'heure. Les variations climatiques passées ont résulté des fluctuations de l'orbite terrestre, de l'activité solaire, du volcanisme, et de bien d'autres facteurs. Le facteur prépondérant du dernier million d'années est la modification cyclique de certains paramètres astronomiques de la Terre, provoquée par l'influence des autres planètes du système solaire, et qui influe sur la quantité totale d'énergie reçue du Soleil et la manière dont elle se répartit à la surface du globe. Trois processus interviennent :

– L'orbite de notre planète autour du Soleil décrit une ellipse, plus ou moins allongée selon les époques (l'excentricité varie). Sans être parfaitement cyclique, cette variation a une périodicité de l'ordre de 100 000 ans. Plus l'orbite est excentrique, et plus le temps mis à parcourir la partie éloignée du Soleil est proportionnellement importante (lois de Kepler), avec pour conséquence une insolation annuelle moyenne qui diminue.

– L'inclinaison de l'axe des pôles par rapport au plan de l'orbite terrestre (l'obliquité) varie au cours du temps, selon un cycle de 40 000 ans environ, entre 22° et 25°. Une obliquité importante engendre des saisons plus contrastées pour les pôles et les moyennes latitudes (plus d'insolation en été, moins en hiver).

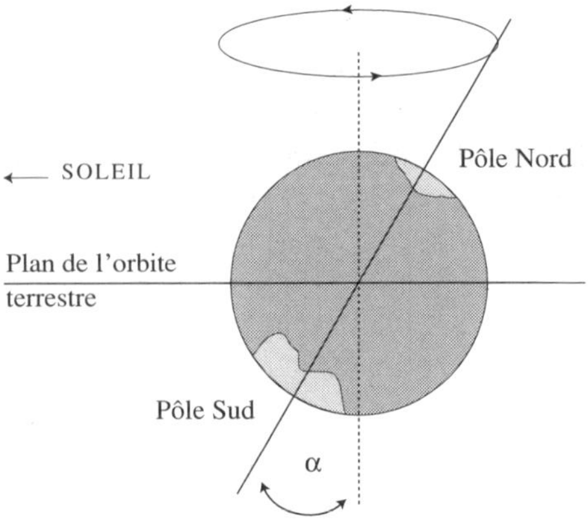


***Figure 1*** – L'obliquité est le nom de l'angle α ; la précession est le nom donné au mouvement de l'axe des pôles illustré par la grande flèche circulaire en haut.

– Au cours du temps, la droite reliant les pôles décrit un cône dont l'axe est perpendiculaire au plan de l'orbite, avec une périodicité de 26 000 ans. Ce mouvement, qualifié de précession, intervertit tous les 13 000 ans l'hémisphère que la Terre présente au Soleil lorsqu'elle en est le plus proche. Les deux hémisphères étant dissymétriques, cela influe sur la répartition régionale et saisonnière de l'insolation.

Ces variations ont engendré pendant l'ère quaternaire une succession de périodes froides, dites glaciaires, qui durent environ 100 000 ans, entrecoupées de périodes plus chaudes, dites interglaciaires, de 10 000 à 20 000 ans. Cette périodicité dure depuis au moins un million d'années, et des mesures précises en témoignent sur les 400 000 dernières années (voir fig. 2).

Cela permet une première comparaison de notre climat à celui des époques « récentes » :

– nous sommes aujourd'hui dans une période interglaciaire, « chaude », qui dure depuis plus de 10 000 ans. Sans cet épisode, notre civilisation n'existerait peut-être pas (une glaciation au début du Néolithique aurait probablement contrarié la prolifération et le développement de notre espèce) ;

– sur ces 400 000 dernières années, la température annuelle moyenne de la planète n'a pas dépassé l'actuelle de plus de 1 à 2 °C.

Il est donc impossible de s'inspirer exclusivement du passé récent (400 000 ans tout de même !) pour imaginer ce que serait le monde après une élévation de la température moyenne de quelques degrés ;

– 4 à 5 °C seulement de différence de température moyenne séparent l'époque actuelle d'une glaciation, durant laquelle le niveau de la mer baisse de plus de 100 mètres, et le Nord de l'Europe se couvre d'un immense glacier de quelques kilomètres d'épaisseur. Une variation de la température moyenne de quelques degrés seulement peut donc signifier des modifications majeures de notre environnement.

Depuis que le cycle glaciaire-interglaciaire est connu, l'argument d'Arrhenius (le réchauffement climatique serait une bonne chose, puisque permettant d'éviter la survenue d'une glaciation) est parfois repris. Il se heurte cependant à deux objections :

– la survenue d'une glaciation requiert à la fois que l'énergie moyenne reçue diminue, et que l'axe de la Terre se couche un peu moins sur le plan de l'orbite, ce qui entraîne un été moins ensoleillé aux hautes latitudes. La neige tombée en hiver ne fond plus durant la saison chaude et s'accumule alors année après année, enclenchant l'apparition de calottes glaciaires étendues, qui contribueront elles-mêmes à diminuer l'énergie conservée par la machine climatique. Actuellement, le débat sur la date à laquelle ces conditions pourraient être de nouveau réunies n'a pas débouché sur un consensus, mais en tout état de cause ne semble pas concerner les 10 000 ans à venir ;

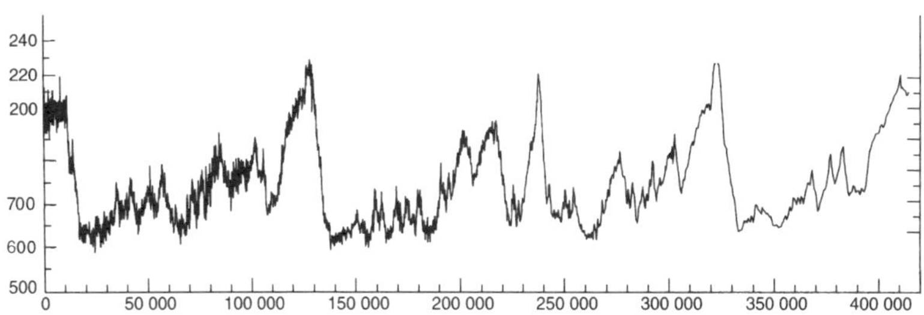


***Figure 2*** – Température moyenne de surface de la Terre des 400 000 dernières années, sauf le dernier siècle (zéro des ordonnées : température moyenne actuelle). Notre époque se situe à gauche. La courbe est très saccadée à gauche et moins à droite car la précision des mesures est meilleure pour les époques récentes. (Jouzel *et al.*, *Nature*, juin 1999.)

– un éventuel retour à une période froide ne se fait pas en quelques années ! Une glaciation met 10 000 à 20 000 ans à s'installer. Or l'élévation de température résultant d'un accroissement de l'effet de serre sous l'action de l'homme prendra place en quelques siècles. Il ne peut donc y avoir compensation entre les deux processus.

Quoiqu'elle ne varie pas de manière significative à l'échelle de quelques millions d'années, la rotation de la Terre est un autre élément essentiel de la formation des climats. Par l'effet de la force de Coriolis, elle imprime des mouvements particuliers aux masses d'air et d'eau qui se meuvent à la surface du globe. On lui doit la circulation océanique à grande échelle, les dépressions et anticyclones des moyennes latitudes, les alizés, etc. (voir bibliographie).

À côté de ces facteurs externes, il existe des facteurs dits « internes », propres à la machinerie climatique, qui agissent autant sur le climat que le climat peut agir sur eux. Les calottes polaires, dont la taille conditionne l'intensité du rayonnement réfléchi, mais est elle-même conditionnée par la température, en sont un exemple. L'effet de serre, que nous allons maintenant examiner, est de ceux-là.

## L'EFFET DE SERRE NE DATE PAS D'HIER

Qu'est-ce qu'une serre ? Celui qui a tenté de faire pousser des tomates en demi-saison le sait bien : c'est un piège à chaleur. L'atmosphère de notre planète contient aussi un piège à chaleur, basé sur le même processus physique que celui intervenant dans une serre, d'où le nom qui lui a été donné : l'effet de serre. Pour commencer les explications, il va nous falloir faire un petit tour par les rayonnements électromagnétiques, dont les représentants les plus connus s'appellent la lumière, les infrarouges, les ultraviolets, les rayons X, les ondes radio, les micro-ondes… Il n'est pas aisé de décrire avec des mots simples ce qu'est un tel rayonnement, qui, selon les cas, se comporte comme une onde (comme des vaguelettes à la surface de l'eau) ou une particule (comme un boulet de canon, avec une énergie qui peut se calculer). C'est l'aspect ondulatoire qui conviendra pour décrire ce qui nous intéresse ici. Tous les rayonnements énumérés plus haut diffèrent par leur longueur d'onde (voir fig. 3).

Tout corps ayant dépassé zéro Kelvin (c'est-à-dire - 273,15 °C) émet du rayonnement électromagnétique pour dissiper une partie de son énergie. Pour un corps isolé dans l'espace, il existe une relation directe entre température et puissance rayonnée d'une part, température et répartition des rayonnements émis par longueur d'onde d'autre part. Un corps qui n'est pas très chaud n'émettra que des ondes radio (chacun peut constater qu'une antenne radio n'est pas brûlante). Plus chaud, il émettra aussi des infrarouges ; vous et moi sommes par exemple suffisamment chauds pour en émettre, et ce rayonnement, que l'œil ne perçoit pas, pourra être capté par une caméra « à infrarouges », qui permet de « voir la nuit ». Un matériau encore plus chaud (à partir de 700 °C) émettra de la lumière visible, d'abord rouge, puis allant progressivement vers le blanc. Le filament d'une ampoule électrique est ainsi chauffé, sous l'effet du courant, jusqu'à 2 700 °C, et rayonne alors une partie de son énergie sous forme de lumière visible. Plus chaud encore, un objet émettra aussi des ultraviolets ; c'est le cas du Soleil. Enfin, certains corps célestes dont la température est très élevée émettront des rayons X ou des rayons gamma.

La surface du Soleil, à la température de 6 000 °C, nous envoie ainsi :

– 10 % d'ultraviolets ;

– 40 % de lumière visible ;

– 50 % d'infrarouges dits « proches », c'est-à-dire que leur longueur d'onde est voisine de celle de la lumière visible.

La Terre, qui n'est pas très chaude (15 °C en moyenne), émet uniquement des infrarouges « lointains », dont la longueur d'onde est éloignée de celles de la lumière visible.

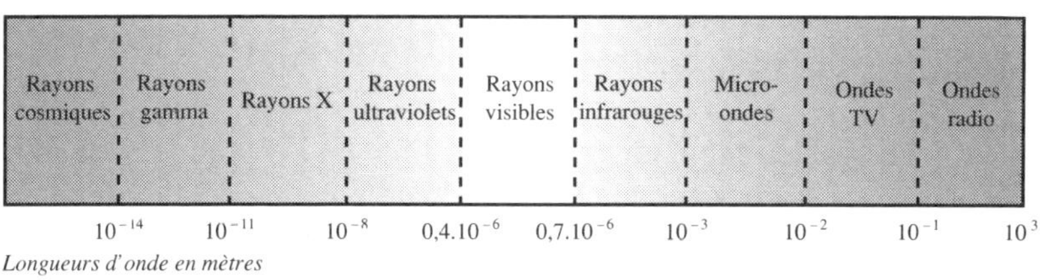


***Figure 3*** – Catégories de rayonnement et longueurs d'onde.

Revenons à notre serre. Son premier effet, ou plus exactement celui de ses vitres, est de présenter une différence de transparence au rayonnement selon la longueur d'onde : le verre laisse bien passer le rayonnement solaire, composé de lumière visible et de proches infrarouges, mais il est opaque au rayonnement émis par l'intérieur de la serre, composé d'infrarouges de grande longueur d'onde. Cette caractéristique du verre permet à l'énergie de pénétrer dans la serre où elle se fait alors piéger, ce qui provoque à l'intérieur de la serre une élévation de température qui ne serait pas produite si le rayonnement sortant n'avait pas été intercepté. Il est fréquent qu'un matériau soit transparent à un rayonnement et opaque à un autre : notre corps, par exemple, laisse passer les rayons X (sans quoi les radios médicales n'existeraient pas) mais pas la lumière visible.

Les vitres de la serre ont cependant un deuxième effet : elles empêchent physiquement l'air chaud de s'échapper (on parle de limitation de la convection). Remplaçons le verre par un matériau transparent à la lumière visible et aux infrarouges lointains (par exemple un plastique), et nous constaterons aussi une élévation de température, car l'air chauffé par le sol ne peut pas quitter la serre. Toutefois, cette élévation est inférieure à celle obtenue avec du verre, qui combine limitation de la convection et différence de transparence au rayonnement.

Il existe au sein de notre atmosphère des gaz (les « gaz à effet de serre »), présents en petite quantité (quelques fractions de pour-cent au plus), qui jouent dans notre atmosphère une partie du rôle des vitres de la serre : ils sont à peu près transparents pour la lumière visible, mais fortement opaques aux infrarouges, ce qui piège la chaleur près du sol. Plus ces gaz sont abondants, plus la température de surface augmente (voir fig. 4 et explications). Ils ne constituent cependant pas un obstacle physique à la circulation de l'air, sauf l'ozone stratosphérique, gaz à effet de serre, qui limite la convection à large échelle (voir page 120).

Comme pour tout corps isolé dans l'espace, notre planète recherche constamment un point d'équilibre où le rayonnement émis vers l'espace transporte une énergie égale à celle qu'elle reçoit du Soleil ($A = I + E$, voir fig. 4). Le terme A peut être considéré comme constant aux échelles de temps qui nous intéressent ici. Si l'effet de serre augmente, c'est-à-dire si l'opacité de l'atmosphère aux infra-

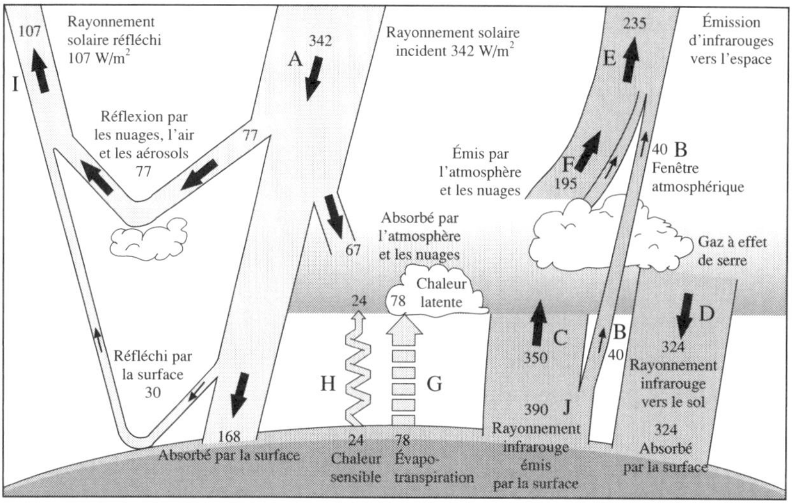


***Figure 4*** – La Terre est essentiellement chauffée par le Soleil, la chaleur provenant des entrailles de notre planète ne représentant que 0,1 pour mille du total. Cette énergie solaire incidente vaut en moyenne (moyenne sur l'année et sur toute la surface de la Terre) 342 watts par mètre carré (notés $W/m^2$) au sommet de l'atmosphère (terme A). 30 % de cette énergie est directement réfléchie vers l'espace (terme I) par les diverses couches de l'atmosphère (6 % du rayonnement incident), les nuages (20 %) et la surface de la Terre (4 %). Le reste, soit deux gros tiers du rayonnement incident, est absorbé par les divers composants de notre planète (sol, océans, atmosphère) puis transformé en chaleur. Ainsi chauffée, la surface de la Terre émet des infrarouges (terme J). Les gaz à effet de serre interceptent 90 % de ce rayonnement terrestre (terme C), seule une petite partie s'échappant directement vers l'espace (terme B). L'énergie interceptée va chauffer l'atmosphère, laquelle va rayonner des infrarouges dans toutes les directions, dont une large partie retourne au sol (terme D) qui, dans cette affaire, reçoit donc deux fois de l'énergie : une fois par le rayonnement solaire, et une fois par le rayonnement de l'atmosphère, d'où l'élévation de température qui n'aurait pas lieu sans gaz à effet de serre. (D'après GIEC, 2001.)

rouges augmente, le terme B diminue, et donc le terme E, ce qui rompt l'équilibre radiatif de la Terre. Plusieurs phénomènes vont permettre de retrouver un état stable :

– une atmosphère interceptant plus de rayonnement sera plus chauffée. Elle émettra alors plus de rayonnement, dans toutes les directions : vers l'espace (F augmente), contribuant ainsi à rétablir l'équilibre du bilan, mais aussi vers le sol (D augmente), accroissant la température de ce dernier ;

– une partie du transfert d'énergie du sol à l'atmosphère passe par le chauffage direct de l'air par le sol (terme H). Cette composante augmente avec un sol plus chaud, et l'air parvenant en altitude aura alors une température un peu supérieure, donc rayonnera plus, ce qui participe aussi à l'augmentation du terme F ;

– le transfert d'énergie de la surface terrestre – aux deux tiers des océans – à l'atmosphère passe pour une large part par le cycle de l'eau. L'évaporation consomme de l'énergie (terme G, qui porte le nom de « chaleur latente »), ce qui refroidit la surface, et la condensation qui se produit en altitude en libère. La quantité de vapeur d'eau que l'air peut emmagasiner augmentant avec sa température, un sol plus chaud, donc un air plus chaud près du sol, permet plus d'évaporation et donc une accélération du cycle de l'eau (G augmente). Il transite alors en altitude plus de vapeur d'eau rayonnant de l'infrarouge, notamment vers l'espace, ce qui contribue également à rétablir l'équilibre.

Mais nous constatons que l'ensemble du mécanisme qui intervient pour rétablir l'équilibre a comme « effet secondaire » de réchauffer aussi le sol, de telle sorte qu'un effet de serre accru signifie une température d'équilibre plus élevée au niveau du sol pour un même rayonnement solaire incident.

Avec une atmosphère transparente aux infrarouges, la température moyenne du sol serait de – 18 °C au lieu de 15 °C actuellement, et la vie telle que nous la connaissons n'existerait sans doute pas : l'eau liquide (inexistante avec – 18 °C de moyenne) lui est indispensable. Avec de fortes concentrations de gaz à effet de serre, l'élévation de température peut être considérable : il fait 460 °C à la surface de Vénus, dont l'atmosphère est composée à 95 % de gaz carbonique, et la différence avec les conditions que nous connaissons est essentiellement due à l'effet de serre additionnel de Vénus, non au fait que cette planète soit plus proche du Soleil que la Terre.

## GÉNÉRALITÉS SUR LES GAZ À EFFET DE SERRE

Le premier des gaz à effet de serre est la vapeur d'eau, qui compose environ 0,3 % de notre atmosphère.

Par « premier des gaz », il faut entendre deux choses :

– c'est celui dont la concentration atmosphérique est la plus importante ;

– c'est celui dont l'effet d'absorption des infrarouges est le plus élevé en valeur absolue, la moitié de l'élévation de température par effet de serre venant de la vapeur d'eau.

Mais la concentration d'eau dans l'atmosphère dépend très peu de l'action de l'homme : l'évaporation continentale, que la création de barrages et l'irrigation des cultures renforce, ou que la déforestation affaiblit, influence assurément le climat local, mais n'est pas significative dans le cycle global de l'eau. Sur une Terre aux deux tiers couverte d'eau, l'intensité du cycle hydrologique dépend essentiellement de la température moyenne de l'air au niveau du sol, un air plus chaud signifiant une évaporation océanique plus forte. Un autre fait sera déterminant pour la suite du propos : la vapeur d'eau ne s'accumule pas dans l'atmosphère. Dès que sa concentration devient trop importante, elle condense et précipite : il pleut !

Ces caractéristiques de la vapeur d'eau compliquent significativement les prédictions relatives au climat du futur. En effet, il est relativement aisé de calculer l'effet direct d'une augmentation de tel ou tel gaz à effet de serre, par exemple le gaz carbonique : cela modifie uniquement les échanges d'énergie dans l'atmosphère, et, « toutes choses égales par ailleurs », c'est un problème assez simple à résoudre. Mais les choses ne peuvent pas être « égales par ailleurs », car un début de réchauffement climatique amènera davantage de vapeur d'eau dans l'atmosphère, avec des effets antagonistes :

– la vapeur d'eau additionnelle accroîtra l'effet de serre et donc la température. Nous avons là ce que l'on appelle une rétroaction positive ;

– mais plus de vapeur d'eau peut signifier plus de nuages, donc une augmentation de la réflexion du rayonnement solaire, ce qui tendra à refroidir le climat (voir page 77). Nous avons là une rétroaction négative.

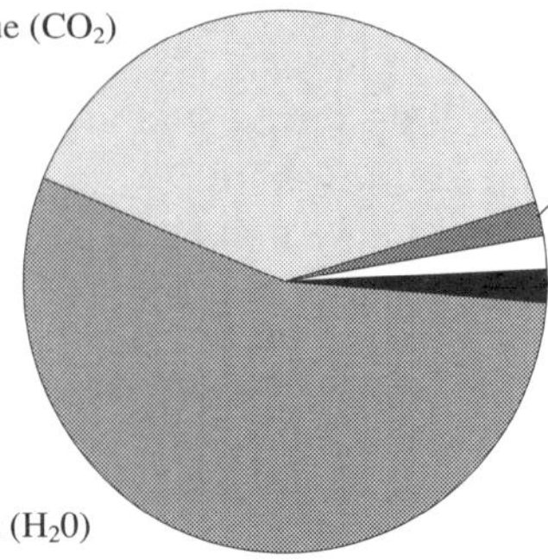


***Figure 5*** – Répartition par gaz de la contribution totale à l'effet de serre hors halocarbures (voir page 65). (GIEC, 1995.)

Et toute la difficulté de l'affaire va être d'estimer le solde de ces deux effets. Nous aurons amplement l'occasion d'y revenir.

Le deuxième gaz à effet de serre par ordre d'importance est le dioxyde de carbone, de formule $CO_2$ (soit un atome de carbone et deux atomes d'oxygène), encore appelé gaz carbonique. Là aussi, cette deuxième place porte à la fois sur sa concentration atmosphérique en volume, et sur sa contribution à l'effet de serre. Ce gaz occupe actuellement 0,036 % de l'atmosphère, ou encore 360 ppmv (1 ppmv = 1 partie par million en volume = 0,0001 %). Même faible, cette présence suffit à engendrer une augmentation de température qui est aussi de l'ordre de 15 °C. Toutefois, cela n'aurait pas grand sens d'attribuer au gaz carbonique une augmentation « individualisée » sur une planète où il y a des océans, donc de la vapeur d'eau à volonté, à cause du phénomène de rétroaction que nous venons de voir.

Après le gaz carbonique, les principaux gaz à effet de serre possédant un cycle naturel sont le méthane ($CH_4$ ; un atome de carbone et 4 atomes d'hydrogène), puis le protoxyde d'azote ($N_2O$, un atome d'oxygène et deux atomes d'azote), et enfin l'ozone ($O_3$). Ces gaz sont présents à des concentrations encore plus faibles : environ 1,8 ppmv pour le méthane (soit 200 fois moins que le gaz carbonique), 0,3 ppmv pour le protoxyde d'azote, et enfin 0,03 ppmv pour l'ozone (0,000003 % !). Comment des gaz présents en si petite quantité peuvent-ils influencer le climat ? Cela vient de ce que seules les molécules comportant trois atomes ou plus peuvent intercepter le rayonnement terrestre, or elles sont très minoritaires dans l'atmosphère, essentiellement composée de gaz diatomiques, l'azote ($N_2$, 78 %) et l'oxygène ($O_2$, 21 %). Il existe bien d'autres exemples où une faible quantité d'une substance est susceptible de gouverner un système de manière déterminante. Quelques milligrammes de certains composés pharmaceutiques peuvent nous sauver la vie ou nous tuer ; le rapport entre le poids du principe actif et celui de la personne concernée est alors de 0,000001 % seulement.

D'autres gaz absorbent les infrarouges et participent à l'effet de serre. Mais leur contribution est comparativement faible, à l'exception des halocarbures dont nous parlerons en page 65, et dont la présence dans l'atmosphère est uniquement le fait de l'homme.

# Le gaz carbonique

## UNE CONCENTRATION ATMOSPHÉRIQUE RAPIDEMENT CROISSANTE

Il est désormais avéré que la concentration atmosphérique de gaz carbonique, qui était restée comprise entre 200 et 280 ppmv depuis plusieurs centaines de milliers d'années, atteint aujourd'hui 360 ppmv, augmente désormais de manière exponentielle, et que nous sommes à l'origine de cette évolution. À quelles sources a-t-on puisé la connaissance d'un tel fait ?

Depuis la fin des années 1950 la concentration de gaz carbonique dans l'atmosphère se mesure directement, tout simplement. Pour éviter la perturbation locale de grosses sources de gaz carbonique telles les villes ou des zones industrielles, ces mesures s'effectuent en des endroits très reculés du globe. Pour éviter les variations saisonnières (la concentration de gaz carbonique est plus importante pendant l'hiver de l'hémisphère Nord, quand la végétation y est au repos), seule la moyenne annuelle est prise en compte. L'un des premiers observatoires a ainsi été installé sur l'île de Hawaii, au milieu du Pacifique, mais il existe maintenant bien d'autres endroits où l'auscultation de l'atmosphère est effectuée en continu. La France possède une telle station de mesure sur l'île d'Amsterdam au sud de l'océan Indien, et envoie périodiquement des bateaux au milieu de l'océan pour procéder à des examens identiques. Les appareils employés pour ce faire sont essentiellement une version beaucoup plus précise du dispositif qui sert à un garagiste pour mesurer le gaz carbonique émis par une voiture.

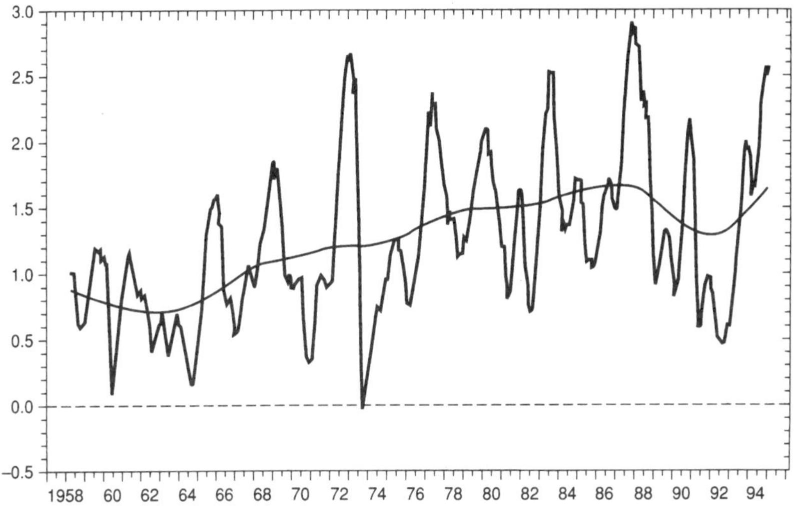


***Figure 6*** – Augmentation d'une année sur l'autre de la concentration atmosphérique en gaz carbonique mesurée à Mauna Loa, Hawaii. L'axe horizontal représente les années ; l'axe vertical les augmentations annuelles de concentrations en ppmv (attention ce n'est pas en % !). La courbe la plus saccadée représente les augmentations brutes, la courbe plus régulière représente la moyenne glissante sur 10 ans. (GIEC, 1996.)

Depuis 1957, début des analyses systématiques, les résultats obtenus aux diverses stations de mesure sont parfaitement cohérents. La concentration en gaz carbonique dans l'air augmente de l'ordre de 0,4 % chaque année, et non seulement cette concentration augmente, mais, en valeur absolue, elle augmente chaque année un peu plus (voir fig. 6).

Cependant, pour pouvoir éventuellement désigner la civilisation industrielle comme responsable de cet état de fait, il nous faut impérativement pouvoir apprécier la situation avant son début, c'est-à-dire avant 1750. Or il y a deux siècles et demi (et même quelque temps après), il n'existait pas d'instrument permettant la mesure directe du gaz carbonique dans l'air. Aucun de nos ancêtres n'ayant eu la bonne idée de nous mettre quelques bouteilles d'air de côté, comment a-t-on procédé ?

Ce sont l'Antarctique et le Groenland qui vont venir à notre secours. Sur toute calotte glaciaire, il tombe chaque année de la neige, qui ne fond pas (la température y est constamment négative) mais finit par se transformer en glace, sous le poids des chutes successives. Durant cette transformation, l'air qui entoure les flocons se retrouve emprisonné dans la glace produite, sous forme de petites bulles : ce que nos ancêtres imprévoyants n'ont pas fait pour nous, la nature s'en est chargée ! Plus généralement les calottes glaciaires vont constituer une ressource formidable pour l'étude des conditions passées. Les éruptions volcaniques les plus importantes, même celles qui se sont produites aux tropiques, y laisseront des poussières, les vents y déposeront des pollens, qui permettent de savoir quels types de végétation dominaient sur la planète ; il s'y trouve même des dépôts d'éléments solides, formés par transmutation[1] dans la haute atmosphère sous l'effet du rayonnement cosmique (on parle d'éléments cosmogéniques), et qui permettent de reconstituer la quantité d'énergie solaire reçue par notre planète au cours des âges.

En effet, le rayonnement cosmique – qui doit son nom au fait qu'il est présent dans l'ensemble du cosmos – est composé de particules élémentaires de très haute énergie, chargées pour l'essentiel (la durée de vie d'un neutron isolé est de 15 minutes : le rayonnement cosmique n'en comporte pas). Le puissant champ magnétique solaire va donc conditionner la trajectoire de ce rayonnement au voisinage de la Terre et, par la suite, l'intensité du bombardement de la haute atmosphère. Or, ce champ magnétique solaire et l'énergie émise par notre astre du jour varient de concert. De la sorte, l'abondance de certains éléments cosmogéniques (notamment le béryllium 10) dans les glaces polaires permet de reconstituer l'énergie émise par le Soleil. En combinant cette information avec l'évolution des paramètres astronomiques de la Terre – qui peuvent se calculer pour le passé – nous en déduirons l'insolation moyenne au sommet de l'atmosphère au cours des âges.

La glace elle-même va nous apporter un renseignement précieux. On se rappellera peut-être que pour un même élément (par exemple le carbone) il existe plusieurs isotopes, qui comportent tous le même nombre de protons (ce nombre caractérise l'élément) mais un nombre différent de neutrons. Ces isotopes sont radioactifs (c'est-à-dire

1. La transmutation est le phénomène par lequel un élément absorbe une particule élémentaire et se transforme en un autre élément. Le passage de l'uranium 238 au plutonium 239 dans un réacteur nucléaire est un exemple de transmutation.

instables et disparaissant lentement avec le temps) ou stables. Dans le cas de l'oxygène, qui est l'un des deux éléments qui composent l'eau, il existe 3 isotopes stables : l'oxygène 16, de très loin le plus abondant, l'oxygène 17, très peu abondant, et l'oxygène 18, qui l'est un peu plus (une fraction de pour-cent de l'oxygène de l'eau). Un atome d'oxygène 18 est plus lourd qu'un atome d'oxygène 16, ce qui a pour conséquence que sa cinétique est moins rapide : au cours des réactions chimiques ou physiques, il va avoir tendance à « mettre plus de temps » pour réagir que l'oxygène 16, mais cette différence de cinétique varie en fonction de la réaction considérée et de la température qu'il fait. En particulier, plus il fait chaud et plus la fraction d'oxygène 18 prise par l'évaporation est forte, et donc, par conséquent, la teneur en oxygène 18 des précipitations. La proportion de cet isotope dans la glace polaire est donc le marqueur d'un merveilleux renseignement : la température moyenne qu'il faisait sur notre planète lorsque la neige est tombée.

Récapitulons : nos glaces polaires peuvent nous permettre de reconstituer l'insolation, les éruptions volcaniques, la composition de l'air en éléments chimiquement stables, la température, la végétation, et encore (mais je n'entrerai pas dans les détails) la hauteur des mers ! Par une certaine ironie du sort, l'un des endroits du monde les moins propices à la vie nous rend un service irremplaçable pour tenter de cerner l'avenir de la biosphère…

Les couches les plus profondes de l'Antarctique datant d'il y a 400 000 ans environ, et les principaux gaz à effets de serre « naturels » (gaz carbonique, méthane, protoxyde d'azote) étant chimiquement stables une fois emprisonnés dans la glace, il est possible de retracer leur concentration très loin dans le temps. Les 100 000 dernières années peuvent être documentées de manière très précise, et les 300 000 années précédentes (de – 100 000 à – 400 000 ans) de manière encore exploitable. Que nous disent nos archives glaciaires ? Que, abstraction faite des 2 siècles les plus récents, la concentration atmosphérique en gaz carbonique a lentement oscillé entre 200 et 280 ppmv sur cette période (voir fig. 7).

D'autres méthodes, adaptées à des investigations pour des périodes plus anciennes, permettent de savoir que notre planète a déjà connu de fortes concentrations atmosphériques de gaz carbonique dans un passé lointain (la concentration était par exemple bien plus élevée durant l'ère secondaire), mais l'énergie reçue du Soleil était alors plus faible, de telle sorte que la température de surface n'a jamais été considérablement plus élevée malgré un effet de serre bien plus important.

Où est passé ce gaz carbonique ? Pour l'essentiel dans le calcaire des sols (qui sont des restes de coquilles d'animaux marins, donc d'organismes qui ont prélevé du gaz carbonique dans l'air ou dans l'océan) et dans les réserves de combustibles fossiles. Si nous comparons maintenant l'évolution récente de la concentration en gaz carbonique avec les valeurs de ces 400 000 ans écoulés, nous constaterons une augmentation brutale de plus de 30 % en deux siècles (voir fig. 8).

Fort bien, se dira le lecteur, la concentration augmente, et atteint des niveaux inconnus depuis que nous existons (l'*Homo sapiens* est apparu il y a 100 000 ans), c'est incontestable. Cette augmentation se produit depuis le début de l'industrialisation, c'est tout aussi irréfutable. Pour autant, y sommes-nous pour quelque chose ? Pour trancher, il va nous falloir revenir aux isotopes.

Le carbone comporte deux isotopes stables, le carbone 12 (le carbone « normal »), de loin le plus abondant, et le carbone 13, présent à hauteur d'environ 1,1 % du carbone biosphérique. Il comporte aussi un isotope instable (radioactif), le carbone 14. Nous allons retrouver pour cet élément le phénomène de cinétique différente selon les isotopes que nous avions pour l'oxygène, avec pour résultat que la biomasse continentale est plus pauvre en carbone 13 que les milieux

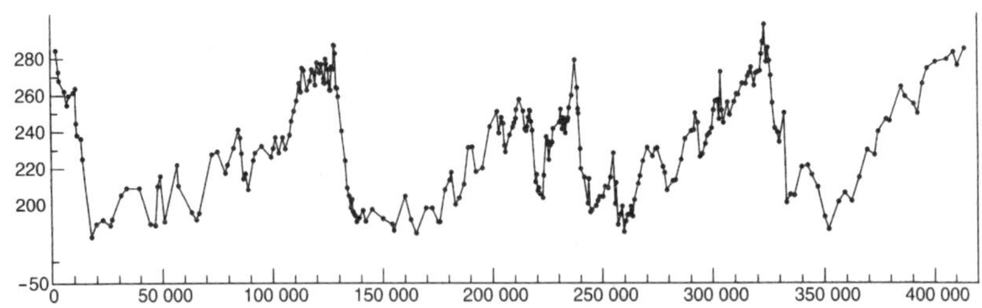


***Figure 7*** – Concentration atmosphérique en gaz carbonique en ppmv, d'après les forages de Vostok. La graduation du bas correspond à l'âge concerné (en années, on remonte donc dans le temps en allant vers la droite). L'augmentation subite des années récentes n'est pas représentée. (Jouzel *et al.*, *Nature*, juin 1999.)

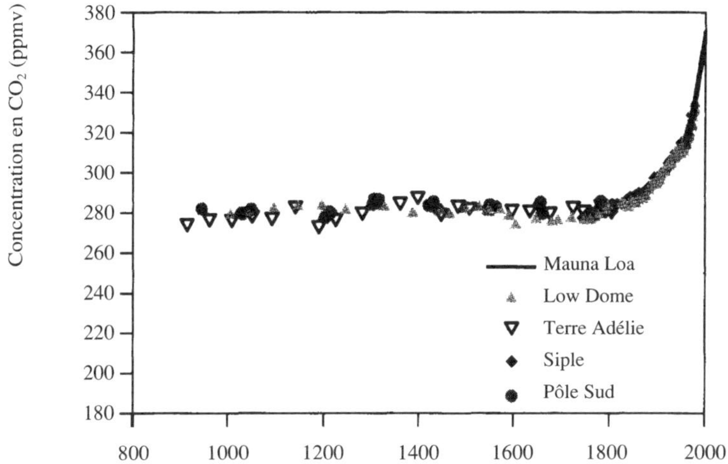


***Figure 8*** – Concentration atmosphérique de gaz carbonique depuis l'an 1000. Les symboles renvoient aux lieux de carottage dans la glace ou de mesure. (GIEC, 2001.)

marins, lesquels comportent en revanche une proportion de carbone 13 proche de celle de l'atmosphère. Cette pauvreté relative en carbone 13 vaut aussi pour les combustibles fossiles, qui sont des restes d'organismes terrestres. Or les mesures montrent que la proportion de carbone 13 dans le gaz carbonique atmosphérique diminue. Des émissions d'origine terrestre concourent donc à l'accroissement atmosphérique.

Pour être sûrs de ne pas faire d'erreur judiciaire en attribuant cette augmentation du gaz carbonique à notre espèce, il faut s'assurer que les milieux naturels terrestres ne sont pas des sources nettes. Encore une fois, les isotopes permettent de trancher, en l'occurrence l'isotope 14 du carbone. Ce dernier se forme dans la haute atmosphère par bombardement de noyaux d'azote (qui compose 70 % de l'air que nous respirons) par le rayonnement cosmique secondaire [1], processus indépendant du carbone existant. Dès sa formation dans la haute atmosphère, le carbone 14 est oxydé en gaz carbonique, et rentre ainsi dans les cycles biologiques, d'abord à travers la photosynthèse, puis l'ali-

1. Un neutron du rayonnement cosmique secondaire (c'est-à-dire lui-même issu d'une autre collision) transmute l'azote comme suit : ${}^{7}_{7}N + n \rightarrow {}^{7}_{8}N \rightarrow {}^{6}_{8}C + p^{+}$

mentation des animaux. Tant que l'organisme est vivant, l'apport par alimentation ou photosynthèse compense les désintégrations, et il s'établit une concentration d'équilibre de carbone 14. Après la mort, les apports cessent et le stock de carbone 14 décroît lentement. La demi-vie du carbone 14, c'est-à-dire la durée au bout de laquelle la moitié du stock initial a disparu, est de 5 500 ans : c'est assez long pour que lors des échanges entre biomasse, sols, océan de surface et atmosphère, organisés à l'échelle de quelques siècles au plus, la teneur en carbone 14 varie peu, mais trop court pour que les combustibles fossiles, formés il y a des millions d'années, en contiennent encore des traces décelables. Or, outre une diminution relative en carbone 13, le gaz carbonique de l'atmosphère s'appauvrit aussi en carbone 14. La seule explication possible est que le surcroît de ce gaz provient de l'utilisation des combustibles fossiles.

Enfin une dernière preuve, si elle était nécessaire, nous sera donnée par la bonne vieille arithmétique. L'accroissement annuel en gaz carbonique, qui se mesure, n'est qu'une fraction de ce que l'homme émet en brûlant des combustibles fossiles, ces émissions se calculant facilement. Cela n'est mathématiquement possible que si les milieux naturels constituent globalement un puits, et, M. de la Palice n'eût pas mieux dit, si ces milieux constituent un puits, c'est qu'ils ne constituent pas une source ! La responsabilité de l'homme dans l'accroissement de la concentration en gaz carbonique dans l'atmosphère ne fait donc aucun doute.

## UN BREF APERÇU DU CYCLE DU CARBONE

Notre environnement se compose de milieux différents, que la segmentation la plus grossière consiste à séparer en atmosphère, océan, et milieux terrestres. Ces trois grands compartiments de notre planète contiennent tous, sous une forme ou sous une autre, du carbone :

– dans l'atmosphère, il s'agit pour l'essentiel de gaz carbonique. Les autres gaz qui en contiennent ($CH_4$, CO, hydrocarbures...), sont négligeables en masse ;

– dans l'océan, il est surtout présent sous forme de carbonates et bicarbonates dissous dans l'eau et de carbonate de calcium dans

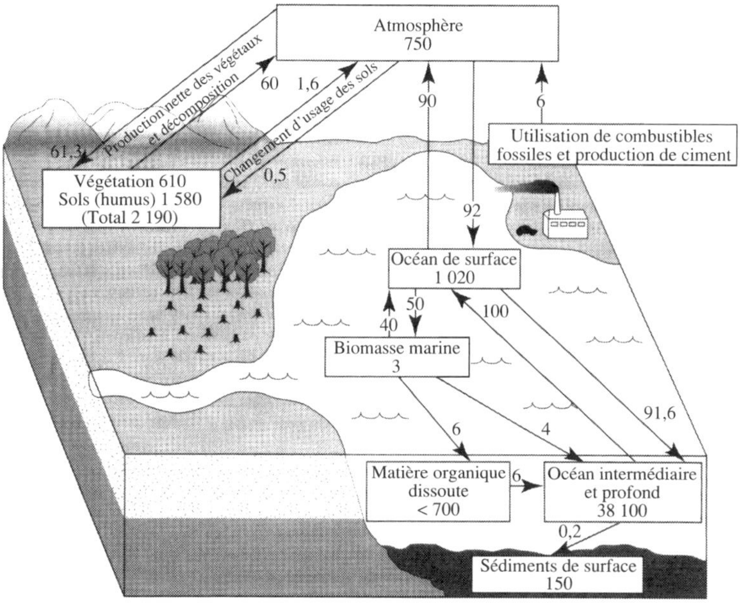


***Figure 9*** – Flux annuels et stocks de carbone, en gigatonnes de carbone. (IPCC, 1995.)

les coquilles des animaux. La part contenue dans la biomasse est secondaire ;

– sur terre, il est présent au sein de la matière vivante ;

– sous terre, il est présent au sein des roches, de l'humus, de la flore et de la faune souterraine, et des combustibles fossiles.

Le seul stock de carbone que nous n'évoquerons plus par la suite, qui est pourtant le plus important, est le calcaire, car hormis son extraction pour en faire du ciment (ce qui est pris en compte dans les émissions anthropiques [1]) il ne participe pas à des échanges significatifs aux échelles de temps auxquelles nous allons travailler. Le ruissellement sur et sous les sols envoie bien un peu de carbone dans la mer, mais de manière marginale.

Par ailleurs, pour pouvoir comparer les différents stocks et flux, seul le poids du carbone est pris en compte dans les échanges, pas

1. Anthropique, qui vient du mot grec *anthropos* (homme), signifie « qui est dû à l'homme ». Cela n'a bien entendu rien à voir avec entropique !

celui des autres atomes présents à ses côtés (c'est exactement le même principe que celui qui consiste à ne regarder que le poids d'alcool pur pour représenter la consommation de boissons alcoolisées). Il ne s'agit pas du fameux « équivalent carbone » qui sera abordé page 74.

Calcaire excepté, le plus important réservoir de carbone est, de très loin, l'océan (voir fig. 9), mais uniquement dans ses compartiments intermédiaires et profonds : il renferme là 38 100 milliards de tonnes (notées gigatonnes, giga désignant le préfixe $10^9$, ou en abrégé Gt) de cet élément, soit 40 fois ce qu'il y a dans l'océan de surface, 50 fois ce qu'il y a dans l'atmosphère, et encore près de 20 fois ce qu'il y a sur terre et dans les sols. Ces derniers, par ailleurs, renferment l'essentiel du carbone des écosystèmes, sous forme d'humus (débris végétaux), de racines, de flore (microbes et champignons microscopiques), et de faune (vers de terre notamment). Les parties visibles de la biomasse (troncs, branches, feuilles…) ne viennent que bien après (tableau ci-dessous).

Bien sûr, ces chiffres ne sont que des ordres de grandeur, mais ils sont déjà riches de quelques enseignements importants :

– en additionnant ce qui est contenu dans le sol et dans les parties aériennes, les prairies contiennent autant ou plus de carbone à l'hectare que les forêts ;

**Contenus en carbone des divers types de végétation**

| *Biome* | *Tonnes de carbone par hectare* | | | *% dans le sol* |
|---|---|---|---|---|
| | *Végétation* | *Sols* | *Total* | |
| Forêts tropicales | 120,4 | 122,6 | 243,0 | 50,5 |
| Forêts tempérées | 56,8 | 96,2 | 153,0 | 62,9 |
| Forêts boréales | 64,2 | 343,8 | 408,0 | 84,3 |
| Savanes tropicales | 29,2 | 116,8 | 146,0 | 80,0 |
| Prairies tempérées | 7,2 | 235,8 | 243,0 | 97,0 |
| Déserts et semi-déserts | 1,8 | 42,2 | 44,0 | 96,0 |
| Toundra | 6,3 | 127,7 | 134,0 | 95,3 |
| Zones humides | 42,9 | 643,1 | 686,0 | 93,8 |
| Terres de culture | 1,9 | 80,1 | 82,0 | 97,7 |

(GIEC, 2001.)

– sous nos latitudes, il y a un rapport de 1 à 3 entre le stock contenu dans une surface agricole et celui contenu dans une surface non cultivée (forêt ou prairie).

Revenons à nos échanges entre les divers compartiments de la Terre. Il est frappant de constater qu'ils sont très importants par rapport aux émissions anthropiques de $CO_2$, qui représentent moins de 10 Gt de carbone par an dans chaque sens, alors que l'atmosphère échange environ 150 Gt par an avec des compartiments naturels. En fait les échanges ne sont pas exactement équilibrés (sinon la concentration atmosphérique ne varierait jamais), et l'action humaine est par contre très significative au regard du léger déséquilibre « naturel ». Nous allons voir maintenant que les stocks et bilans des échanges sont connus avec une précision inégale, certains par déduction seulement.

– Le stock atmosphérique (750 Gt) est bien connu. La concentration de gaz carbonique dans l'air se mesure avec une très bonne précision, elle est assez bien homogénéisée à la surface de la planète, et la masse et le volume totaux de l'atmosphère sont par ailleurs bien connus. Une règle de trois permet d'en déduire la masse du gaz carbonique, et donc celle du carbone présent dans ce compartiment.

– Le gros du carbone océanique est dissous dans l'eau sous forme de bicarbonate : là aussi, des mesures par échantillonnage et une règle de trois permettent d'aboutir au dimensionnement du stock.

– Les échanges entre l'atmosphère et l'océan découlent pour l'essentiel du phénomène suivant : le gaz carbonique est dissous dans l'eau froide aux hautes latitudes (la dissolution dans l'eau froide est meilleure que dans l'eau chaude), transporté sous forme de bicarbonate vers les tropiques par les courants marins des profondeurs (voir page 114), et une fois l'eau revenue à la surface et réchauffée par l'insolation en zone intertropicale, la réaction inverse s'opère (l'augmentation de la température rend la solution sursaturée), et ce même gaz est libéré dans l'atmosphère. Même si l'intensité des échanges dépend de conditions physiques (température, pression, turbulences causées par les vagues et le vent…) qui ne sont pas toujours faciles à estimer, ce processus se résume en première approximation à une réaction physico-chimique unique et est donc quantifiable avec un degré de précision acceptable.

– En revanche, les sols et la végétation renferment des stocks étroitement liés aux conditions locales ; le tableau de la page 48 montre qu'ils peuvent varier d'un facteur 15 d'un milieu à un autre. La seule manière de procéder est alors de multiplier les mesures et les échantillonnages, et la fiabilité du résultat est étroitement tributaire de celle des estimations de la couverture végétale, et de l'appréciation des variations internes au sein de chaque type de végétation (ce qui est loin d'être facile à déterminer !).

Il résulte de cette difficulté d'appréciation du stock continental que le flux net annuel en provenance de l'atmosphère – qui n'en représente que quelques pour-cent – ne peut se calculer directement : l'imprécision serait trop grande. Heureusement, il est possible de procéder autrement. Reprenons les cartes que nous avons en main. Nous connaissons bien :

– le stock de carbone dans l'atmosphère sous forme de gaz carbonique, qui découle des mesures ;

– l'accroissement annuel dans l'atmosphère, qui découle désormais des séries chronologiques des mesures ci-dessus ;

– le stock océanique, sous forme de bicarbonate, qui découle de mesures et d'une règle de trois ;

– les flux océan → atmosphère et atmosphère → océan, donc le flux net atmosphère → océan (pour le moment il va dans ce sens), qui découle de calculs simples ;

– les émissions d'origine anthropique, qui découlent de l'utilisation de combustibles fossiles, de certains procédés industriels, et de la déforestation et du changement d'usage des sols (conversion de la forêt en agriculture), toutes choses qui se mesurent à 10 % près (sauf la déforestation) et sur lesquelles nous reviendrons en détail en page 145 et suivantes.

Ajoutons que le gaz carbonique est chimiquement stable dans la basse atmosphère : il ne s'y transforme pas en un autre composé, et les processus créant du gaz carbonique dans l'atmosphère (il en existe, notamment la dégradation du méthane) représentent des quantités marginales au regard des flux et stocks ci-dessus. Cette stabilité chimique du gaz carbonique dans l'atmosphère nous ramène à un problème de robinets. Il faut donc retrouver, au bout du compte :

Émissions humaines (1) =
solde des échanges atmosphère ↔ océans (2)
+ solde des échanges atmosphère ↔ continents (3)
+ accroissement annuel de l'atmosphère (4).

Comme les termes 1, 2 et 4 de cette égalité sont bien connus, le terme 3 s'en déduit. Le fait que les continents se comportent comme un puits est d'abord le résultat d'une équation simple, et non celui d'une mesure directe. En mettant les chiffres, cela donne ce qui suit : émissions humaines (environ 7 gigatonnes de carbone) = absorption nette des océans (environ 2 Gt) + absorption nette de la végétation (environ 2 Gt) + accroissement annuel de l'atmosphère (environ 3 Gt).

Incidemment, comment la végétation peut-elle présenter un bilan à peu près équilibré alors que les plantes, *via* la photosynthèse, absorbent du gaz carbonique et rejettent de l'oxygène ? En fait, les plantes respirent aussi, comme nous, avec consommation d'oxygène et émission de gaz carbonique, ce qui contrebalance la moitié de ce qui est absorbé par la photosynthèse. Où trouver l'autre moitié ? C'est que, hélas pour eux, les végétaux meurent aussi. Les restes se décomposent alors dans le sol, avec émission de gaz carbonique, bouclant les échanges : photosynthèse = respiration + décomposition. Ainsi, contrairement à une idée solidement répandue, une forêt à maturité, c'est-à-dire où les arbres qui naissent et ceux qui meurent forment un bilan de masse équilibré (cas de toute forêt qui a dépassé le siècle, en gros), ne produit pas le moindre litre d'oxygène pour l'humanité. Que l'on ne se méprenne pas sur mes propos : il reste de fort bonnes raisons de conserver à la planète une couverture forestière importante. Elle joue un rôle irremplaçable comme réservoir de biodiversité, pour empêcher l'érosion des sols, et pour la disponibilité de la ressource en eau, notamment. En revanche une forêt à maturité ne constitue pas un puits de carbone, du moins dans une atmosphère dont la concentration en gaz carbonique n'augmente pas. Si cette dernière vient à croître, cela accélère la photosynthèse (alors que cela n'influe pas sur la décomposition) et conduit la forêt auparavant à maturité à reprendre sa croissance, donc à être un puits. Mais cela reste transitoire : il y a une limite supérieure à la masse des plantes et la décomposition des arbres restituera en tout état de cause le carbone fixé à l'atmosphère au bout de quelques décennies ou siècles.

L'exploitation du bois d'œuvre représente une autre raison courante de considérer les forêts comme des puits : au lieu de se décomposer sur place, le carbone fixé par la plante est utilisé de manière durable, pour faire des meubles, des charpentes, etc. Cela crée un flux sortant qui remplace la décomposition mais ne restitue pas de gaz carbonique à l'atmosphère. Il est effectif que cela constitue un puits si les arbres coupés sont remplacés par d'autres, mais ce n'est pas toujours le cas, notamment en zone tropicale.

Avant d'aller plus loin, faisons un petit calcul instructif. Il est assez courant de considérer la plantation d'arbres comme une variable d'action significative pour compenser les émissions ; c'est en tout cas ce que laissent penser certains projets annoncés à grands coups de trompette. Qu'en est-il ? Le point le plus important est celui-ci : tout dépend de ce qu'il y avait avant. Si la forêt remplace une prairie, dont le carbone total à l'hectare (sol + biomasse) est *grosso modo* identique (tableau 1), le gain est nul, et cela est également vrai si la forêt remplace… une autre forêt. Il n'y a en fait puits que si la forêt remplace une terre agricole (ce qui n'arrive pratiquement jamais).

Admettons que ce soit le cas. Le stock de carbone à l'hectare d'une forêt (sol inclus) varie de 150 à 400 tonnes, mais la terre agricole remplacée en contenait 80. Admettons que la plantation d'une forêt permette de passer à 250 ± 25 tonnes, pour fixer les idées. Commc il faut à peu près un siècle à une forêt pour arriver à maturité (ordre de grandeur), notre forêt en croissance absorbera environ 1,5 à 2 tonnes de carbone à l'hectare par an. Pour créer un puits forestier à même d'absorber les 3 Gt de carbone d'origine humaine qui s'accumulent actuellement dans l'atmosphère, il serait donc nécessaire de convertir en forêts de 1,5 à 2 milliards d'hectares de terres agricoles, c'est-à-dire 15 à 20 millions de $km^2$ : un huitième à un sixième des terres émergées, ou encore plus de 2 fois le Sahara, ou encore 30 à 40 fois la France !

Comme nos émissions augmentent, un comportement prévoyant dans le cadre d'émissions non contraintes consisterait même à dimensionner dès à présent un puits forestier en fonction ce qui se passera plus tard. Sachant que les émissions pourraient aller jusqu'à décupler, je laisse le lecteur juge de la pertinence d'un tel projet…

On m'objectera peut-être qu'il suffirait d'exploiter les forêts existantes pour en tirer du bois d'œuvre, sans diminuer leur surface, pour arriver au même résultat : c'est partiellement vrai. Mais l'accroissement actuel de la concentration atmosphérique en gaz carbonique tient déjà compte, par la force des choses, de notre activité de foresterie existante. Il faudrait donc intensifier cette dernière pour arriver à ce résultat, or cela n'est pas possible sans arriver exactement au but inverse dans les pays en développement (les pistes créées pour les nécessités de l'exploitation, qui ne concernent que quelques espèces, permettent ensuite aux paysans de pénétrer dans la forêt et de défricher tout ce qui reste, c'est-à-dire l'essentiel), et dans les pays développés la grande majorité des forêts est déjà peu ou prou exploitée.

## QUE SE PASSERAIT-IL SI...

Bien entendu, ce bilan des échanges de carbone résulte de flux qui ne sont pas nécessairement immuables. Trois questions peuvent alors venir à l'esprit :

– supposons que nous arrêtions soudainement nos émissions de gaz carbonique, la concentration de ce gaz dans l'atmosphère diminuerait-elle rapidement ?

– si les émissions anthropiques de ce gaz augmentent, les puits absorberont-ils une large partie du surplus ?

– enfin, si la température moyenne augmente, cela influe-t-il sur les échanges ?

Pour le premier point, il y a hélas une très mauvaise nouvelle : la durée de résidence du gaz carbonique dans l'atmosphère ne s'apprécie pas en termes d'années, mais plutôt en siècles. Nous ne pourrons pas utiliser ici le terme de « durée de vie », ou de « demi-vie », comme nous le ferions pour un élément radioactif, et qui désigne la durée au bout de laquelle une part donnée (la moitié pour la demi-vie) des atomes initiaux ont disparu. En effet, pour que ces notions aient un sens, il faut :

– qu'il n'y ait qu'un seul processus de disparition ; c'est le cas des éléments radioactifs, par exemple le carbone 14, qui disparaît uniquement par radioactivité bêta ;

– que ce processus soit indépendant des conditions extérieures : le carbone 14 se désintègre au même rythme, qu'il soit dans l'air ou sous l'eau, associé chimiquement à de l'oxygène, à de l'hydrogène, ou à lui-même...

Il est facile de constater que ces conditions ne sont pas réunies en ce qui concerne l'élimination du gaz carbonique de l'atmosphère :

– il n'y a pas qu'un seul phénomène en cause, ni pour son élimination (le gaz peut être absorbé par l'océan ou par les plantes), ni pour ses apports (respiration, décomposition, émissions de l'océan, etc.) ;

– les processus de « disparition », c'est-à-dire en fait de passage dans un autre compartiment (océan ou végétation et sols), ne sont pas indépendants des conditions du moment, comme la concentration dans l'atmosphère, ou, comme nous allons le voir, la température…

Il n'est donc pas possible de parler de « durée de vie » au sens classique du terme, car aucune règle ne peut être énoncée sans faire référence au contexte. Par exemple, si nous arrêtions les émissions demain matin, personne ne sait si nous reviendrons un jour à la proportion préindustrielle en gaz carbonique. Comment définir, alors, une notion qui ait un sens ? La cote mal taillée utilisée consiste à parler de durée de résidence, correspondant en fait au temps de transit du gaz carbonique dans l'atmosphère dans le cadre du cycle du carbone, et donc voisin du temps nécessaire à l'élimination d'un petit surplus d'origine anthropique. Les constantes de temps des divers processus impliqués variant de 50 ans à 2 siècles, il est courant de retenir le siècle comme ordre de grandeur.

Quel que soit le terme employé, retenons toutefois cette conclusion forte : une fois mis dans l'atmosphère par nos soins, le gaz carbonique « en excès » met très longtemps à en être éliminé par les cycles naturels, et l'évolution en cours comporte de toute façon une bonne dose d'irréversibilité à l'échelle de quelques vies humaines, si ce n'est plus, comme nous le verrons plus loin (page 192). Une autre conséquence de cette longue durée de résidence est que le lieu de la source est rigoureusement sans importance. En effet, la durée de brassage de l'atmosphère (plus exactement de la troposphère) est de l'ordre de quelques mois : en un tel laps de temps, une quantité de gaz émise n'importe où se retrouve à peu près homogénéisée au-dessus de l'ensemble de la planète. C'est pour cela que des prélèvements faits dans les carottes de glace prélevées aux pôles peuvent servir à caractériser la concentration atmosphérique en gaz carbonique de manière globale. Enfin, un seul lieu d'émission pouvant enrichir l'atmosphère tout entière, il devient incontournable que tous les pays se mettent d'accord pour diminuer leurs émissions en même temps, faute de quoi un seul « mauvais élève » peut réduire à néant les efforts de tous les autres pays. Même si cela semble relever de la mission impossible, le lecteur comprendra dès à présent qu'il n'y a pas d'autre manière de procéder pour réduire les émissions mondiales que de tenter de mettre au point un objectif collectif accepté par tous.

Passons à la deuxième question : que se passe-t-il si les émissions de gaz carbonique augmentent ? En premier lieu, sa concentration atmosphérique va augmenter, ce qui va stimuler la croissance de la biomasse mais pas la décomposition, et augmenter l'absorption par les océans, car de vieux souvenirs de chimie permettront peut-être au lecteur de se rappeler que la quantité dissoute d'un gaz augmente avec sa pression partielle. Mais ces absorptions ne compenseront pas totalement les émissions supplémentaires, par suite de phénomènes de saturation des puits. La fraction du gaz carbonique qui reste dans l'atmosphère augmentera avec les émissions.

Comme ce surplus de gaz va augmenter l'effet de serre, et conduire à une élévation des températures, nous voyons que l'augmentation des émissions et celle de la température ne sont pas indépendantes l'une de l'autre, et cela nous amène à la dernière question : comment réagit le cycle du carbone à une élévation de température ? L'efficacité du puits « océan » va diminuer avec une élévation de température :

– l'eau chaude dissout moins bien le gaz carbonique que l'eau froide ;

– une élévation de température peut affaiblir les courants marins convectifs, qui vont de la surface de l'océan vers les profondeurs, et qui sont déterminants pour que l'océan soit un grand puits au lieu d'être un tout petit puits (voir page 115).

Les écosystèmes terrestres verront aussi leur efficacité à séquestrer du carbone baisser lorsque la température augmente :

– les émissions de gaz carbonique des sols, qui résultent de la décomposition de l'humus, sont le fait de micro-organismes dont l'activité s'accroît généralement avec la température ;

– une certaine élévation de température peut soumettre les végétaux à un stress hydrique (voir page 105) qui diminue leur métabolisme et donc la photosynthèse.

Des simulations récentes effectuées en France et en Grande-Bretagne laissent penser qu'au-delà d'une élévation de température de quelques degrés, les écosystèmes terrestres passeront du stade de puits à celui de source, leurs émissions s'ajoutant alors à celles de l'homme (voir fig. 10, page suivante).

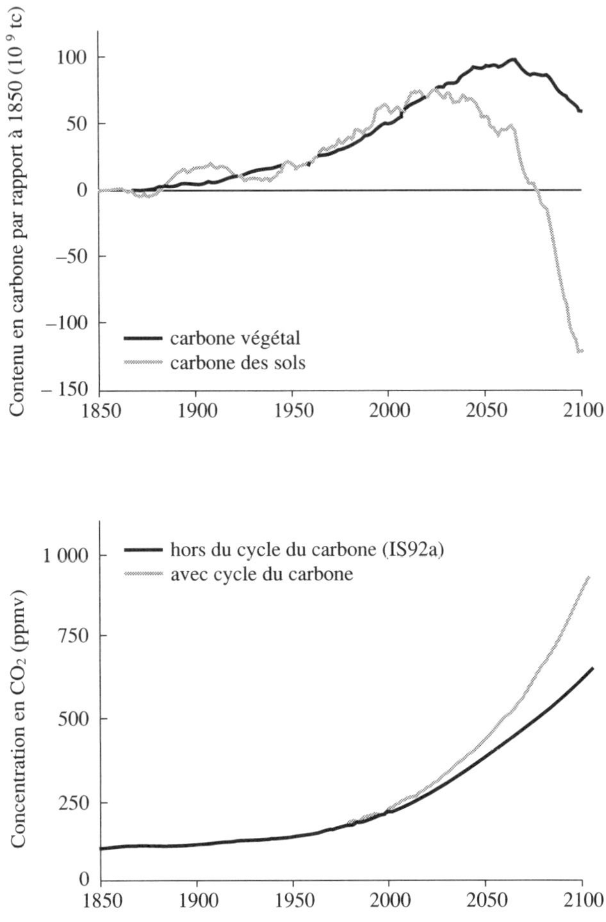


***Figure 10*** – *En haut* : variation du contenu en carbone de la végétation (courbe noire) et des sols (courbe grise) d'ici à 2100, simulée en tenant compte de l'effet de la température sur le cycle du carbone. Les émissions anthropiques de $CO_2$ suivent le scénario IS92a du GIEC (courbe noire de la figure du bas). Le modèle prédit que les sols passent du stade de puits à celui de source (la courbe grise de la figure du haut commence à descendre) vers 2050, le largage des sols vers l'atmosphère totalisant environ 200 Gt de carbone entre 2050 et 2100. Des modélisations françaises à l'IPSL aboutissent à des résultats concordants. *En bas* : évolutions comparées de la concentration de gaz carbonique, selon le seul scénario de référence (IS92a, courbe noire), ou en faisant intervenir l'effet de la température sur les puits terrestres (courbe grise). (Hadley Centre, 2001.)

# Les autres gaz à effet de serre

## LE RETOUR DU GRISOU

Après le gaz carbonique, le deuxième gaz à effet de serre par ordre d'importance est le méthane ($CH_4$), qui n'est autre que le gaz naturel de nos cuisinières. Il se forme dès qu'un composé organique – un animal, une plante – se décompose sous l'action de bactéries, par putréfaction ou fermentation, en dehors de la présence d'oxygène (on parle de décomposition anaérobie). Les zones humides, de type marais ou lagune, mais aussi les rizières, constituent par exemple une source naturelle importante de méthane, car les débris végétaux s'y décomposent sous l'eau, à l'abri de l'oxygène de l'air. Les réserves de gaz naturel, lequel est essentiellement composé de méthane, proviennent ainsi de la décomposition très ancienne de plantes et d'animaux.

Il y a toujours eu du méthane dans l'air, puisqu'il existe des sources naturelles. Son cycle est à la fois plus simple et plus complexe que celui du gaz carbonique :

– il est plus simple, parce que les échanges concernant l'océan sont faibles. Les seuls compartiments qui interviennent de manière significative sont les continents et l'atmosphère ;

– il est plus complexe, parce que le méthane réagit avec d'autres composés atmosphériques, et c'est même comme cela qu'il disparaît pour l'essentiel.

En revenant à nos archives glaciaires, nous constaterons que la teneur de l'atmosphère en méthane a lentement oscillé entre 350 et 700 ppbv (parties par milliard en volume, 1 ppmv = 1 000 ppbv) sur les 400 000 dernières années (voir fig. 11).

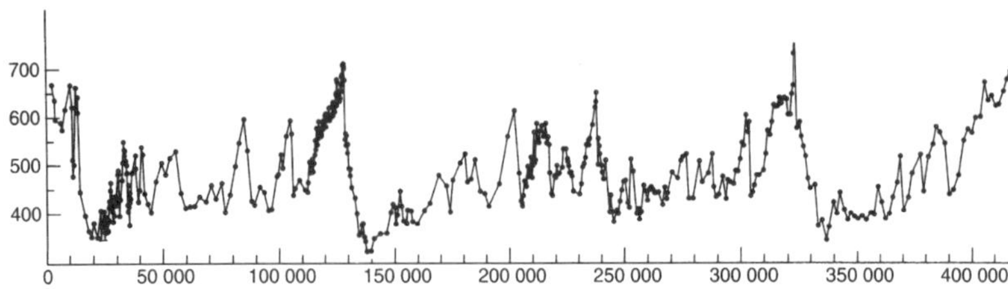


***Figure 11*** – Concentrations de méthane dans l'atmosphère sur 400 000 ans, en parties par milliard en volume (ppbv, échelle de gauche), exception faite des 3 derniers siècles. Notre époque est à gauche. (*Jouzel et al.*, *Nature*, juin 1999.)

Ces variations naturelles sont probablement liées à l'étendue plus ou moins importante des zones humides : hors toute interférence humaine, la concentration de méthane dans l'air est donc un indicateur indirect de la pluviométrie. De même que pour le gaz carbonique, cette concentration en méthane a très rapidement franchi à la hausse, depuis quelques siècles, une limite qui n'avait jamais été dépassée au cours des quelques centaines de milliers d'années qui nous précèdent (voir fig. 12).

En proportion, l'accroissement de la concentration atmosphérique en méthane depuis 1750 est encore plus importante que celle du gaz carbonique : la concentration de ce dernier a augmenté de 30 % environ, alors que la concentration en méthane a plus que doublé sur la même période. Nous comprendrons mieux pourquoi le méthane a commencé à augmenter avant le gaz carbonique quand nous aurons passé en revue les sources respectives de ces gaz.

Les émissions dues à notre espèce proviennent :

– pour environ 100 millions de tonnes (que nous noterons Mt) par an de l'utilisation de combustibles fossiles. La combustion imparfaite de ces combustibles est un petit contributeur à ce poste, dont l'essentiel provient des émanations des exploitations charbonnières, pétrolières et gazières. Tous les gisements fossiles renferment un peu – ou beaucoup ! – de méthane, qui porte soit le nom de gaz naturel (poches de gaz ou de pétrole), soit celui… de grisou (mines de charbon), et dont une partie s'échappe toujours dans l'atmosphère, à cause des fuites ou de l'aération des mines ;

– pour une quantité équivalente de l'élevage des ruminants (vaches, moutons, chèvres, yacks...). Les aliments qu'ils ingèrent fermentent dans leur estomac, en dégageant du méthane ; à titre informatif il y a environ 20 millions de bovins en France (et plus d'un milliard sur la planète) : le poids de nos vaches – une vache pèse 500 kg environ – est supérieur au poids des Français ! ;

– pour 50 à 90 Mt par an, selon les estimations, de la culture du riz (les rizières sont des zones humides) ;

– de la combustion de la biomasse (essentiellement des brûlis en zone tropicale) pour 40 Mt par an environ. Une telle combustion est toujours imparfaite, ce qui libère dans l'atmosphère des composés organiques mal ou pas brûlés, dont du méthane ;

– enfin des décharges d'ordures ménagères (encore la putréfaction) et du compostage pour 40 à 70 Mt selon les estimations.

Contrairement à ce qui se passe pour le gaz carbonique, où les émissions anthropiques ne représentaient qu'une petite partie des émissions naturelles, nous avons ici le contraire : les émissions anthropiques représentent à peu près le double des émissions naturelles, lesquelles sont estimées dans une fourchette de 150 à 240 Mt par an et sont essentiellement le fait des zones humides (et des termites, pour 30 Mt !). L'ensemble du méthane émis, soit 600 Mt environ, disparaît pour l'essentiel (500 Mt) par oxydation dans l'atmosphère, au cours de réactions complexes faisant notamment intervenir des radicaux hydroxyle (OH). Le reste du méthane est oxydé dans la

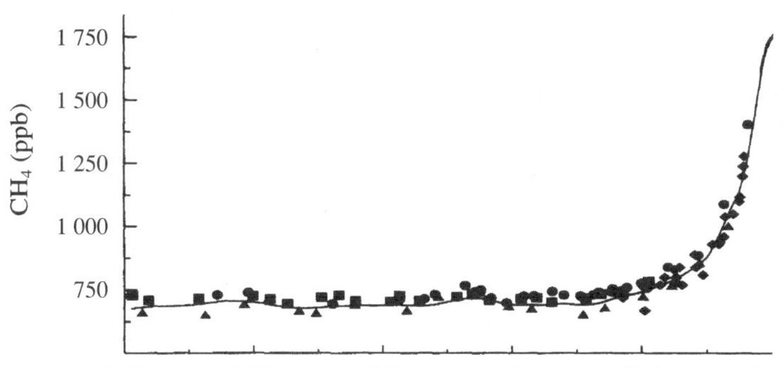


***Figure 12*** – Concentration de méthane dans l'atmosphère depuis l'an 1000. (GIEC, 2001.)

stratosphère (40 Mt), repris par les sols (30 Mt), ou s'accumule dans l'atmosphère (30 Mt par an). Notons que cette accumulation dans l'atmosphère représente 10 % environ des émissions anthropiques de méthane, alors que pour le gaz carbonique c'est 50 % des émissions anthropiques qui suivent cette voie.

Il y a une relative « bonne nouvelle » concernant ce gaz : sa durée de résidence dans l'atmosphère est assez courte, de l'ordre de la décennie (dans les conditions actuelles). En conséquence, une forte diminution des émissions de méthane aurait un impact mesurable relativement rapidement sur l'évolution climatique de notre planète, ce qui n'est pas le cas pour le gaz carbonique. L'origine largement agricole du méthane explique deux caractéristiques de son évolution récente :

– le développement de l'agriculture ayant précédé l'industrialisation, la croissance du méthane dans l'atmosphère a démarré un peu plus tôt que celle du $CO_2$ ;

– sa concentration évolue actuellement à peu près comme la démographie.

Comme pour le gaz carbonique, nous pouvons aussi jouer à « que se passe-t-il si… ». Comment la température ou la concentration préexistante de l'atmosphère en méthane influent-elles sur le cycle de ce gaz et l'accumulation atmosphérique qui en résulte ?

Commençons par le deuxième point : les émissions naturelles résultant essentiellement d'un processus biologique, la concentration préexistante de méthane dans l'air n'influe pas directement sur la production. En revanche, les radicaux hydroxyle se forment suivant un processus indépendant des émissions de méthane (en d'autres termes la production de contrepoison est donnée une fois pour toute et indépendante de la quantité de poison administrée). En cas d'augmentation des émissions, il peut y avoir un phénomène de saturation du puits, comme pour le gaz carbonique, avec une part croissante du méthane émis qui s'accumule dans l'atmosphère.

Les émissions – donc la concentration – peuvent être influencées par une élévation de température à plusieurs titres. Tout d'abord l'activité microbienne et la vitesse de putréfaction ont tendance à augmenter dans des conditions plus chaudes, lesquelles seront aussi souvent plus humides. Ensuite, une élévation de température pourrait libérer du méthane stocké sous forme d'hydrate dans les zones boréales. L'hydrate de méthane est un cristal qui ressemble à de la glace, et qui se forme quand eau et méthane sont réunis à basse température ou à haute pression (ce cristal est surtout connu pour boucher les gazoducs en zones froides !). Il n'y a pas de réaction chimique dans la formation de ce composé – il s'agit juste d'un changement d'état – qui existe à l'état naturel en deux endroits de notre planète :

– dans les sédiments océaniques de surface, à grande profondeur (où il y a des hautes pressions), à cause du méthane dégagé par les bactéries présentes sur place (mais il est généralement présent à faible concentration) ;

– sous le pergélisol, qui est le sol gelé en permanence des hautes latitudes (Nord de la Russie, du Canada), car s'y trouvent aussi des bactéries productrices de méthane, du froid et de l'eau (ou de la glace).

Certaines estimations, telle celle de l'United States Geological Survey (USGS), évaluent les stocks mondiaux d'hydrate de méthane à 8 000 gigatonnes de carbone en ordre de grandeur, soit 2 fois le cumul de toutes les autres formes de combustibles fossiles (charbon, pétrole, gaz) présentes sur Terre. Toutefois, ce composé est généralement présent de manière diluée, ce qui n'en fait pas pour autant une ressource énergétique exploitable.

Or nous verrons plus loin que le réchauffement découlant d'une augmentation de l'effet de serre sera particulièrement marqué près du pôle Nord (voir page 91). Si une partie importante du pergélisol dégèle de ce fait, les conditions pourraient devenir instables pour l'hydrate de méthane qui y est stocké : d'une part le « couvercle », à savoir le sol gelé, disparaîtrait, et d'autre part il se mettrait à faire trop chaud dans le sol pour que l'hydrate de méthane reste stable. Des quantités très importantes de ce gaz pourraient alors s'échapper dans l'atmosphère, outre que la transformation du pergélisol en gigantesque marécage augmenterait aussi la superficie des zones humides productrices de méthane. Nul ne sait vraiment ce qui pourrait se passer après en pareil cas.

## UN GAZ HILARANT QUI NE L'EST PLUS BEAUCOUP

Si nous continuons notre inventaire des gaz à effet de serre possédant un cycle naturel, nous allons maintenant rencontrer le protoxyde d'azote, de formule $N_2O$, plus connu sous le nom de gaz hilarant, et

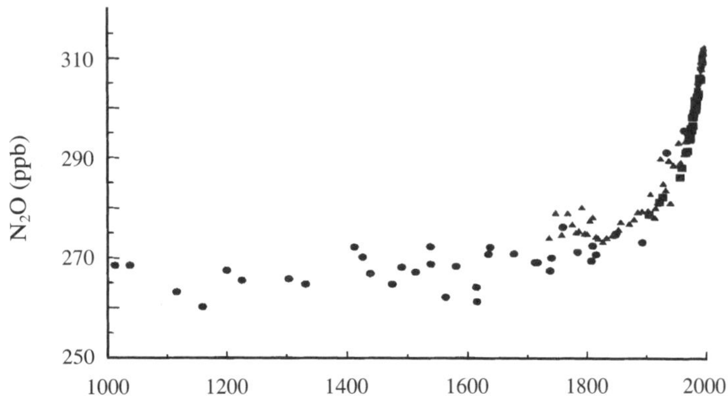


***Figure 13*** – Concentration de protoxyde d'azote dans l'atmosphère depuis l'an 1000. (GIEC, 2001.)

parfois employé comme anesthésiant léger (ou comme euphorisant dans les « rave parties » !). Il s'agit d'un gaz stable dans la basse atmosphère, donc, encore une fois, nous pourrons faire appel à nos archives glaciaires pour regarder comment évoluent les concentrations de ce gaz dans l'air sur une longue période. La conclusion était attendue : nous assistons aussi à une augmentation exponentielle de cette concentration depuis le début de l'ère industrielle (voir fig. 13).

Cette augmentation, en proportion, est toutefois plus faible que pour les deux autres gaz examinés jusqu'à maintenant, puisqu'elle se limite à 15 % de la valeur pré-industrielle.

Les émissions naturelles de ce gaz proviennent essentiellement de l'activité microbienne des sols, où il se forme par réduction d'oxydes d'azote (nitrates [$NO_3$] ou nitrites [$NO_2$]) sous l'influence de micro-organismes, notamment dans les zones chaudes et humides (les forêts tropicales).

La part « humaine » (anthropique), qui s'élève à environ 10 millions de tonnes par an, provient :

– pour plus de 50 % de l'utilisation des engrais azotés en agriculture, lesquels favorisent l'activité microbienne des sols relative au cycle de l'azote (c'est même fait pour !). Environ 2,5 % de l'azote contenu dans les engrais part dans l'atmosphère sous forme de protoxyde quelques semaines tout au plus après épandage. Ce pourcentage varie cependant en fonction des conditions climatiques locales ;

– pour une petite partie des déjections humaines et animales, notamment des omnivores (porcs, volaille) ;

– pour partie de la combustion des énergies fossiles. Des oxydes d'azote de toute sorte se forment dès que l'on met oxygène et azote (qui sont, rappelons-le, les deux principaux constituants de l'air) en présence à haute température (plus de quelques centaines de °C). Des oxydes d'azote, y compris du protoxyde, se forment donc dès qu'une réaction de combustion a lieu en utilisant l'air comme comburant, ce qui est le cas dans n'importe quel moteur à explosion, mais aussi pour les cuisinières à gaz (qui sont connues pour être des sources domestiques très significatives d'oxydes d'azote) ;

– enfin pour une petite partie de l'industrie chimique, notamment de la fabrication de l'acide nitrique (ce ne sera pas une surprise !).

Comme pour le méthane, la biomasse et les océans ne reprennent quasiment pas de protoxyde à l'atmosphère. Ce gaz se dégrade essentiellement par oxydation dans la stratosphère, et ce processus relève d'une chimie complexe, non déconnectée de celle de l'ozone. La durée de résidence du protoxyde dans l'atmosphère est estimée à 120 ans. Il partage donc avec le gaz carbonique ce « privilège » de ne pas pouvoir être éliminé rapidement de l'atmosphère après y avoir été injecté.

## REVOILÀ LES PICS D'OZONE

L'ozone est un gaz à effet de serre composé de trois atomes d'oxygène ($O_3$), quand le gaz oxygène « normal » n'en comporte que deux, et qui dispose de deux réservoirs naturels distincts dans l'atmosphère. Nous trouverons tout d'abord de l'ozone dans la haute atmosphère, où il se forme à la suite de réactions rendues possibles par l'énergie fournie par le rayonnement solaire (notamment les courtes longueurs d'onde). Il est courant de simplifier ces réactions en indiquant que, schématiquement, elles se résument à la formation d'oxygène atomique sous l'effet des ultraviolets, qui réagit avec de l'oxygène moléculaire pour donner de l'ozone : $O + O_2 \rightarrow O_3$. Réciproquement, cet ozone disparaît dans des réactions favorisées par les ultraviolets, et ces réactions antagonistes conduisent à une concentration d'équilibre en ozone qui varie entre le jour et la nuit, selon les saisons, la latitude, et encore d'autres facteurs. La chimie de l'ozone, qui fait intervenir des processus catalytiques et utilise des composés minoritaires de l'atmosphère en grand nombre (vapeur d'eau et oxydes d'azote, entre autres), est extraordinairement complexe. Cet ozone en altitude nous rend un précieux service : il absorbe le rayonnement ultraviolet le plus « dur » (c'est-à-dire celui de plus courte longueur d'onde) envoyé par le Soleil, qui, s'il parvenait intégralement jusqu'à la Terre, empêcherait probablement la vie évoluée de prendre place sur les continents, en brisant les liaisons chimiques de nombreuses molécules organiques. Du fait de cette absorption, cet ozone contribue au réchauffement de la stratosphère, et ce phénomène façonne de manière importante notre machinerie climatique (voir page 120).

Mais il se forme aussi de l'ozone près du sol (appelé ozone troposphérique), par réaction photochimique entre composés (appelés précurseurs) qui sont émis lors de l'utilisation de combustibles (fossiles ou non) : oxydes d'azote, monoxyde de carbone, hydrocarbures divers, dont le méthane. À proximité de nos narines il n'est généralement pas considéré comme très désirable : c'est en effet un polluant local très agressif, ce qui est une autre manière de dire qu'il est chimiquement très actif. L'ozone troposphérique possède aussi un cycle naturel : les incendies (lorsque ceux-ci sont naturels, bien entendu !) ou les émanations naturelles de méthane sont à l'origine d'une concentration minimale d'ozone dans la troposphère, bien qu'il n'y ait pas d'émissions directes de ce gaz.

La part de l'homme est ici très délicate à quantifier. Près du sol, il est bien entendu parfaitement possible de mesurer la concentration d'ozone en un lieu donné à l'aide d'un capteur, dont les variations peuvent éventuellement servir à estimer la part anthropique, mais cela ne permet pas d'en déduire la concentration moyenne de ce gaz au-dessus de l'ensemble de la planète. L'ozone, très réactif, se conserve quelques heures ou quelques jours tout au plus dans la troposphère, et ne s'éloigne donc pas beaucoup des zones où il se forme : il est impossible d'inférer de la concentration en ozone au-dessus de Paris celle au-dessus de la Sibérie. De ce fait, il est également impossible d'obtenir quelque renseignement valide que ce soit à partir des carottages dans les glaces polaires : très réactif, l'ozone a disparu depuis longtemps dans les petites bulles d'air emprisonnées dans la glace. Enfin cette répartition troposphérique inégale engendre une action sur l'effet de serre qui ne sera pas équitablement distribuée à la surface du globe.

Il est nettement plus facile de cerner les émissions de précurseurs de l'ozone ($CH_4$ et $NO_x$ par exemple), mais les conditions physico-chimiques du moment (ensoleillement, vent, humidité) jouent un rôle déterminant, et parvenir à des ordres de grandeur acceptables n'est pas toujours aisé. Son impact sur le climat, estimé à partir de bases statistiques, est cependant supposé voisin de celui du méthane. Si nous passons à la stratosphère, l'action de l'homme, au travers des émissions de CFC (voir page suivante), a contribué à y faire baisser la concentration d'ozone. Outre les dangers intrinsèques résultant de cette évolution, cette pression sur l'ozone stratosphérique contribue à diminuer un peu l'effet de serre, ce dont il faut en toute bonne rigueur tenir compte. Nous pourrions penser que moins d'ozone en haut et plus en bas se compensent : si cela est vrai en première approximation pour l'interception des ultraviolets, c'est hélas inexact pour le climat, car la distribution verticale de l'ozone dans l'atmosphère influe sur son rôle dans l'effet de serre. Ce degré de complexité, le caractère local des concentrations, la difficulté qu'il y a à définir la part anthropique et celle qu'il y a à tenir des inventaires expliquent pourquoi l'ozone n'est pas pris en compte dans les accords internationaux tels que le protocole de Kyoto.

Cependant, l'ozone ayant une durée de vie très courte dans la troposphère, un arrêt de l'usage des combustibles fossiles (qui diminuerait très fortement les émissions des précurseurs de l'ozone) serait suivi par une baisse de ce terme dans les jours suivants, et il est le seul gaz à effet de serre dans ce cas.

## LES CRÉATIONS DE L'HOMME

Nous allons maintenant examiner quelques gaz dont la présence dans l'atmosphère ne doit qu'à nous et qui contribuent aussi à l'effet de serre. Par opposition aux gaz « naturels », nous pourrons qualifier ceux-ci de gaz « industriels » à effet de serre. Les principaux contributeurs dans cette catégorie appartiennent à la famille des halocarbures, de formule générique $C_xH_yHal_z$, c'est-à-dire des hydrocarbures (molécules composées uniquement d'hydrogène et de carbone ; le méthane,

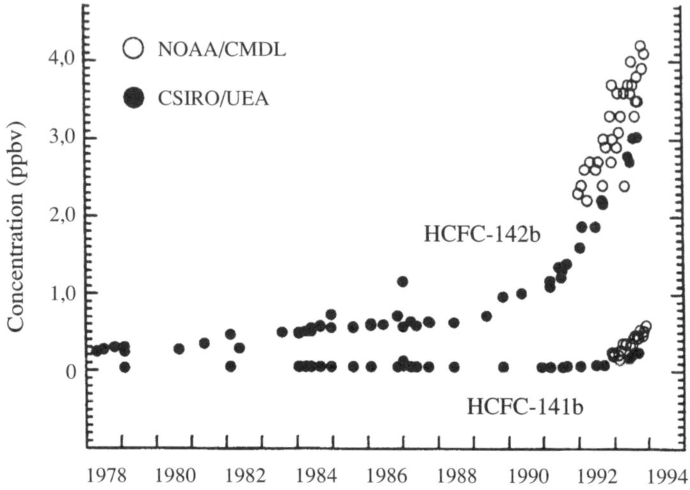


***Figure 14*** – Concentrations atmosphériques de certains halocarbures, par mesure directe dans l'air. L'échelle est en parties par trillion – une partie par trillion = 0,0000000001 % ! Bien que les concentrations soient faibles, elles ont été multipliées par des facteurs allant de 5 à 20 en l'espace de 20 ans. (IPCC, 1996.)

le propane, l'octane de l'essence, le benzène, etc. sont des hydrocarbures) où tout ou partie des atomes d'hydrogène a été remplacé(e) par un ou plusieurs atome(s) de gaz halogène. Rappelons que cette famille de gaz comprend le fluor (F), le chlore (Cl), le brome (Br), l'iode (I), et un représentant que l'on a peu l'habitude de nommer, l'astate (At). Cette grande famille des halocarbures comporte quelques sous-familles particulières, aux doux noms de chlorofluorocarbures, ou CFC (molécules d'hydrocarbures où l'hydrogène est totalement remplacé par du chlore et du fluor, encore appelés fréons), d'hydrofluorocarbures, ou HFC (l'hydrogène est partiellement remplacé par du fluor), et de perfluorocarbures, ou PFC (l'hydrogène est totalement remplacé par du fluor).

Après la mise en évidence de l'effet des CFC sur l'ozone stratosphérique, qu'ils contribuent à dégrader, le protocole de Montréal (1987) en a décidé l'interdiction progressive, mais de nombreux objets qui en contiennent (réfrigérateurs par exemple) continueront d'engendrer des émissions pendant longtemps encore, car il faut attendre leur mise au rebut. Les produits de substitution, qui ne constituent plus un danger pour l'ozone stratosphérique (soit ils ne contiennent plus de chlore, soit ils restent chimiquement actifs et sont dégradés avant d'avoir eu le temps de diffuser dans la stratosphère), sont cependant de puissants gaz à effet de serre. Ils sont par exemple utilisés :

– comme gaz réfrigérants dans les systèmes de climatisation et les chaînes du froid ; les émissions proviennent des fuites et des mises à la décharge, et peuvent être très différées par rapport à la production ;

– dans certains procédés industriels (fabrication de mousses plastiques, de composants électroniques, de mousses pour extincteur…).

Des procédés industriels peuvent également en émettre sans avoir pour objet d'en produire. La fabrication de l'aluminium, par exemple, conduit à des émissions de PFC, car le bain d'alumine électrolysé contient des adjuvants fluorés.

Les molécules d'halocarbures ont deux propriétés importantes pour nous :

– elles sont généralement extrêmement opaques au rayonnement infrarouge, bien plus que les gaz « naturels » à effet de serre ;

– certaines d'entre elles (les PFC) ont des durées de vie dans l'atmosphère qui peuvent aller jusqu'à plusieurs dizaines de milliers d'années.

Diantre, des dizaines de milliers d'années ! Cela est dû au fait que ces molécules, saturées en fluor, sont chimiquement très stables (ce n'est pas le cas de tous les halocarbures : les HFC, non saturés, ont des durées de vie bien plus courtes). Cette très faible réactivité – donc leur absence de toxicité directe – est à l'origine de leur succès : elles ont souvent remplacé, pour leurs divers usages, des composés chimiques nocifs pour l'homme (ammoniac pour la réfrigération par exemple). Ces PFC ne faisant l'objet d'aucune réaction chimique une fois dans l'air, aucun puits terrestre ou océanique ne permet leur retrait de l'atmosphère. Seule la décomposition photochimique sous l'effet des ultraviolets dans la stratosphère met fin à leur existence. Leur exceptionnelle durée de vie découle de toutes ces caractéristiques : il faut très longtemps pour que ces molécules diffusent jusque dans la stratosphère puis soient détruites.

Les accords internationaux tiennent également compte d'un autre gaz industriel, l'hexafluorure de soufre ($SF_6$). Il sert dans les applications électriques (dans les transformateurs haute tension par exemple) ou pour les doubles vitrages.

Les émissions naturelles de tous ces composés sont rigoureusement nulles. Les émissions anthropiques mondiales se comptent en milliers ou dizaines de milliers de tonnes, soit, en masse, un millionième des émissions de gaz carbonique, mais, par suite du très fort pouvoir absorbant de ces molécules sur les infrarouges et de leur exceptionnelle durée de vie, ces quantités apparemment ridicules ne sont pas sans effet sur le climat, comme nous allons le voir au cours du chapitre qui vient.

# Comparer les émissions : un exercice difficile

## LE POUVOIR DE RÉCHAUFFEMENT GLOBAL, UNE MESURE IMPARFAITE... MAIS INDISPENSABLE

Voilà donc la tournée des principaux gaz à effet de serre terminée (il en existe d'autres, mais leur effet est mineur), et l'une des premières questions qui peut alors venir à l'esprit est alors de savoir comment leurs impacts respectifs peuvent se comparer. Vaut-il mieux éviter d'émettre un kilogramme de méthane ou un kilogramme de gaz carbonique ? Un kilogramme de protoxyde d'azote ou un kilogramme de $SF_6$ ? Plus généralement, quelle unité utiliser pour mesurer l'impact des émissions de gaz à effet de serre ?

À question simple, réponse extrêmement complexe ! Pour commencer, il faut revenir à la source : qu'est-ce qu'un gaz à effet de serre ? Nous avons vu qu'il s'agit d'un gaz opaque pour une partie du rayonnement infrarouge émis par la Terre. Mais cette opacité ne s'applique pas de manière égale pour tout le rayonnement terrestre : certaines plages de longueurs d'onde, plus ou moins étroites, seront interceptées en totalité ou en partie par le gaz considéré, alors que d'autres longueurs d'onde du rayonnement terrestre seront indifférentes à la présence de ce gaz dans l'atmosphère.

Si un gaz particulier est déjà présent en grande quantité dans l'atmosphère, les infrarouges pour lesquels il présente une opacité forte sont déjà largement interceptés, et le fait de rajouter un peu de ce gaz n'aura pas un effet additionnel important : il se produit un phénomène de saturation de l'absorption. L'effet d'une émission de gaz à effet de serre est donc d'autant plus fort que sa concentration pré-

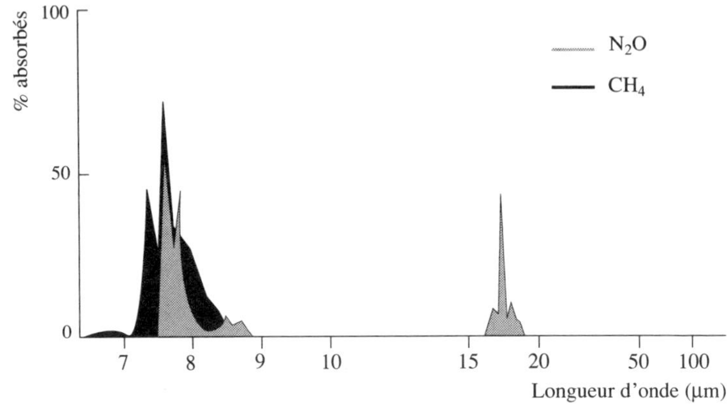


***Figure 15*** – Pourcentage du rayonnement intercepté en fonction de la longueur d'onde (en microns, axe horizontal) pour le méthane et le protoxyde d'azote. Ces deux gaz absorbent pareillement le rayonnement autour de 7,5 microns. (Gérard Lambert, *Découverte*, avril 2001.)

existante est faible. C'est l'une des raisons pour lesquelles les halocarbures, à concentration initiale nulle, sont si redoutables.

Ensuite, il peut y avoir des recouvrements entre les plages de fréquences absorbées par les divers gaz à effet de serre.

Par exemple, le méthane et le protoxyde d'azote ont des plages d'absorption communes (voir fig. 15). Il est facile d'en déduire que l'effet de serre additionnel engendré par un surplus de méthane dépend non seulement de la quantité de méthane qu'il y a déjà dans l'atmosphère, mais aussi de la quantité préexistante de protoxyde d'azote, puisque l'un ou l'autre des composés contribuent indifféremment à la saturation de l'absorption pour certaines plages de fréquences. Plus généralement, il ne peut pas exister d'effet « dans l'absolu » lié à l'ajout d'une quantité donnée d'un gaz : tout dépend de la composition de l'atmosphère à ce moment-là.

Malgré des zones de recouvrement, une partie des effets se cumulent, bien entendu.

Si l'émission d'un gaz à effet de serre engendre des conséquences qui dépendent de sa concentration du moment et de celle (du moment aussi) de tous les autres gaz à effet de serre, faut-il alors rester avec des émissions non comparables avec une unité simple, ce qu'un amoureux de la rigueur préconisera, non sans raison, mais qui gêne-

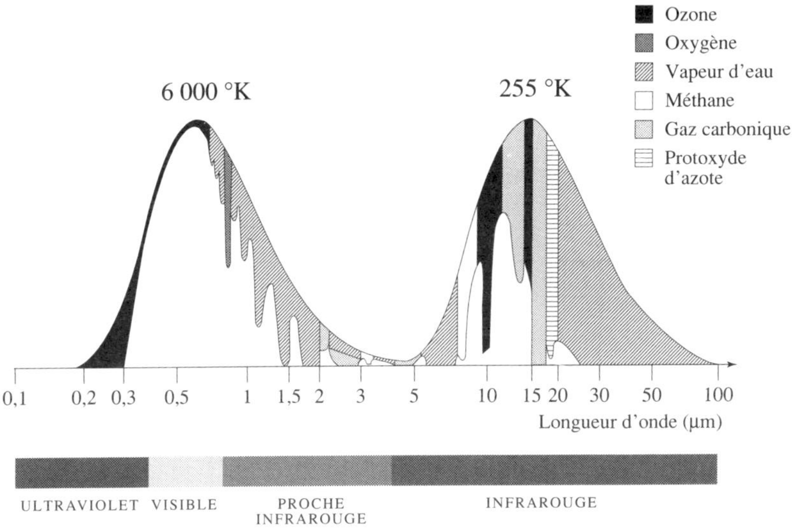


***Figure 16*** – Les deux courbes du diagramme ci-dessus représentent la répartition par longueur d'onde du rayonnement émis par le Soleil (6 000 °K) et par la Terre (255 °K), ainsi que nous avons vu plus haut. Ces deux courbes sont normalisées, c'est-à-dire que leur maximum a été mis à la même hauteur (sinon celle concernant le Soleil serait un million de fois plus haute, ce qui gênerait un peu la lecture !).

Les diverses bandes représentent la proportion du rayonnement qui est interceptée par chaque gaz à effet de serre. Les recouvrements ne sont pas représentés sur le schéma pour simplifier les choses (simplification acceptable au premier ordre mais pas au second), ni les effets des halocarbures.

Ce petit diagramme illustre :

– que le rayonnement ultraviolet du Soleil est quasiment totalement arrêté par l'ozone (à gauche) ;

– que la lumière visible du Soleil est très peu interceptée par l'atmosphère ;

– que tout rayonnement émis par la Terre est partiellement ou totalement absorbé par un ou plusieurs gaz à effet de serre, au sein desquels c'est de loin la vapeur d'eau qui en absorbe le plus ;

– que, malgré quelques recouvrements, les divers gaz à effet de serre agissent sur des longueurs d'onde différentes, et que c'est bien pour cela que leurs effets se cumulent ;

– enfin, que la proportion du rayonnement déjà absorbé varie selon la longueur d'onde.

rait considérablement la mise en œuvre de toute action concrète ? La question a finalement été tranchée : puisqu'un calcul exact n'est pas possible, va pour une approximation.

Lorsqu'une masse donnée de gaz à effet de serre est rajoutée dans l'atmosphère, il en résulte l'émission vers le sol d'une puissance radiative (c'est-à-dire sous forme de rayonnement) accrue (voir fig. 4, page 35). Ce supplément de puissance porte le nom de « forçage radiatif », et s'exprime en watts par mètre carré ($W/m^2$). Par exemple, le supplément de gaz carbonique mis par l'homme dans la troposphère depuis le début de l'ère industrielle (environ 500 Gt) est aujourd'hui à l'origine d'un forçage radiatif moyen de 1,5 $W/m^2$ sur toute la surface terrestre.

La masse initialement émise, une fois dans l'atmosphère, en est cependant éliminée peu à peu, même si le rythme de cette élimination est parfois très lent, comme nous l'avons vu. Au fil du temps, il n'en subsiste donc qu'un reliquat de plus en plus faible, dont le forçage radiatif décroît en conséquence. Le « pouvoir de réchauffement global » – en abrégé PRG – attribuable à l'émission d'une masse de gaz donnée s'obtient alors en intégrant (en « cumulant ») sur une durée fixée de manière conventionnelle (le plus souvent 100 ans), le forçage radiatif engendré par cette masse de gaz, ou ce qu'il en reste, au cours du temps. Il s'agit donc d'une notion qui s'apparente à une énergie par unité de surface.

Or, comme nous l'avons vu plus haut, ni le forçage initial, ni la vitesse d'élimination du gaz ne sont indépendants du contexte. Nous savons déjà que le contexte (concentration des divers gaz, température…) changera au cours de la période de référence (généralement un siècle, mais les durées de 20 et 500 ans sont aussi utilisées), sans savoir comment de manière précise. Il en résulte que ce PRG est par construction même une notion imparfaite, et que plus la durée de référence est longue, et plus le calcul est approximatif : à 20 ans le résultat obtenu a un sens, à 100 ans il est déjà beaucoup moins fiable (on considère qu'il reste valable à ± 30 %), et le PRG à 500 ans est assez fortement spéculatif (il n'est du reste jamais utilisé dans la pratique).

Un dernier élément de complexité va intervenir, quoi qu'il corresponde au souci de présenter les choses plus simplement : le PRG ne se donne pas dans l'absolu, mais relativement au gaz carbonique. Le PRG relatif d'un gaz sera donc « combien de fois plus » (ou

« combien de fois moins ») une masse de gaz « a eu un impact sur le climat », au bout de la période de référence, par rapport à une masse égale de gaz carbonique émise au même moment. Pour nos principaux gaz, cela donne ce qui suit (le gaz carbonique est constamment à 1 par convention puisque c'est l'étalon).

**PRG relatifs des principales familles de gaz à effet de serre**

| *Gaz* | *Formule* | *PRG relatif à 20 ans* | *PRG relatif à 100 ans* | *PRG relatif à 500 ans* |
|---|---|---|---|---|
| Dioxyde de carbone | $CO_2$ | 1 | 1 | 1 |
| Méthane | $CH_4$ | 62 | 23 | 7 |
| Protoxyde d'azote | $N_2O$ | 275 | 296 | 156 |
| Hydrofluoro-carbures | $C_nH_mF_p$ | 40 à 9 400 | 12 à 12 000 | 4 à 10 000 |
| Perfluoro-carbures | $C_nF_{2n+2}$ | 3 900 à 8 000 | 5 700 à 11 900 | 8 900 à 18 000 |
| Chlorofluoro-carbures | $C_nCl_mF_p$ | 4 900 à 10 200 | 4 600 à 14 000 | 1 600 à 16 300 |
| Hexafluorure de soufre | $SF_6$ | 15 100 | 22 200 | 32 400 |

(GIEC, 2001.)

Prenons l'exemple du méthane. En émettre un kilogramme dans l'atmosphère produit, au bout de 20 ans, une perturbation « équivalente » du climat à celle qui aurait été provoquée par l'émission de 56 kg de gaz carbonique. Si ce sont les effets au bout de 100 ans qui sont comparés, alors la contribution d'un kilogramme de méthane équivaudra à 23 fois celle d'un kilogramme de gaz carbonique. Cette variation du PRG relatif au fil du temps vient de la construction même de cette grandeur. Le méthane, comme nous l'avons vu, a une durée de résidence dans l'atmosphère de l'ordre de 10 ans. Cela signifie que son effet cumulé sur les 20 premières années qui suivent son émission ou sur les 100 premières sont voisines : l'essentiel de la perturbation radiative a lieu dans les premières années, quand il reste une large part du gaz émis ; après quelques dizaines d'années, le méthane émis à l'instant zéro aura disparu ou presque, et l'effet des dernières années sera négligeable.

Le gaz carbonique, lui, reste bien plus longtemps au-dessus de nos têtes. Entre 20 ans et 100 ans, la perturbation ne va pas diminuer aussi vite, de sorte que l'effet cumulé augmentera significativement. Or le PRG est une notion relative : en passant de 20 à 100 ans, la part du méthane (en haut de la fraction) restera à peu près la même, alors que la part du gaz carbonique (en bas de la fraction) augmentera. Conséquence logique : le PRG relatif du méthane diminue.

Plus généralement, si un gaz à effet de serre a une durée de résidence beaucoup plus courte que celle du gaz carbonique, son PRG relatif baissera avec le temps (cas du méthane). Si les durées de résidence sont comparables, le PRG relatif restera du même ordre (cas du protoxyde d'azote). Si la durée de résidence du gaz à effet de serre est nettement plus longue que celle du gaz carbonique, son PRG augmentera avec le temps (cas de certains halocarbures, ou du $SF_6$).

Le plus puissant des gaz à effet de serre pris en compte au niveau du protocole de Kyoto est l'hexafluorure de soufre ($SF_6$). Pour l'effet dc serre à 100 ans, par exemple, un kilogramme de ce gaz équivaut à 22 tonnes de gaz carbonique, c'est-à-dire plus que l'émission annuelle de 3 Français ! Les quantités se comptent en centaines de tonnes pour le moment (100 t/an en France), mais elles sont en forte croissance.

Enfin plutôt que de se référer à la masse du gaz carbonique, on a pris l'habitude de se référer à la masse du carbone seul dans le gaz carbonique (12/44 de la masse totale). « L'équivalent carbone » est ainsi défini de manière conventionnelle comme valant le PRG relatif à 100 ans multiplié par 12/44. Le principal intérêt de cette unité est de permettre une correspondance exacte entre poids de carbone dans un combustible fossile et poids d'équivalent carbone pour le gaz carbonique résultant de sa combustion. Par exemple, brûler une tonne de méthane, qui contient 750 kg de carbone (et de l'hydrogène, non pris en compte sauf dans le cas des avions, voir page 168), conduit à une émission de gaz à effet de serre, uniquement sous forme de gaz carbonique, valant exactement 750 kg équivalent carbone.

Nous tenons désormais notre étalon de mesure : tout comme les longueurs se mesurent en mètres, les émissions de gaz à effet de serre se mesurent en kilogrammes équivalent carbone, même quand le gaz ne contient pas cet élément. $N_2O$ par exemple, a un équivalent carbone de 81, ce qui signifie que d'émettre un kilogramme de ce gaz

**Équivalent carbone des gaz à effet de serre**

| *Gaz* | *Formule* | *Kg équivalent carbone d'un kilogramme de gaz* |
|---|---|---|
| Dioxyde de carbone | $CO_2$ | 0,273 |
| Méthane | $CH_4$ | 6,27 |
| Protoxyde d'azote | $N_2O$ | 81 |
| Perfluorocarbures | $C_nF_{2n+2}$ | 1 555 à 3 245 |
| Hydrofluorocarbures | $C_nH_mF_p$ | 3,3 à 3 273 |
| Hexafluorure de soufre | $SF_6$ | 6 055 |

(GIEC, 1996.)

ou brûler 81 kg de carbone pur perturbent le climat à peu près de la même manière à l'horizon du siècle (et il s'agit bien d'un à-peu-près, pour les raisons indiquées plus haut).

Nous allons désormais pouvoir comparer les émissions pour les différents gaz, les présenter par individu, par nature d'usage (conduire ou manger un hamburger), ou par pays ; l'immense chantier de la mesure et de l'appréciation des variables d'action s'ouvre alors. Commençons par examiner la répartition des émissions mondiales de gaz à effet de serre par nature de gaz (pour 1990) (voir fig. ci-dessous).

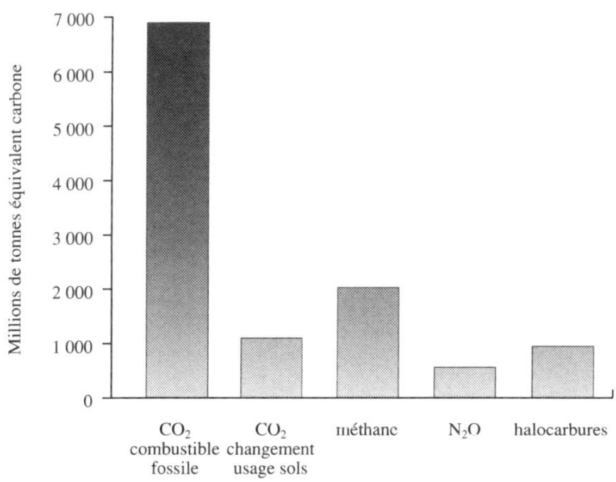


***Figure 17*** – Émissions mondiales par nature de gaz en 2000 (hors ozone, qui n'a pas d'émissions directes), en millions de tonnes équivalent carbone. (GIEC, 2000.)

Surprise (mauvaise) : le gaz carbonique d'origine fossile, si souvent mis en avant, ne contribue que pour une grosse moitié aux émissions totales. Non seulement réduire ce poste ne sera pas facile, comme nous allons le voir plus loin, mais il n'est même pas certain que ce soit suffisant…

## LES AÉROSOLS : LA POLLUTION LOCALE CONTRE L'EFFET DE SERRE

Lorsque les premiers modèles numériques ont été mis au point, ils n'arrivaient généralement pas à reproduire l'évolution de la température moyenne après la Deuxième Guerre mondiale, laquelle a légèrement fléchi pendant une trentaine d'années, de 1940 à 1970 en chiffres ronds.

L'évolution des températures a finalement pu être simulée de manière correcte quand il a été découvert que, outre des gaz à effet de serre, l'homme est responsable d'autres émissions dans l'atmosphère, qui contribuent quant à elles à refroidir le sol : les aérosols. Ce terme ne désigne plus ici un récipient contenant du déodorant, mais une suspension dans l'air de gouttelettes ou de poussières. Nous en voyons tous les jours un exemple : les nuages, mais la nature crée bien d'autres aérosols, résultant du vent ou du volcanisme. Lors d'une éruption, en particulier, des millions de tonnes de poussières peuvent être envoyées dans l'atmosphère. Si l'éruption est assez violente (Pinatubo, El Chichon), ces poussières sont partiellement propulsées dans la stratosphère, où elles séjournent alors plusieurs années avant de retomber sur Terre, avec une influence décelable sur le climat. Le long délai qui s'écoule alors entre l'éruption et le « nettoyage » de la stratosphère des résidus de l'éruption explique aussi que ces poussières retombent un peu partout, y compris sur les calottes polaires.

Nos activités modernes émettent à la fois des aérosols et des précurseurs d'aérosols, ces derniers désignant des composés qui, une fois dans l'atmosphère, aboutiront à la formation de particules solides ou liquides par réaction chimique. Les aérosols proprement dits recouvrent des résidus de combustion (suie, cendres volantes, etc.), ou encore des poussières provenant de la circulation routière, d'exploitations de carrières, etc. La deuxième catégorie recouvre essentiellement les émissions de dioxyde de soufre ($SO_2$), qui se transformeront ultérieurement en sulfates (solides), et accessoirement celles d'oxydes d'azote ($NO_x$), qui se transformeront en nitrates. Le dioxyde de soufre est un polluant local difficile à dissocier de l'emploi des combustibles fossiles, ces derniers renfermant tous du soufre en proportion plus ou moins forte (il peut représenter plus de 5 % du poids du charbon par exemple). Les oxydes d'azote, comme le protoxyde, proviennent souvent de l'agriculture, mais aussi de l'utilisation d'énergies fossiles.

Les aérosols ont plusieurs effets antagonistes sur le climat :

– les particules noires (cas de la suie) absorbent le rayonnement solaire incident, contribuant alors à une élévation locale des températures ;

– si elles sont blanches (sulfates), elles réfléchissent le rayonnement solaire incident, contribuant alors à refroidir le sol ;

– enfin les particules émises peuvent servir de noyaux de condensation pour la vapeur d'eau, ce qui favorise l'apparition de nuages, un peu différents des nuages « naturels » : ils sont composés de gouttes plus petites et conduisent moins facilement à la formation de pluie.

Qu'ils apparaissent naturellement ou qu'ils soient favorisés par la pollution locale, les nuages sont à l'origine de deux effets opposés pour notre propos :

– composés d'eau, qui absorbe les infrarouges, ils contribuent à l'effet de serre ;

– mais en favorisant la réflexion de la lumière incidente, ils ôtent de l'énergie au sol et contribuent ainsi à refroidir la surface.

Comme les valeurs de ces deux effets sont voisines, la contribution nette des nuages est entachée d'une forte incertitude, mais il est néanmoins établi que le résultat n'est pas le même selon que l'on a affaire aux nuages bas (*cumulus* par exemple) ou aux nuages hauts (*cirrus*). Pour les nuages bas, la réflexion l'emporte sur l'effet de serre, ce qui contribue donc, globalement, à refroidir le sol. Le dioxyde de soufre émis par l'homme, qui favorise la formation de tels nuages, contribue ainsi à diminuer la puissance reçue du Soleil. Pour les nuages hauts (cirrus, mais aussi traînées de vapeur d'eau des avions), c'est l'effet de serre qui est prépondérant : ces nuages sont trop translucides pour gêner vraiment le passage de la lumière incidente, mais en revanche ils sont suffisamment épais pour bloquer les infrarouges en sortie.

Lorsque l'effet des aérosols, et plus généralement de toutes les perturbations anthropiques, a été introduit dans les modèles, les modélisateurs sont alors « retombés sur leurs pieds » : simulations et observations se sont mises à concorder (voir fig. 18).

Les aérosols et leurs précurseurs provenant directement de la pollution locale, il a parfois été proposé d'augmenter fortement celle-ci ( !) pour lutter contre les effets des émissions de gaz à effet de serre. Indépendamment du fait que nos poumons n'apprécieraient peut-être pas beaucoup, serait-ce une solution ? En fait non, car la durée de vie des aérosols dans la troposphère est de quelques semaines seulement, ce qui empêche leur accumulation et donc leur effet à long terme, au contraire des gaz à effet de serre. Un nuage finit par provoquer de la pluie (la durée de recyclage de l'eau atmosphérique se compte en semaines tout au plus) ; les poussières émises dans la troposphère retombent à la surface de la Terre au bout d'une durée voisine. La faible durée de vie des aérosols a une autre conséquence : ces émissions influent plus particulièrement au-dessus des zones où elles ont lieu (ce qui n'est pas le cas des gaz à effet de serre), et de ce fait modifient le climat de manière plus locale.

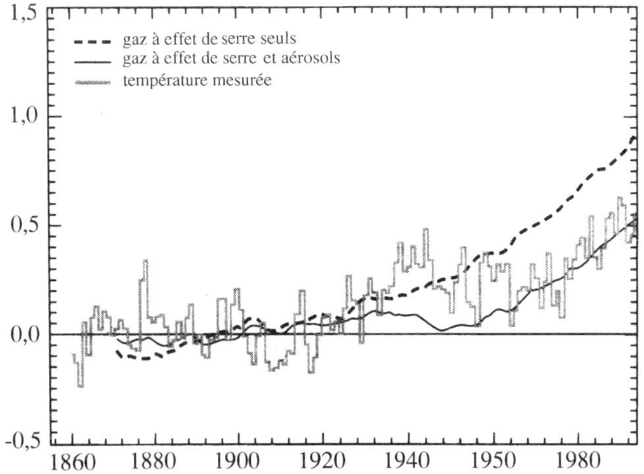


***Figure 18*** – Comparaison entre la température observée (courbe en escaliers) depuis 1860, celle simulée par les modèles sans tenir compte des aérosols (pointillés) et celle obtenue en tenant compte de ces derniers (trait plein). (GIEC, 1996.)

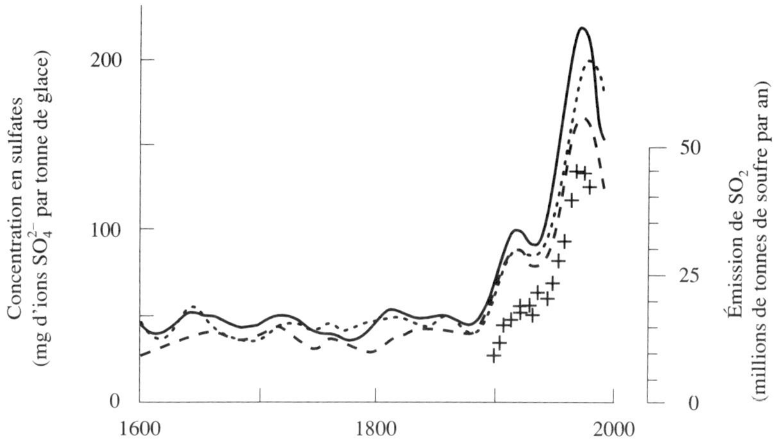


***Figure 19*** – Teneur de l'air en sulfates (ligne continue, échelle de gauche) et émissions de $SO_2$ (petites croix, échelle de droite) sur quatre siècles. La décroissance des émissions dans la deuxième moitié du XX^e^ siècle est nettement visible. (GIEC, 2001.)

Le fait que l'effet des aérosols ait été significatif par rapport à celui des gaz à effet de serre durant les années 1940 à 1970 est dû à la quantité massive qui en a été émise à ce moment-là, durant la reconstruction et les Trente Glorieuses. Les émissions de dioxyde de soufre, qui avaient fortement crû au début de l'ère industrielle, ont du reste bien baissé depuis la fin des années 1960. La preuve peut encore une fois se retrouver… dans les glaces de l'Antarctique (voir fig. 19) !

Si une certaine compensation des émissions anthropiques a pu avoir lieu au cours du siècle qui vient de s'achever, il ne fait plus aucun doute, désormais, que la contribution majeure de celui qui commence sera celle des gaz à effet de serre.

# L'avenir du futur

## QU'EST-CE QU'UN MODÈLE ?

Il est maintenant acquis que l'homme modifie la composition de l'atmosphère, et un raisonnement intuitif – celui d'Arrhenius – indique que cette modification devrait conduire à une élévation de la température moyenne de quelques degrés de l'air au niveau du sol, dont une partie n'est déjà plus évitable. Le climat qui en résultera sera inédit pour l'homme : nous sommes déjà dans une phase chaude au regard des évolutions naturelles depuis que notre espèce existe. Pour savoir à quoi peut ressembler « quelques degrés plus chaud », nous ne pouvons donc nous tourner vers l'analyse du passé observable avec un bon niveau de détail. Plus loin dans le temps, lorsque notre planète a effectivement connu des périodes plus chaudes, nous serons alors limités par une autre contrainte : il sera impossible d'obtenir mieux que des moyennes sur une durée dépassant largement l'année, si ce n'est le siècle, et d'autant plus importante que le passé est lointain. La seule observation du passé ne pouvant nous fournir la matière première permettant de savoir de quoi l'avenir peut être fait, il faut procéder autrement. L'avènement des ordinateurs nous offre un recours : la simulation, c'est-à-dire travailler avec un ou des modèles.

Qu'est-ce qu'un modèle ? Ce terme désigne un logiciel, pas extraordinairement complexe sur le plan informatique (l'ordre de grandeur est de 10 000 lignes de code, soit nettement moins que les quelques millions d'un système d'exploitation informatique que je ne nommerai pas), qui traduit en langage informatique les équations de la physique et de la chimie qui régissent les principales composantes de la machinerie climatique. Plus d'une quinzaine de modèles climatiques ont été mis au point de par le monde, fruit du travail de 2 000 modélisateurs, essentiellement dans les pays de l'OCDE. Les premiers modèles étaient purement atmosphériques, et décrivaient deux grands types de processus :

– les échanges d'énergie entre l'atmosphère et les autres compartiments (océan, espace, sol), et au sein de l'atmosphère, que ces transferts aient lieu par radiation, par convection, ou par chaleur latente (voir page 35);

– la circulation de l'air à grande échelle dans l'atmosphère, et donc les transports d'eau qui y sont associés.

Ils se sont progressivement étoffés, et aujourd'hui tous prennent généralement aussi en compte :

– les mouvements à grande échelle de l'océan, tant dans le sens horizontal que dans le sens vertical;

– les interactions entre l'océan et l'atmosphère (on parle de couplage).

Des modules relatifs au cycle du carbone, à l'effet des aérosols, à la glace de mer, ou à d'autres processus ont aussi été introduits dans certains d'entre eux, et d'une manière générale ces outils font l'objet d'un développement permanent, évoluant en parallèle avec la puissance informatique disponible et la progression de la connaissance de notre environnement. Le but ultime est d'arriver à simuler parfaitement le climat réel, ses variations annuelles et interannuelles (comme El Niño) et les modèles les plus avancés y parviennent désormais de manière assez satisfaisante.

Comme il serait hors de portée pour n'importe quel ordinateur de décrire ce qui se passe absolument partout, puisque cela représenterait un nombre de points infinis à traiter, il va falloir effectuer ce que l'on appelle un maillage : notre planète est recouverte d'un filet imaginaire, dont la maille (comme pour un filet de pêche, la taille de la maille est la distance qui sépare deux fils) mesure quelques centaines de kilomètres de côté, et c'est seulement à chaque « nœud » du filet que l'on calculera les principaux paramètres au cours du temps (évolution de la température, des précipitations, du vent, de la salinité de l'eau...).

Les modèles les plus récents permettent à la maille de ne pas avoir la même taille partout : elle aura 500 km de côté au-dessus de l'océan, ce qui sera assez compte tenu du fait qu'il n'y a pas de relief et que les évolutions y sont relativement continues, mais sera réduite à 50 km de côté au-dessus d'une portion de continent qui nous intéresse plus particulièrement.

En fait notre monde n'est pas en deux dimensions, mais en trois, et les mailles ne sont pas des carrés mais des parallélépipèdes, dont la hauteur est typiquement de l'ordre du kilomètre. Il faut aussi regarder ce qui se passe dans les différentes couches de l'atmosphère et dans l'océan !

La taille de la maille étant fixée, on définira :

– ce que contient chaque maille, c'est-à-dire chaque parallélépipède : de la terre, de l'air ou de l'eau, quelle végétation le cas échéant, s'il y a des nuages au début de l'expérience…, avec une nécessaire

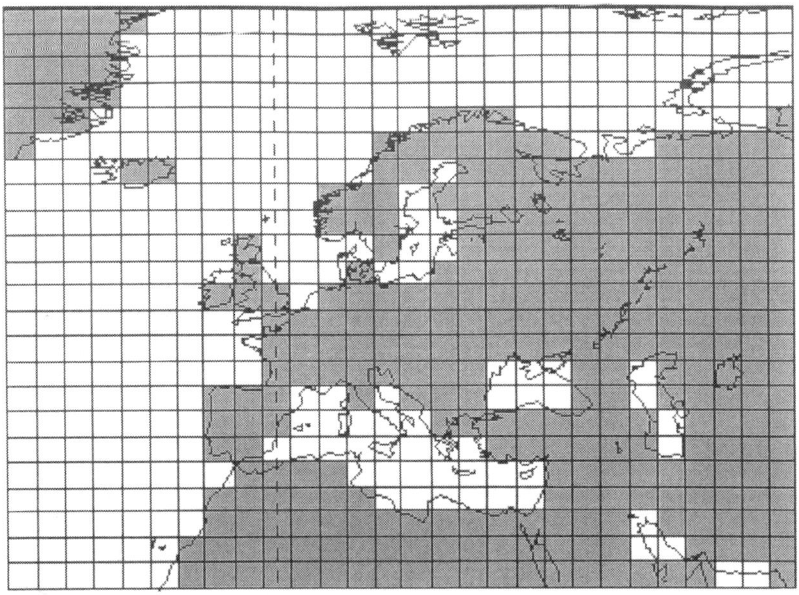

***Figure 20*** – Maillage sur l'Europe selon l'horizontale des modèles du Hadley Centre (Grande-Bretagne). Le grisé de la maille indique son contenu (terre ferme ou océan). La France n'est représentée que par 4 mailles (c'est l'ordre de grandeur dans la majorité des modèles globaux). Il est donc hors de question de faire une prévision régionale fiable avec ce genre d'outil, non prévu pour cela.

simplification pour la représentation de tous ces constituants dont la taille est bien plus petite que la maille ;

– les conditions initiales, c'est-à-dire les valeurs des variables étudiées à chaque nœud du maillage au début de la simulation.

Une fois que sont explicitées les règles de fonctionnement du climat, la description de ce que contient chaque maille et les conditions initiales à chaque nœud, l'expérience peut commencer : l'ordinateur calcule alors comment évolue la situation, au rythme d'un pas de temps donné (par exemple toutes les heures), en appliquant les règles qui lui ont été données, à partir de la situation initiale. C'est seulement la moyenne sur une longue période (généralement 30 ans) des valeurs calculées qui servira de résultat, pour estimer dans quel sens le temps est susceptible de changer (plus humide, plus doux, plus venteux, etc.).

L'augmentation de la teneur en gaz à effet de serre de l'atmosphère dans une simulation se traduit notamment par une modification, au cours du temps, des échanges d'énergie au sein de l'atmosphère. Dans d'autres expériences, on permet aussi au climat d'agir en retour sur les émissions, notamment naturelles, de gaz carbonique (fig. 10, page 56). Dans la limite du temps qui peut être consacré à ce genre d'exercice, il est possible de multiplier les simulations avec des scénarios différents pour l'avenir afin d'observer les différentes tendances qui sont alors suivies par le climat.

La modélisation climatique est une discipline née dans les années 1960, dans le sillage de l'avènement des ordinateurs. L'augmentation de la puissance informatique disponible a constitué le principal facteur d'amélioration depuis cette date. Par exemple, le temps de calcul requis pour simuler un mois d'évolution a été divisé par plus de 100 entre 1980 et nos jours !

Plus la puissance informatique disponible augmente et plus il est possible de réduire la taille des mailles ou le pas de temps pour une même durée de simulation, ce qui augmente la précision des résultats. Les mailles peuvent aussi être diminuées si la simulation porte sur une période plus courte. Ainsi, les météorologues, qui ne s'intéressent pas au climat qu'il y aura dans quelques siècles, mais au temps qu'il fera demain ou dans 3 jours, utilisent des modèles assez voisins de ceux qu'utilisent les climatologues, mais avec des mailles de quelques kilomètres de côté seulement. Les progrès significatifs de la prévision météo ces dernières années confortent l'idée que les modèles sont assez largement pertinents pour représenter notre climat, et de fait la majorité des phénomènes observables peut maintenant être simulée de manière acceptable avec des modèles numériques. La simulation du climat futur présente cependant encore des points faibles, dont certains sont irrémédiables.

Tout d'abord notre système climatique n'est pas entièrement prévisible, car comportant beaucoup de phénomènes chaotiques. Les meilleurs ordinateurs et les modèles les plus sophistiqués ne pourront jamais surmonter cet obstacle : certaines évolutions du climat futur ne pourront être abordées que de manière probabiliste, alors que l'évolution réelle sera unique.

Ensuite il y a d'inévitables simplifications pour passer du monde réel à sa représentation informatique, ce qui nous empêchera, par la force des choses, de disposer de certains résultats. Attention : une simplification n'est pas nécessairement une source d'erreur ! Elle peut s'avérer extrêmement fiable tant que l'on ne sort pas du cadre que l'on s'est fixé au départ. Mais elle limite la portée des résultats. Par exemple, des prévisions régionales détaillées sont impossibles à obtenir avec un maillage de quelques centaines de kilomètres de côté : des mailles aussi larges ne peuvent permettre des indications sur la différence de pluviométrie qui existera entre Marseille et Limoges en 2080.

Enfin ils ne représentent toujours qu'imparfaitement le système. Les marges de progression pour résorber ces imperfections concernent en particulier :

– les nuages ; une modélisation correcte de ces objets, qui sont bien plus petits que la maille, et qui ne se représentent pas autrement que sous forme de distribution statistique, reste un vrai défi. Les différentes modalités de prise en compte des nuages dans les simulations engendrent à elles seules 1 ou 2 degrés d'écart sur la température moyenne à l'échéance d'un siècle (pour un même scénario d'émission), ce qui est considérable (sans toutefois remettre en cause la tendance générale) ;

– les puits et sources du carbone océanique et continental, et notamment les échange de la biosphère avec l'atmosphère ;

– l'évaporation continentale, qui n'a que peu d'influence sur le climat global, mais qui est déterminante pour le climat continental ;

– la circulation océanique profonde (qu'il est difficile de mesurer, donc pour laquelle il est difficile de « caler » le modèle), mais qui est déterminante pour l'avenir des courants marins, et donc pour les climats régionaux ;

– les cycles des gaz à effet de serre autres que le gaz carbonique ;

– la prise en compte de l'augmentation de l'ozone troposphérique ;

– le rôle des aérosols organiques ou minéraux.

Mais il ne faudrait pas déduire du fait qu'il reste des zones d'ombres ou des marges de progression que l'on peut ignorer les résultats déjà acquis, ce qui serait jeter le bébé avec l'eau du bain. Encore une fois, une simplification n'est pas nécessairement une source d'erreur, et le fait que des progrès restent à faire n'est pas non plus un indicateur de mauvaise performance en soi : peut-on décréter qu'un sportif qui vient de battre un record est mauvais simplement parce que d'autres feront mieux que lui après ?

## PEUT-ON FAIRE CONFIANCE AUX MODÈLES ?

Compte tenu de l'importance – essentielle – de leurs résultats, les expériences de simulation font l'objet d'une attention particulière lors du processus d'expertise organisé par le GIEC. La question de la confiance qu'il convient d'accorder aux résultats des simulations n'est donc finalement que l'une des composantes de la question plus générale que nous avons vue au chapitre « Synthétiser les connaissances » (page 21). La réponse est donc nécessairement la même : oui, il faut prendre les indications des modèles comme une information crédible, dans les limites qui sont explicitées dans les rapports du GIEC. Seuls les modélisateurs sont à même de savoir si les approximations retenues sont ou non source d'erreur.

Il est remarquable que la quinzaine de modèles actuellement en service de par le monde, présentant pourtant des différences significatives de fonctionnement, chaque équipe suivant sa voie pour ajouter des modules, donnent tous des résultats qualitatifs convergents, que nous allons présenter en détail au chapitre suivant. Aucune équipe de modélisation n'a encore jamais abouti à la conclusion que la Terre pourrait ne pas se réchauffer en réponse aux émissions anthropiques de gaz à effet de serre.

# Qu'allons-nous devenir ?

## LA FIN DES PULLS EN HIVER ?

Toutes les expériences numériques aboutissent donc à une conclusion commune : nos émissions de gaz à effet de serre vont conduire à une augmentation de la température moyenne de l'air au niveau du sol. Avant d'aller plus loin, il faut rappeler quelque chose d'essentiel : personne n'observe la température moyenne mondiale devant sa porte ! Une moyenne est une notion mathématique qui n'existe pas dans la nature, mais se calcule à partir des observations simultanées en un très grand nombre d'endroits du globe. Il n'est bien entendu pas nécessaire que la température monte partout pour que la moyenne monte, et réciproquement une élévation isolée ne signifie pas que la moyenne doive augmenter.

Combien plus chaud ? Le rapport d'évaluation du GIEC de 2001 donne une fourchette allant de 1,5 à 5,8 °C à l'horizon d'un siècle, mais il importe de bien comprendre comment sont bâties ces conclusions. En effet toute simulation de l'évolution climatique est basée pour partie sur des données hypothétiques : les scénarios d'émission de gaz à effet de serre, qui correspondent à des visions variées, mais pas exhaustives, de la manière dont pourrait évoluer le monde tout au long du siècle qui s'ouvre (voir fig. 21).

Avec les scénarios retenus, le climat est inéluctablement appelé à se réchauffer, dans des proportions toutefois très variables selon l'évolution future de nos émissions.

Allons jusqu'au cas extrême : cesser rapidement d'émettre des gaz à effet de serre suffirait-il à arrêter le réchauffement en cours ? Hélas,

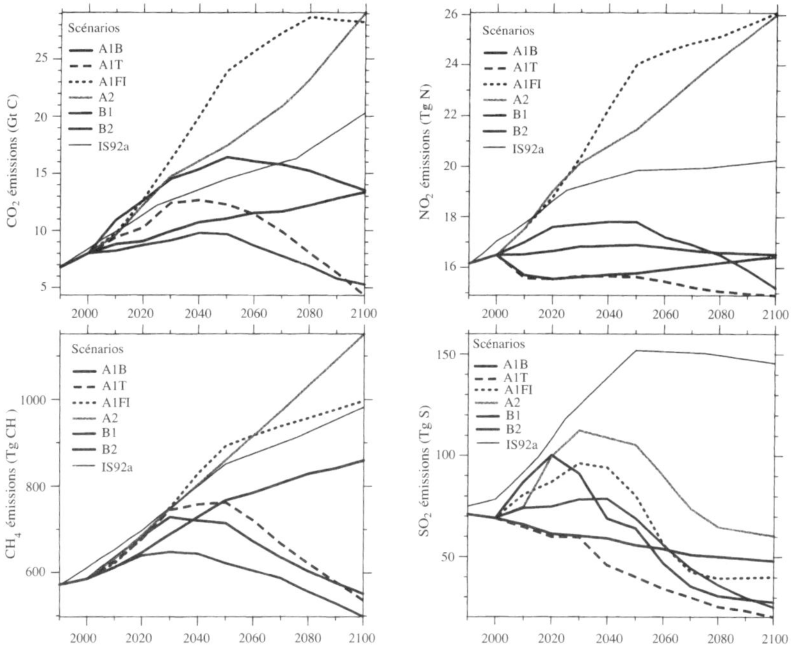


***Figure 21*** – Évolution des émissions de $CO_2$, de $CH_4$, de $N_2O$, et de $SO_2$ (précurseur d'aérosols, voir page 76), pour les différents scénarios de référence du GIEC (attention : les ordonnées ne partent pas du zéro). Les deux extrêmes sont A1FI (maximum de la population au milieu du XXIe siècle, forte croissance économique, proportion de combustibles fossiles identique à l'actuelle dans la consommation d'énergie), et B1, sensé représenter une évolution mettant l'accent sur la dématérialisation de l'économie, et le « développement durable ». (GIEC, 2001.)

non. Nous avons vu que la durée de résidence des gaz à effet de serre dans l'atmosphère est très longue, notamment pour le principal d'entre eux, le gaz carbonique. Un arrêt brutal des émissions aurait au mieux pour seul effet de stabiliser les teneurs en gaz à effet de serre de l'atmosphère à leur niveau actuel, puis de les faire décroître très lentement, sans que nous puissions pour autant revenir à la situation préindustrielle. Même avec une hypothèse aussi extrême, la température moyenne continuerait d'augmenter – de plus en plus doucement il est vrai – pendant plusieurs siècles. Plus généralement, le délai qui sépare une stabilisation de la concentration atmosphérique en gaz carbonique et une stabilisation de la température moyenne au niveau du sol se compte en siècles, quels que soient le niveau et le moment auxquels la première stabilisation interviendra.

De ce fait, le réchauffement projeté pour 2100 ne représente que 50 à 90 % du maximum prédit ultérieurement, et plus l'augmentation simulée pour 2100 est forte, plus l'augmentation résiduelle l'est aussi. Ainsi, une élévation de la moyenne des températures de 4 °C en 2100 peut n'être qu'une étape vers une hausse de 8 °C en 2300.

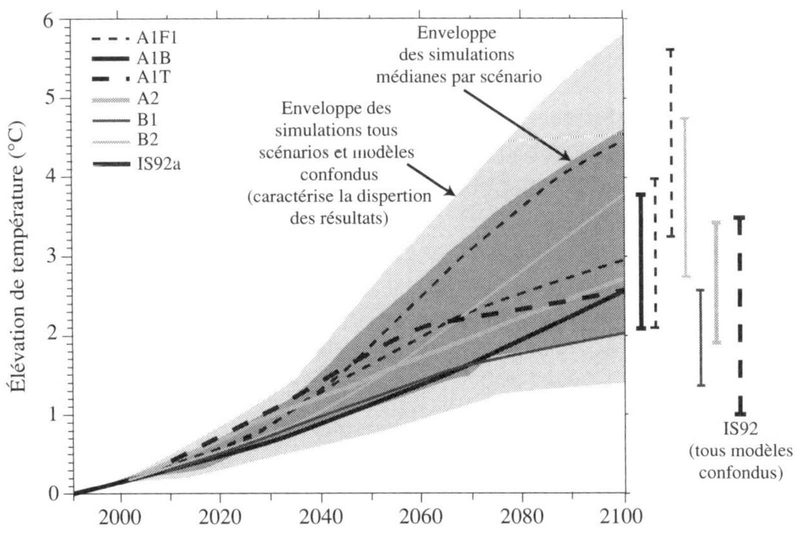


***Figure 22*** – Évolution de la température moyenne de surface entre 1990 et 2100 selon les scénarios d'émissions et les modèles.
Pour un scénario donné, la barre de droite donne la fourchette de l'élévation de température moyenne simulée en 2100, selon les modèles. Par exemple, pour le scénario d'émission A1B, les différents modèles simulent une élévation de température allant de 2 à 4 °C en 2100. Le scénario B2 conduit à 1,5 à 2,5 °C en plus selon les modèles, etc. La courbe au graphisme correspondant matérialise l'évolution médiane des températures simulées (tous modèles confondus) au cours du XXIe siècle. Le trait noir tireté à droite (IS92) correspond à la fourchette du précédent rapport du GIEC, en 1996 ; on voit facilement que l'optimisme n'a pas gagné de terrain. (GIEC, 2001.)

Ces élévations de température, pour importantes qu'elles soient déjà, correspondent à des simulations effectuées avec des modèles qui ne prennent pas en compte les rétroactions du cycle du carbone en réponse à une hausse des températures. Les expériences récentes faites en tenant compte de ce processus à l'IPSL en France et au Hadley Centre en Grande-Bretagne (voir fig. 10, page 56) laissent entrevoir une hausse des températures renforcée de 60 % en 2100. Avec un scénario « de base » prévoyant un doublement de la concentration actuelle de gaz carbonique en 2100 (720 ppmv, soit la valeur médiane des divers scénarios du GIEC) la température moyenne pourrait s'élever de 8 °C au lieu de 5 °C dans un siècle.

Le scénario catastrophe ne se distingue alors pas beaucoup de la voie que nous suivons actuellement : il commence par une consommation sans cesse croissante de combustibles fossiles (c'est-à-dire l'évolution présente), puis se prolonge avec une nature qui « prend le relais » pour devenir à son tour émettrice nette de gaz carbonique, et personne ne peut évaluer l'élévation de température à terme qui pourrait découler d'un tel enchaînement.

Mais il est aussi possible que notre système climatique se modifie profondément avant que nous atteignions de telles hausses de température. Les modèles sont éventuellement capables de dire si nous risquons la modification brutale d'une des composantes du climat (par exemple le franchissement d'un seuil de température qui modifierait significativement la circulation océanique), mais ils ne sont pas nécessairement adaptés pour simuler ce qui pourrait se passer après un tel événement. La hausse simulée pour un scénario d'émission donnée n'est donc pas certaine, car les circulations à grande échelle pourraient s'organiser autrement – dans certaines limites – pour permettre une évacuation d'énergie plus rapide vers l'espace. Cela ne signifie pas nécessairement qu'il s'agisse d'une bonne nouvelle : le climat ainsi modifié pourrait nous être bien moins favorable.

Après cette première conclusion forte sur l'évolution de la température moyenne, se pose la question de la répartition géographique de ce réchauffement. Il est maintenant connu qu'il sera plus prononcé vers le pôle Nord.

Comment expliquer cela ? La vapeur d'eau étant le premier contributeur à l'effet de serre naturel, ce dernier est bien plus puissant aux tropiques, où l'air est saturé en vapeur d'eau, que près des

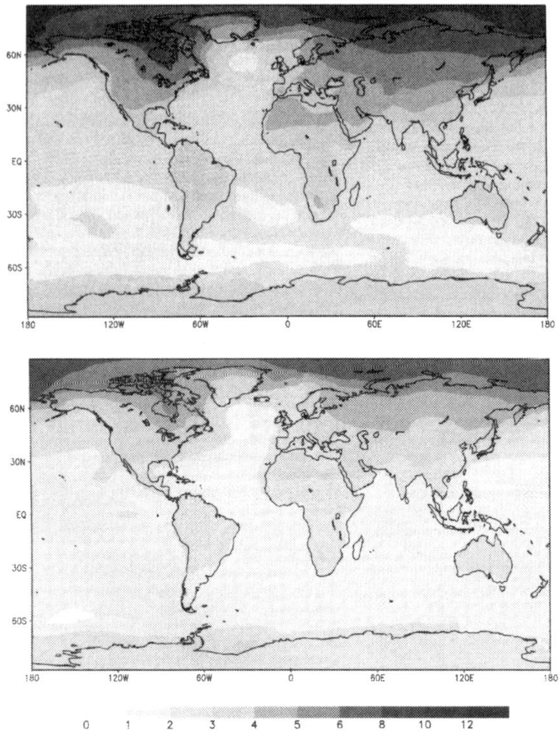


***Figure 23*** – Comparaison de la moyenne des températures de 2071 à 2100 par rapport à la moyenne de 1961 à 1990 pour les scénarios A2 (en haut) et B2 (en bas). (GIEC, 2001.)

pôles, où il est beaucoup plus sec. En revanche, l'effet de serre additionnel dû aux émissions anthropiques dépend essentiellement de gaz dont la concentration est homogène en tous points du globe. De ce fait, le réchauffement lié à l'effet de serre anthropique sera proportionnellement plus important aux pôles qu'à l'équateur. En outre, le rayonnement infrarouge émis par le sol ne diminue pas très vite pendant la nuit (par rapport au jour), et donc la température augmentera aussi à l'avenir plus vite la nuit que le jour (et l'hiver que l'été, suivant un raisonnement analogue). Ces conclusions concernant l'évolution future des températures sont à la fois bien simulées par les modèles et observées à propos du réchauffement des dernières décennies.

Enfin les océans possédant une inertie thermique bien supérieure à celle des continents, ces derniers connaîtront une hausse de température plus importante, un facteur 2 étant localement parfaitement possible entre l'augmentation globale et celle au-dessus des continents de l'hémisphère Nord. Avec 3 °C d'augmentation de la température moyenne, qui est la prévision médiane (« du milieu ») pour 2100 tous scénarios d'émissions et modèles confondus, nous pourrions avoir près de 6 °C d'augmentation moyenne au-dessus des continents, et bien plus au-dessus des terres émergées des hautes latitudes Nord.

Préciser les choses au-delà des quelques caractéristiques générales que nous venons d'énoncer reste très difficile aujourd'hui, car les simulations ne s'accordent pas toujours entre elles pour une zone donnée. Toutefois, toutes concluent que les évolutions régionales seront très loin d'être homogènes : un réchauffement moyen de 3 °C ne signifie pas 3 °C de plus hiver comme été, à Marrakech comme à Singapour, le jour comme la nuit…, et cela est cohérent avec ce qui s'est toujours observé lors des évolutions climatiques passées. Pendant la dernière glaciation, par exemple, la moyenne planétaire a baissé de

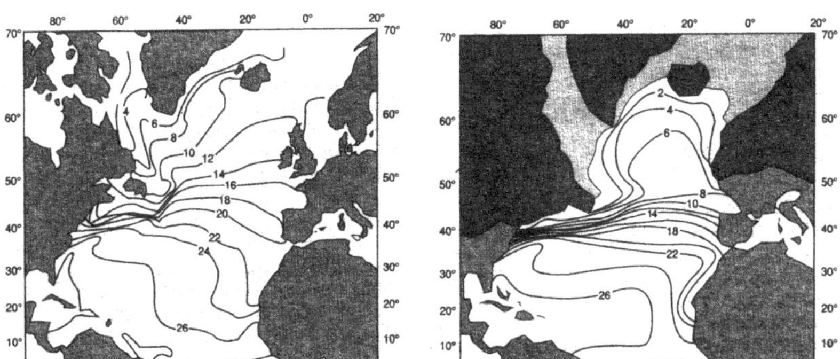


***Figure 24*** – Occupation des sols et températures de février aujourd'hui (à gauche) et en période glaciaire (à droite, moyenne mondiale inférieure de 5 °C par rapport à aujourd'hui). Le monde a profondément changé : les tropiques étaient certes à peu près à la même température, mais le Groenland était plus froid de 20 °C, la mer avait baissé de 120 mètres et, surtout, une calotte glaciaire (en noir) recouvrait toutes les hautes latitudes. Que donneraient 5 °C de plus ?
(CLIMAP, aimablement communiqué par Jean-Claude Duplessy.)

5 °C, mais la physionomie du monde présentait plus que quelques différences de température avec la planète de l'an 2000 (voir fig. 24) !

Du reste, quoique la tendance planétaire soit au réchauffement, certaines zones pourraient bien se refroidir, ou très peu se réchauffer, reflétant en cela des modifications des courants marins (voir page 116).

Mais une approche statistique ne se résume pas seulement à une valeur moyenne. Une autre notion importante est la variabilité, qui mesure la fréquence et l'importance des écarts à la moyenne : plus elle est grande, et plus une valeur s'écarte souvent, ou de manière importante, de la valeur moyenne. Le commentaire du présentateur de la météo qui suit l'annonce des températures, disant si ces dernières sont « dans les normales saisonnières » ou « en dehors des normales saisonnières », fait indirectement référence à cette notion. Une grande variabilité correspond tout simplement à des températures qui sont souvent « en dehors des normales saisonnières ». Une même température moyenne de 10 °C peut être obtenue avec 10 °C tous les jours ou avec 0 °C un jour sur deux et 20 °C un jour sur deux. La variabilité du premier cas est nulle et celle du deuxième très importante, et il est facile de concevoir que les conséquences sur la vie végétale et animale ne seront pas les mêmes.

Bien entendu, notre climat est déjà naturellement variable, d'autant plus que l'on va vers les pôles. À l'équateur, les conditions climatiques sont assez stables tout au long de l'année ; ce n'est plus le cas chez nous, et les Eskimos connaissent le cas extrême de plusieurs dizaines de degrés d'écart entre été et hiver. Mais cette variabilité a des limites : 30 °C en hiver ou 0 °C en été sont pour l'heure parfaitement improbables sous nos latitudes. L'évolution de cette variabilité à l'avenir reste un objet de débat, car ce point n'a pas fait l'objet, à l'instar de ce qui s'est fait pour les conditions moyennes, de comparaison systématique et normalisée des différentes simulations numériques. En phase de transition (c'est-à-dire tant que la température augmente, pendant au moins quelques siècles), des études variées, qui ne font cependant pas encore l'unanimité, suggèrent que cette variabilité augmentera. Nous aurons l'occasion d'y revenir. À terme, lorsque le nouveau climat sera stabilisé, l'écart de température entre tropiques et pôles aura diminué (l'élévation de température est maximale aux pôles). Or l'intensité des transferts d'énergie entre latitudes, et donc les occasions de fluctuations brutales, évoluent comme les écarts de température, ce qui signifie qu'une baisse de la variabilité n'est pas impossible à long terme. De fait il semblerait que lors des glaciations, où les écarts de température entre pôles et tropiques sont maximaux, les vents violents soient plus fréquents. Mais, à court terme, la balance penche plutôt du mauvais côté (voir page 101).

Enfin une question se pose souvent : le climat a-t-il commencé à se réchauffer de notre fait ? Bien entendu, une réponse positive à cette question n'est ni nécessaire ni suffisante pour que le réchauffement à venir soit crédible, de même, en forçant à peine le trait, qu'il n'est ni nécessaire ni suffisant de savoir que j'ai bu du café le matin pour en déduire infailliblement que j'en boirai à midi. En fait la question de l'impression de notre marque sur le climat passé se décompose en deux interrogations : les températures ont-elles significativement augmenté ces derniers temps d'une part, et peut-on relier cette hausse à nos émissions diverses d'autre part ? Qu'une hausse des températures ait eu lieu depuis le début du siècle est un fait qui est considéré comme étant quasiment certain. Pourquoi pas « totalement » certain ? La réserve porte sur la fiabilité des thermomètres utilisés il y a un siècle ou avant, sur la manière d'effectuer les mesures (par exemple laisser le thermomètre en plein soleil ou le mettre à l'ombre, ce point en apparence « tout bête » n'ayant pas toujours été précisé avec la mesure), et sur le nombre de lieux ayant fait l'objet de relevés pour les périodes anciennes, en général en nombre limité et ne couvrant pas la majeure partie de l'océan. Ces réserves, toutefois, ne sont pas suffisantes pour mettre en doute la réalité d'un réchauffement, surtout sur les dernières décennies. Cette hausse de la température planétaire serait-elle déjà le résultat de l'effet de serre anthropique ? Une conclusion forte est désormais établie : s'il est encore possible de simuler le climat antérieur à la Deuxième Guerre mondiale sans faire intervenir cet effet de serre anthropique, cela n'est plus possible pour les années plus récentes : aucun modèle, capable par ailleurs de reproduire de manière très satisfaisante l'évolution de la température moyenne depuis la fin du XIX^e^ siècle, ne sait reproduire l'élévation de température des dernières décennies sans prendre en compte l'action de l'homme.

Il y a d'autres recoupements entre les simulations et les observations climatiques récentes, dont celles liées à la répartition géographique et temporelle des températures : ces dernières augmentent actuellement plus vite l'hiver que l'été, la nuit que le jour, et aux hautes latitudes qu'aux basses.

Si elle n'est pas encore certaine (le sera-t-elle un jour ?), la marque de l'homme, *via* ses émissions de gaz à effet de serre, sur l'évolution récente des températures, constitue la cause la plus probable. La prudence voudrait que l'on considère ce fait comme acquis.

## PARAPLUIES OU OMBRELLES ?

Une élévation de la température moyenne a deux incidences sur le cycle de l'eau : d'une part elle accélère l'évaporation, et d'autre part l'air peut emmagasiner plus de vapeur d'eau. Cette dernière ne pouvant s'accumuler dans l'atmosphère, un climat globalement plus chaud engendrera plus de précipitations.

En revanche, cela ne préjuge pas de leur répartition : il peut pleuvoir en plus d'endroits, ou plus souvent, ou plus fort. De même que pour les températures, une première discrimination consiste à examiner les évolutions en fonction de la latitude (voir fig. 25).

Les résultats suggèrent un surplus de précipitations à l'équateur et aux alentours de 60° Nord (Nord de l'Europe par exemple) et Sud, ainsi que sur une baisse aux alentours de 30° Sud (Argentine, Afrique du Sud, Australie) ou Nord (Californie, Sahara, Mongolie), c'est-à-dire des endroits déjà peu arrosés et tout cela est cohérent avec l'intensification de la circulation atmosphérique à grande échelle. Il est vraisemblable que les précipitations seront souvent plus mal réparties sur l'année : pour l'hémisphère Nord, les précipitations d'hiver seraient fortement accrues et des précipitations d'été en baisse. Au-delà de ces quelques tendances, une répartition géographique fine de l'évolution des précipitations est actuellement impossible à faire.

La pluie dépend en effet des nuages, des reliefs, des aérosols, et de bien d'autres facteurs imparfaitement ou pas représentés dans les modèles. Savoir s'il fera plus sec ou plus humide dans le Sud de l'Espagne, au Liban, ou dans le *Corn Belt* des États-Unis reste pour le moment une question difficile à trancher. Bien entendu, cette difficulté à « y voir clair » en ce qui concerne les précipitations implique

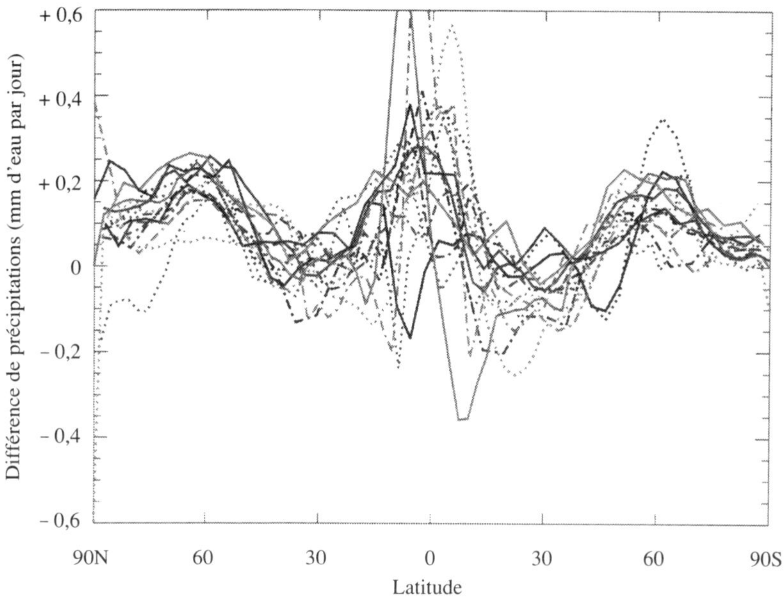


***Figure 25*** – Surplus ou déficit de précipitations en fonction de la latitude (une courbe par modèle) au moment où la concentration de gaz carbonique dans l'atmosphère aura doublé (dans 60 à 80 ans en prolongation tendancielle). (IPSL-PCMDI, 2000.)

que l'on ne puisse pas prédire avec un bon degré de confiance comment évolueront les ressources en eau de tel ou tel pays pour un scénario d'émissions donné.

## ET SI TOUT CELA ÉTAIT UNE CHIMÈRE...

La chance, cela existe : d'aucuns joueurs au Loto l'ont rencontrée. Alors, ne pourrait-il nous arriver une « bonne surprise », sous la forme d'un phénomène encore inconnu qui se manifesterait soudainement pour « amortir » le réchauffement provoqué par les gaz à effet de serre que nous émettons ? Une fois encore, la réponse se trouve... dans les glaces de l'Antarctique. Les analyses faites montrent que, sur de longues périodes, il y a une évolution parallèle parfaite entre tem-

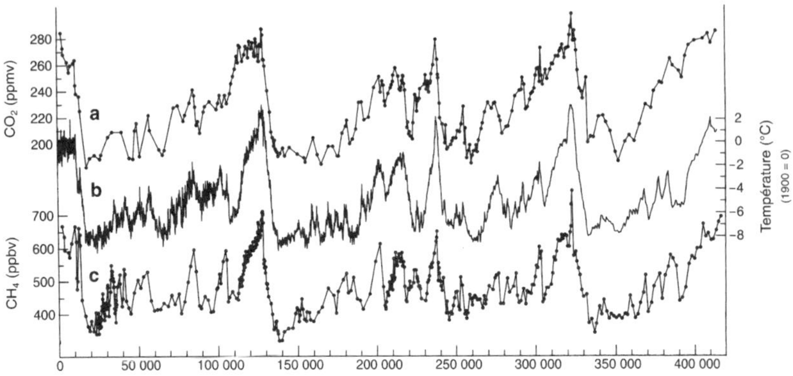


***Figure 26*** **–** Évolutions comparées sur les 400 000 dernières années :
– (a) de la teneur atmosphérique en gaz carbonique (en ppmv, en haut à gauche) ;
– (b) de la température moyenne de l'air au niveau du sol (en degrés par rapport à maintenant, à droite) ;
– (c) de la teneur atmosphérique en méthane ($CH_4$) (en ppmv, en bas à gauche). Les deux derniers siècles ne sont pas représentés. (J. Jouzel, 1999.)

pératures et concentration des principaux gaz naturels à effet de serre (gaz carbonique et méthane) (voir fig. 26).

Bien entendu, cette évolution parallèle pose un problème de poule et d'œuf : est-ce la hausse des températures qui engendre celle du gaz carbonique, ou l'inverse ? Mais là n'est pas notre propos. Imaginons qu'il existe un phénomène conduisant la basse atmosphère à cesser de se réchauffer, ou à se réchauffer moins vite à partir d'un certain moment, alors que la concentration en gaz carbonique continue d'augmenter. Nous devrions alors observer par endroits une décorrélation entre l'évolution du gaz carbonique et la courbe de température, dans les parties ascendantes de cette dernière. Ce n'est manifestement pas le cas. Cette augmentation parallèle de la concentration en gaz carbonique et de la température rend illusoire un phénomène encore inconnu qui provoquerait un affaiblissement « naturel » du processus à brève échéance. Et, en tout état de cause, compter fermement sur une telle éventualité ne serait pas vraiment qualifié de prévoyance.

DEUXIÈME PARTIE

# Risques réels ou craintes excessives

# Un ouragan par hiver ?

## QU'EST-CE QU'UN RISQUE ?

Le climat de la Terre dépend d'un grand nombre de processus qui comportent des seuils dans leurs réponses aux perturbations. Si ces dernières restent confinées en dessous d'un certain niveau – qualifié de seuil – une légère augmentation de la perturbation ne fait varier que légèrement l'effet qui en résulte, mais, une fois ce seuil franchi, il peut se produire une brusque et/ou considérable augmentation de l'ampleur des conséquences, lesquelles peuvent en outre changer radicalement de nature. Nous ne connaissons pas précisément – voire pas du tout, parfois – les niveaux de perturbation auxquels telle ou telle des composantes peut « casser », c'est-à-dire se mettre à se comporter de manière très différente de ce qui s'est passé jusqu'à maintenant. Il en va ainsi des courants océaniques, de la trajectoire des dépressions aux moyennes latitudes, de l'écoulement des calottes glaciaires des pôles, ou encore, comme nous l'avons vu plus haut, du fait que les puits de carbone restent bien des puits. Or la quantification des risques suppose de savoir où nous nous situons par rapport aux différents seuils des grands processus qui régissent le climat, ou de composantes plus locales. C'est la « distance au seuil » – souvent très mal appréciée – qui peut servir à estimer le danger, et la marge de manœuvre dont nous disposons pour réagir.

À supposer même que ces seuils puissent être cernés de manière fine, passer des modifications des processus climatiques aux conséquences pour l'environnement, ou pour l'homme, ajoute une difficulté supplémentaire. Pour se livrer à un tel exercice, il faut caractériser à la fois une modification externe, et la résistance interne du système ou de l'être vivant qui la subit. Une même élévation de température moyenne de 5 °C n'aura pas les mêmes effets sur toutes les espèces d'arbres ou tous les animaux. Pour rester plus près de notre espèce, une même modification climatique sera susceptible d'avoir des conséquences bien différentes selon les degrés de préparation, de résistance, ou de capacité de restauration de la société qui y est confrontée, et donc le « risque » sera différent selon le contexte. Une diminution de moitié du rendement de l'agriculture n'est pas un « risque » majeur pour la France, en ce sens qu'elle mettrait à mal nos habitudes alimentaires mais ne nous condamnerait pas à mourir de faim, mais méritera éventuellement d'être qualifiée comme tel en Inde ou en Chine.

Enfin, troisième difficulté à laquelle il faudra faire face pour apprécier les conséquences possibles du changement climatique : la résistance interne d'un écosystème ou de nos sociétés n'est pas figée ; être capable de l'apprécier à peu près aujourd'hui n'implique pas nécessairement qu'il soit aisé de prévoir ce qu'il en sera dans quelques dizaines d'années. Si plus rien ne pousse sur place, la gravité de la situation n'est pas la même selon qu'il reste ou non de l'énergie abondante pour transporter massivement de quoi manger en provenance d'un autre endroit. Aux échéances considérées, qui sont plus voisines du siècle ou du demi-siècle que de l'année, bien des choses qui affaibliraient la résistance de nos sociétés peuvent survenir : la fin de l'énergie abondante, la disparition d'une partie essentielle des ressources minières (pas plus renouvelables que les combustibles fossiles), la dégradation d'une large partie des terres agricoles, la montée d'un individualisme interdisant les mesures préventives ou curatives rapides à l'échelle à laquelle elles seraient nécessaires... Le changement climatique n'est qu'un élément de pression parmi d'autres dans un ensemble beaucoup plus vaste d'évolutions dont aucune n'est nécessairement facile à anticiper. Deux tentations, également nuisibles, sont alors à combattre par qui tente d'apprécier les éventuels ennuis – ou bénéfices – liés à l'évolution en cours :

– le « syndrome de l'expert judiciaire », consistant à ne tenir aucun compte de ce qui ne peut se quantifier à la virgule près, et qui constitue un réflexe courant chez bon nombre d'entre nous ;

– sombrer dans le catastrophisme, réaction inverse de la précédente, consistant d'une certaine manière à remplacer tous les conditionnels par des futurs simples.

Entre les deux se trouve la clairvoyance, attitude indispensable mais difficile, où les dangers ne sont ni ignorés ni volontairement exagérés, sans laquelle aucune élaboration de mesure préventive adaptée ne peut avoir lieu. Combien d'entre nous en sommes capables ?

## LE VENT SOUFFLERA-T-IL TROIS FOIS ?

Depuis les « tempêtes » que notre pays a connues en décembre 1999, il ne se passe plus de coup de vent, voire de coup de tonnerre, sans que ne soit évoquée dans les journaux la possibilité d'y voir un début de changement climatique. Allons-nous désormais partager les angoisses des pays tropicaux, qui jusqu'à présent avaient le triste privilège d'être les seuls à trembler périodiquement dans la crainte d'un ouragan ? Quoique cette question – la survenue plus fréquente, ou en des endroits auparavant épargnés, d'épisodes extrêmes – soit l'une des plus fréquemment posées par qui se préoccupe de l'avenir climatique, la simulation numérique ne permet pas, hélas, de lui apporter une réponse formelle. Le nombre d'ouragans ou leur violence augmenteront peut-être. Mais, actuellement, aucun modèle n'est en mesure de fournir autre chose que des indications générales. Pourquoi est-il impossible de disposer de certitudes ?

Les conditions qui prévalaient au moment où est née la modélisation climatique, il y a quelques dizaines d'années, nous fournissent une partie de la réponse. L'évolution future des phénomènes extrêmes ne préoccupait alors que peu le public ou les scientifiques ; ces derniers cherchaient surtout à percer certains mystères de la circulation atmosphérique à grande échelle. Surtout, les ordinateurs de l'époque possédaient une puissance de calcul limitée : les modèles ont donc été conçus avec des mailles de très grande taille, afin de les rendre exploitables malgré la faible puissance de calcul disponible. Une maille de quelques centaines de kilomètres de côté nécessite aujourd'hui encore l'utilisation des ordinateurs les plus puissants pour qu'une simulation sur quelques siècles aboutisse dans des délais raisonnables.

Or, pour pouvoir prédire avec un degré de confiance acceptable l'évolution de phénomènes qui mesurent quelques centaines de kilomètres ou moins (un ouragan fait de 500 à 1 000 km de diamètre, une tornade moins de un kilomètre, un orage quelques kilomètres...), il faut gagner un ordre de grandeur sur la taille de la maille, afin que cette dernière n'excède pas quelques kilomètres de côté, comme c'est le cas en météorologie. La puissance informatique disponible aujourd'hui ne permet toujours pas de travailler avec des mailles de cette taille lorsque les simulations portent sur des décennies ou des siècles. Il est cependant possible de relier, dans certains cas, des modifications de processus à grande échelle à la fréquence de survenue d'épisodes locaux intenses. Par exemple, il y a une corrélation entre la différence moyenne de pression sur l'année entre les Açores et l'Islande et le nombre de jours fortement ventés et/ou pluvieux, et certaines simulations indiquent que cette différence de pression devrait augmenter à l'avenir. Pour notre Europe, un raisonnement élémentaire permet de généraliser un peu ce propos : le « moteur » des tempêtes ou des phénomènes violents est toujours une différence élevée de pression entre deux masses d'air (on parle de gradient), résultant souvent d'une différence de température ou d'humidité. Or, dans la majorité des simulations, l'air situé au nord de l'Europe (en fait près du Groenland) devrait se refroidir, ou ne presque pas se réchauffer, par suite du ralentissement de la circulation océanique (voir page 116), alors que l'air situé au sud de l'Europe connaîtra une élévation prononcée de température. Cette évolution se constate par exemple sur la carte page 90.

Il nous reviendra alors peut-être en mémoire que les ouragans de l'hiver 1999 ont eu pour origine la confrontation, au-dessus de la France, d'une masse d'air inhabituellement chaude venue du sud, avec une masse d'air inhabituellement froide venue du nord. Une augmentation structurelle de la différence de température entre le nord et le sud de l'Atlantique, qui correspond au résultat de bon nombre de simulations, « aiderait probablement le hasard » dans l'apparition de tempêtes analogues à celles que la France a connues en décembre 1999. Ce n'est pas et ne saurait être la garantie de gros ennuis, mais c'est une indication qui n'incite clairement pas à l'optimisme.

L'intensification du cycle de l'eau augmentera par ailleurs l'énergie restituée dans l'atmosphère sous forme de chaleur latente, ce qui, sans même parler de cyclones, pourrait augmenter le nombre ou l'intensité des épisodes orageux, qui peuvent aussi être à l'origine de gros dégâts. Dans le cas particulier des ouragans, enfin, l'une des conditions nécessaires pour qu'un tel phénomène prenne naissance est que la température de surface de l'eau soit supérieure à 27 °C. Si la zone où cette température est atteinte devient plus étendue (bon nombre de simulations considèrent comme possible un accroissement de 30 % de la taille de cette zone à l'avenir), cela peut favoriser l'apparition plus fréquente d'ouragans, ou les rendre plus intenses.

Des tendances se dégagent donc, et plaident plutôt dans le sens d'une augmentation de la variabilité du climat en phase de réchauffement. Les connaissances actuelles peuvent être résumées dans le tableau de la page suivante.

Pouvons-nous maintenant trancher le cas du sujet évoqué plus haut ? Les ouragans de décembre 1999 en France sont-ils une première manifestation d'un changement en cours, et, éventuellement, un avant-goût de ce qui nous attend à l'avenir ? Ce n'est pas un événement isolé qui définit un climat, mais une succession d'événements et son évolution sur une longue période. Il est possible de dire que ces ouragans « ressemblent » à ce qui pourrait nous attendre, ou que « cela est cohérent avec des évolutions variées suggérées par la modélisation », mais seule une répétition fréquente de ce genre d'événement, que l'on peut difficilement souhaiter, ou au contraire l'absence de variation statistique, pourra permettre de répondre par l'affirmative. La réponse n'est disponible, d'une certaine manière, qu'une fois qu'il est trop tard.

**Évolution de certains paramètres du climat**

| *Évolution climatique concernée* | *Probabilité pour le climat simulé du XXI^e siècle, pour les scénarios d'émission utilisés* | *Cette évolution s'est-elle déjà manifestée durant la deuxième moitié du XX^e siècle ?* |
|---|---|---|
| Augmentation des épisodes pluvieux intenses | Très probable pour de nombreuses zones | Probablement, au-dessus de nombreuses zones des moyennes et hautes latitudes de l'hémisphère Nord |
| Augmentation des sécheresses estivales au-dessus des continents | Probable, pour la majorité de l'intérieur des continents des moyennes latitudes (pas de convergence des simulations dans les autres cas) | Probablement pour quelques régions |
| Augmentation de la force maximale du vent des ouragans (tropicaux) | Probable pour certaines zones | N'a pas été constaté dans les quelques analyses disponibles |
| Augmentation des précipitations lors des ouragans (tropicaux) | Probable pour certaines zones | Pas assez de données disponibles pour une évaluation |
| Augmentation du nombre d'ouragans ou de leur zone de survenance | Incertain | Incertain |

(GIEC, 2001.)

# La vulnérabilité de la végétation et des écosystèmes continentaux

## RESTERA-T-IL DES FORÊTS ?

Il ne serait évidemment pas sérieux de prétendre prédire ici l'évolution des différentes espèces végétales sous l'impact d'un changement climatique. Ce dernier, comme on l'a vu, est très imparfaitement cerné quant à ses conséquences régionales, et cette incertitude se reportera nécessairement sur le devenir envisageable des écosystèmes terrestres. Nous devrons hélas nous limiter, ici, à décrire des situations à risques possibles, voire probables, mais non certaines.

Le premier élément qui va guider notre réflexion est ce simple constat : la quantité d'eau disponible détermine plus que la température annuelle moyenne la nature de couverture végétale rencontrée en un lieu donné.

À pluviométrie constante, des variations de température moyenne ne sont donc pas nécessairement dramatiques pour la végétation en place, du moins dans la limite de quelques degrés, et sous réserve de ce qui sera dit plus bas sur la variabilité, alors que des modifications de précipitations peuvent très vite l'être.

La première variation locale de pluviométrie évoquée, en général, consiste en un assèchement du climat, même si les précipitations devraient globalement augmenter. Un déficit hydrique accru est en effet considéré comme probable aux alentours des latitudes 30° Nord et Sud, où il ne pleut déjà pas considérablement. Mais un temps devenant trop humide a aussi ses revers : si les prairies se transforment en marécages, ou si les précipitations deviennent si violentes qu'elles érodent le sol de manière rapide, la végétation en place peut fortement en souffrir. Si cette humidification s'accompagne d'un radoucissement, particulièrement aux hautes et moyennes latitudes, cela pourrait favoriser la prolifération de micro-organismes pathogènes des plantes (champignons, microbes...), ou d'insectes, qui apprécient particulièrement ces conditions. Paradoxalement, l'absence d'hiver sous nos latitudes pourrait aussi avoir des conséquences négatives. D'une part la vernalisation (exposition au froid pendant l'hiver) est indispensable à certaines plantes pour pouvoir germer et se reproduire (certaines céréales, beaucoup d'arbres fruitiers), et par ailleurs le froid hivernal tue la majorité des insectes ravageurs, qui prolifèrent sinon. Enfin – et surtout ? – un changement climatique peut augmenter la vulnérabilité à une agression humaine (n'oublions pas que la majeure partie de la Terre est peuplée d'hommes). Il en va ainsi des incendies qui sont favorisés en cas de sécheresse estivale, mais aussi des dommages causés aux cours d'eau suite à un recours accru à l'irrigation...

Ces propos peuvent être un peu synthétisés : le changement climatique, en influant à la fois sur les précipitations et sur les températures, va conduire à des déplacements d'aires favorables pour les écosystèmes terrestres. La région où il fait « bon vivre » pour une espèce donnée va se déplacer, plus ou moins vite et plus ou moins loin. Il y a déjà eu de tels déplacements dans le passé, et il s'en opère également aujourd'hui même : comme nous l'avons vu, le climat ne cesse de varier. Toutes les espèces végétales peuvent migrer, ou encore essaimer, au rythme de quelques kilomètres à quelques centaines de kilomètres par siècle. En fonction de l'âge de maturité sexuelle du végétal considéré et de la distance que les graines peuvent parcourir à chaque reproduction, portées par le vent ou des animaux, il y a une vitesse maximale possible de migration ou d'essaimage. Par exemple, une « herbe », sexuellement mature dans l'année, et dont les graines peuvent être transportées par les oiseaux ou le vent sur des milliers de mètres, peut suivre un déplacement d'aire favorable de plusieurs kilomètres par an, alors qu'un arbre à sexualité tardive et à graines lourdes, comme le chêne (maturité à 50 ans) ne peut guère migrer de plus de quelques kilomètres par siècle, voire quelques dizaines dans le cas favorable d'un transport encore possible par des animaux. Il y a donc deux déterminants au moins pour savoir comment un écosystème va résister à un changement d'aire favorable : la vitesse de déplacement de cette aire et la vitesse maximale d'essaimage des espèces qui en font partie.

Un réchauffement planétaire moyen de 3 °C en un siècle – évolution médiane de la fourchette de 1 à 6 °C actuellement envisagée – équivaudrait, pour les latitudes moyennes, à un déplacemcnt vers le Nord des zones favorables de 500 km environ, soit infiniment plus que la vitesse de quelques dizaines de kilomètres par siècle caractérisant la majorité des arbres de haute futaie. De plus, il est probable que les continents, qui n'ont pas la capacité d'amortissement thermique des océans, connaîtront des augmentations de température plus rapides que la moyenne, et la fragmentation des habitats[1], qui résulte de l'action humaine, rendra souvent la migration des espèces problématique. De nombreuses espèces naturelles – dont les arbres, et les écosystèmes forestiers attachés – pourraient donc dépérir sur de larges zones en cas de réchauffement rapide.

Il arrive que le changement climatique soit associé à une évolution supposée favorable : l'adoucissement des températures aux hautes latitudes déplacera vers le Nord (du moins dans l'hémisphère Nord !) la limite entre zone boréale et zone tempérée, et rendra ainsi propices aux implantations humaines certaines aires actuellement gelées. Les Vikings n'ont-ils pas colonisé le Groenland au moment de l'optimum climatique du Moyen Âge ? Dans le cas présent, un certain nombre d'arguments plaident dans le sens inverse :

– l'élévation de température des hautes latitudes sera forte et brutale, donc susceptible de déstabiliser l'environnement naturel local ;

– le bénéfice pour les cultures existe surtout si l'élévation de température profite à l'été, or nous avons vu qu'elle s'appliquerait prioritairement à l'hiver ;

– le dégel du pergélisol créera de vastes marécages, dont il n'est pas évident qu'ils puissent être transformés en terres agricoles, outre les dangers intrinsèques liés à cette évolution (voir page 61) ;

– enfin l'inconnue de la variabilité subsiste même en pareil cas (voir page 110).

1. La fragmentation de l'habitat désigne le fait qu'une aire habitée par une espèce sauvage, autrefois d'un seul tenant, devienne entrecoupée de sols artificiels, ou cultivés. Si ces enclaves sont suffisamment larges ou étendues, cela instaure des barrières infranchissables pour la migration des espèces d'une partie à une autre de l'aire initiale.

Les écosystèmes aquatiques (d'eau douce) sont aussi concernés : la modification des précipitations peut les affecter fortement, avec en retour un impact sur la disponibilité de la ressource en eau pour l'homme.

Il n'y a pas que les plantes qui puissent souffrir : les espèces végétales constituant le début des chaînes alimentaires et l'habitat des espèces animales, la préservation de ces dernières ne peut être dissociée de celle des végétaux. Le triste exemple de bon nombre de gros animaux sauvages, qui s'éteignent inexorablement parallèlement à la disparition de leur habitat, le montre bien. Pour la vie animale, la perturbation du climat ne constitue hélas que l'un des facteurs de pression anthropiques. Sans avoir eu besoin d'influer sur le temps qu'il fait, notre espèce a déjà mis en danger d'extinction un quart des mammifères, 12 % des oiseaux, un quart des reptiles, 20 % des amphibiens et près d'un tiers des poissons (essentiellement d'eau douce)[1]. Changement climatique ou pas, il est malheureusement vraisemblable que ces animaux seront rayés de la carte d'ici quelques dizaines d'années, et il est peu probable que l'évolution que nous avons mise en route arrange les choses.

## DE MEILLEURS RENDEMENTS AGRICOLES ?

N'avons-nous pas lu, en des temps reculés, que l'augmentation de la teneur atmosphérique en gaz carbonique – à l'origine de toute cette affaire – était fort bénéfique aux plantes ? Cet aspect favorable des choses ne va-t-il pas compenser les éventuels inconvénients d'un changement climatique ? De fait, l'accroissement de la teneur atmosphérique en gaz carbonique modifiera de nombreuses interactions entre la plante et son milieu :

– il y aura une accélération de la photosynthèse, à supposer qu'il n'y ait pas de facteur limitant par ailleurs (par exemple la disponibilité des nutriments, ou de l'eau) ;

– il y aura une baisse de l'évapotranspiration (ce terme désigne la perte d'eau provenant de la respiration), laquelle va entraîner :

1. *Global status of biological diversity, Report of the Secretary-General*, Nations unies, 2001.

– un meilleur profit tiré des précipitations, même si celles-ci sont en baisse,

– une augmentation de la température du couvert, c'est-à-dire de la partie aérienne de la plante (car la transpiration refroidit la plante, en évacuant de l'énergie sous forme de chaleur latente), ce qui a un effet négatif sur la croissance.

Avant la prise en compte de toute conséquence climatique, un gaz carbonique plus abondant dans l'air engendre donc des impacts contrastés, mais cependant globalement positifs sur la plante. Seulement, bien sûr, il n'y aurait pas de sens à dissocier les impacts biologiques des impacts climatiques d'un surplus de gaz carbonique dans l'air.

Les plantes agricoles restent vulnérables, comme leurs cousines « naturelles », à certains désordres climatiques tels que gelées tardives, sécheresse, ou ravageurs, mais l'intervention de l'homme modifie un peu la donne. Il est en effet possible de remédier à des perturbations limitées, par l'irrigation, la culture sous serre, certaines formes de protection contre une gelée tardive, les pesticides, etc., mais parfois au prix d'autres impacts environnementaux :

– les pesticides sont toxiques pour l'homme et pour bon nombre d'animaux ; leur utilisation intensive comporte donc des inconvénients ; une partie de ceux-ci étant cumulatifs, combien de temps pourrons-nous compter sur cette aide ?

– l'irrigation intensive diminue les niveaux des cours d'eau, entraîne des dommages pour les écosystèmes aquatiques ou littoraux par assèchement des embouchures (il arrive que le Colorado, par exemple, soit presque sec à son embouchure, tellement les prélèvements en amont sont importants, et l'assèchement de la mer d'Aral illustre l'archétype des dégâts causés par ce genre de pratique).

En outre les cultures des pays développés sont devenues très spécialisées, c'est-à-dire qu'elles sont conçues – et donc performantes – pour un créneau de conditions climatiques bien précis. Si l'on en sort, les rendements peuvent diminuer très vite. Elle sont donc particulièrement vulnérables en cas d'élévation importante des températures ou de variation importante des précipitations moyennes, de forte variabilité du climat, ou d'apparition de ravageurs (champignons, insectes) bien adaptés à une espèce donnée. Enfin l'augmentation de la teneur en gaz carbonique entraînera une baisse du rapport carbone sur azote, qui est un indicateur de la valeur nutritive de la plante, donc un intérêt alimentaire diminué. Comme pour les écosystèmes « naturels », toutefois, d'autres évolutions peuvent se surajouter. Par exemple la virulence des ravageurs ne découlera pas seulement de conditions climatiques modifiées, mais aussi de l'efficacité des pesticides, de la tolérance que l'on aura ou non à l'égard de leur emploi, du type de culture, etc. Il ne faut pas oublier non plus que l'essentiel de l'agriculture est de plus en plus concentrée sur un faible nombre d'espèces et de variétés au sein des espèces, tant pour les végétaux que pour l'élevage, ce qui constitue en soi une exposition accrue au risque : que l'une des espèces en vienne à succomber à une agression externe – et le changement climatique fait partie des facteurs de pression pouvant y contribuer – et un pan entier des ressources disparaît.

## L'INCONNUE DE LA VARIABILITÉ

Nous avons jusqu'à maintenant beaucoup parlé de moyennes, qui ne doivent pas trop varier pour que les végétaux ne dépérissent pas. Toutefois, pour qu'une espèce quelle qu'elle soit puisse survivre en un lieu donné, il faut aussi que la variabilité – qui correspond donc à la fréquence et à l'intensité avec laquelle une valeur s'écarte de la moyenne – ne soit pas trop forte. Les êtres vivants possèdent tous des limites de résistance à la température (haute ou basse), à la vitesse du vent, etc. Il suffit qu'une donnée (la température, la pluviométrie, le vent) s'aventure occasionnellement au-delà de la valeur limite pour rendre un lieu inhospitalier pour une espèce. Or nous avons vu que la simulation numérique n'est pas très prolixe sur l'évolution de la variabilité : les modèles ne sont pas conçus pour pouvoir anticiper l'augmentation des gelées tardives dans la Drôme, des orages violents à Aurillac, des précipitations incessantes en Normandie, ou des pointes de chaleur à Paris. Pourtant, c'est notamment dans la multiplication – ou pas – de ce genre d'épisodes que réside l'un des risques majeurs pour les végétaux, et par contrecoup pour les animaux.

# Palavas (sous) les flots ?

## LA PETITE MER QUI MONTE, QUI MONTE...

Parce qu'elle offre l'avantage d'être certaine, et de parler facilement même à des néophytes, la montée du niveau de l'océan est l'une des conséquences d'un réchauffement global la plus couramment citée. Pourquoi est-elle certaine ? Tout d'abord parce que l'eau chaude occupe plus de volume que l'eau froide. La simple dilatation de l'eau océanique sous l'effet de la chaleur garantit donc une élévation minimale du niveau moyen de la mer, avec, comme pour les températures, des disparités locales (contrairement à l'idée intuitive que l'on pourrait en avoir, le niveau de l'océan peut baisser à certains endroits et monter à d'autres, pour des raisons diverses).

Combien plus haut ? Les estimations tournent autour d'une fraction de mètre à l'horizon 2100, ce qui signifie, l'évolution étant presque linéaire, que le niveau de la mer va monter d'une fraction de centimètre par an.

Un mètre, ce n'est pas beaucoup. Mais cela est suffisant pour que cela menace quelques zones particulières, notamment les deltas de fleuves : le Bangladesh et l'Égypte seraient concernés. Bon nombre d'atolls coralliens n'y résisteraient peut-être pas non plus, encore que le rythme d'élévation (un centimètre par an) puisse être compensé par la croissance du corail si celui-ci n'est pas empêché de le faire par ailleurs. Enfin, à la faveur de tempêtes, une mer plus haute pourrait pénétrer plus avant dans les terres et éroder ou saliniser les zones côtières, dont les richesses sont parfois précieuses pour une population mondiale qui habite à 50 % près du littoral. L'élévation

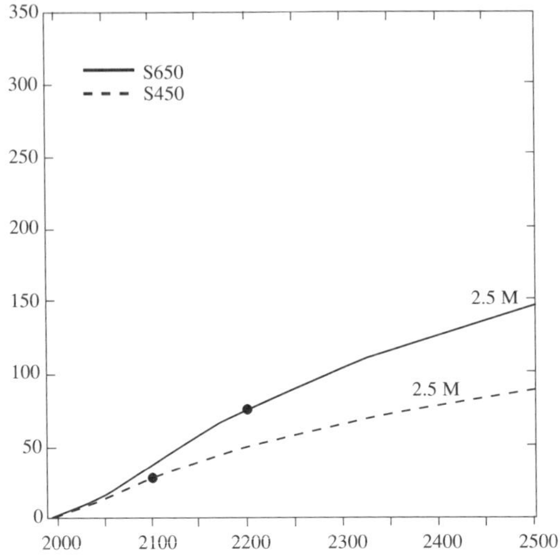


***Figure 27*** – Évolution du niveau des océans en fonction des années (évolution médiane des simulations), pour deux scénarios d'émission (dans le bas de la fourchette : stabilisation à 450 et 650 ppm de la concentration atmosphérique en $CO_2$). (GIEC, 1996.)

de l'océan est surtout caractérisée par une forte inertie. Elle continuera de se produire pendant de nombreux siècles après stabilisation de la température moyenne de l'air, car le transfert de chaleur de l'atmosphère à l'océan est régi par des processus dont les constantes de temps sont longues. L'augmentation à terme se comptera alors en mètres.

La dilatation de l'eau n'est pas le seul processus en cause : la fonte des glaces continentales devrait aussi y contribuer, mais cet apport est très difficile à quantifier. Les glaciers de montagne des moyennes latitudes verront leur partie basse fondre (cet effet est déjà constaté), mais l'augmentation de la pluviométrie peut provoquer une augmentation du volume de la glace stockée en altitude, où la température ne cessera pas d'être négative en permanence à court terme, avec un bilan d'ensemble incertain. Même dans le cas extrême de leur fonte totale, toutefois, le niveau de la mer ne s'élèvera pas de plus de 50 cm. Les calottes polaires, quant à elles, commenceront aussi par croître sous l'effet de l'augmentation des précipitations, avant d'entamer une éventuelle fonte qui reste impossible à l'échéance du siècle. Mais, au-delà, des évolutions « à effet de seuil » pourraient se produire.

En premier lieu, la calotte occidentale de l'Antarctique, qui repose sur un socle rocheux sous-marin, sera mise dans une situation de plus en plus instable par un début de réchauffement, celui-ci modifiant l'étendue de la langue terminale flottant sur l'eau, laquelle conditionne la stabilité de l'ensemble. Cette calotte pourrait alors se détacher de son socle et glisser dans l'océan de manière accélérée, ce phénomène pouvant conduire à une élévation du niveau de la mer de 5 ou 6 mètres à terme. Ensuite, si la température s'élève suffisamment (de plus de 30 °C pour l'Antarctique, de plus de 20 °C pour le Groenland), cela enclenchera la fonte des calottes polaires (ces dernières ont vraisemblablement été bien plus réduites durant une partie de l'ère tertiaire, quand il faisait significativement plus chaud), le cas le plus extrême, toutefois considéré comme rigoureusement impossible pour les 1 000 ans à venir – la disparition totale de l'Antarctique, Paris serait alors sous l'eau ! –, pouvant conduire à 80 mètres d'eau en plus. Une fonte, même lente, peut en revanche s'accompagner d'à-coups, au gré du détachement de vastes quantités d'icebergs, voire de pans entiers de glaciers, phénomènes brusques et discontinus qui pourraient engendrer des catastrophes diverses, par exemple des raz de marée. Pour improbables à court terme que soient ces événements, et pour lointaines que soient les échéances s'ils survenaient, l'éventualité de tels phénomènes reste cependant partiellement liée à notre comportement d'aujourd'hui.

Mais les répercussions d'un changement climatique sur l'océan ne sont pas limitées à une élévation du niveau de la mer. La simple augmentation de la température de l'eau pourrait nuire à la vie : certains organismes sont très sensibles à des variations de quelques degrés, par exemple les coraux qui ne supportent pas plus de 2 ou 3 °C supplémentaires et blanchissent puis meurent en pareil cas. Peut-on imaginer ce qui se passera en cas de disparition d'une partie significative des coraux sur le reste des écosystèmes littoraux des tropiques, et notamment l'impact sur les ressources halieutiques côtières, qui fournissent aujourd'hui l'essentiel des protéines aux habitants des pays chauds ? Probablement pas de manière détaillée, car c'est souvent après la disparition d'une espèce que l'on mesure pleinement les conséquences… Plus près de chez nous, pour prendre un autre exemple, il semblerait que certaines espèces d'algues abondantes sur les côtes bretonnes soient gênées par une température trop élevée.

L'élévation de la température a d'autres conséquences : certaines espèces de poissons de l'Atlantique qui ne se rencontraient que sous les tropiques sont désormais signalées à des latitudes de plus en plus élevées. Le risque d'une invasion exotique, déstabilisant les populations locales, puis diminuant certaines ressources, qui, dans un autre contexte, est parfaitement illustré par l'apparition de la Caulerpe, est donc aussi une réalité. Paradoxalement, le danger qui, sur terre, proviendra d'une difficulté des espèces à migrer, pourrait provenir dans la mer d'une excessive facilité à se déplacer.

## CIRCULEZ !

Le fonctionnement même de l'océan pourrait être fortement modifié par un réchauffement planétaire. À l'origine de bon nombre de caractéristiques de l'océan tel qu'il se présente aujourd'hui se trouvent les courants marins, dont il existe deux types importants. Les premiers sont verticaux ou convectifs : ils vont des profondeurs des océans vers la surface ou l'inverse. Ils sont basés sur des différences de densité entre eaux de surface et eaux plus profondes, qui peuvent résulter de différences de salinité (l'eau salée est plus dense que l'eau douce) ou de température (l'eau froide est plus dense que l'eau chaude, avec une singularité : le maximum de densité s'obtient à 4 °C et non à 0 °C, juste avant le gel). Ils s'organisent à des échelles allant de quelques kilomètres à l'hémisphère, et les constantes de temps qui les caractérisent, qui s'échelonnent de la semaine à plusieurs siècles, peuvent se déterminer grâce à des analyses diverses dont des datations au carbone 14 des eaux selon leur profondeur pour les plus importants.

L'autre composante de la circulation océanique est horizontale, en surface ou en profondeur ; le Gulf Stream en est un exemple. Cette circulation a notamment pour effet de convoyer la chaleur des tropiques vers les pôles, et cet effet redistributif modèle de manière majeure le climat planétaire. Ces deux types de courants sont en fait interdépendants : les courants thermohalins, les plus massifs des courants convectifs, qui prennent naissance avec la plongée vers le fond de l'océan des eaux près des pôles, servent de « moteur » à la circulation horizontale dans les grands bassins océaniques.

Si nous prenons l'histoire depuis le début, elle se présente comme suit. Par suite de la force de Coriolis, de larges zones océaniques sont balayées par des vents constants en direction, par exemple les alizés, où encore les vents d'ouest aux moyennes latitudes de l'hémisphère Sud (les fameux Quarantièmes Rugissants). Sous l'effet continu de ces vents, l'eau de surface se met en mouvement. Exactement de la même manière que la force de Coriolis modèle la circulation atmosphérique en s'appliquant à l'air, cette force s'applique à l'eau mise en mouvement et, le mouvement initial étant parallèle aux cercles des latitudes, l'envoie vers les pôles. Pendant sa remontée vers les pôles, l'eau se refroidit d'une part, et se charge en sel sous l'effet de l'évaporation d'autre part. Plus froide et plus salée, elle devient donc doublement plus dense. Arrivée dans la zone de formation de la glace de mer, près des pôles, une partie de cette eau salée gèle l'hiver et forme la banquise, en expulsant partiellement son sel, ce qui augmente encore la densité de l'eau salée qui ne gèle pas, et la précipite vers le fond. Le pendant du courant chaud de surface, qui a transporté

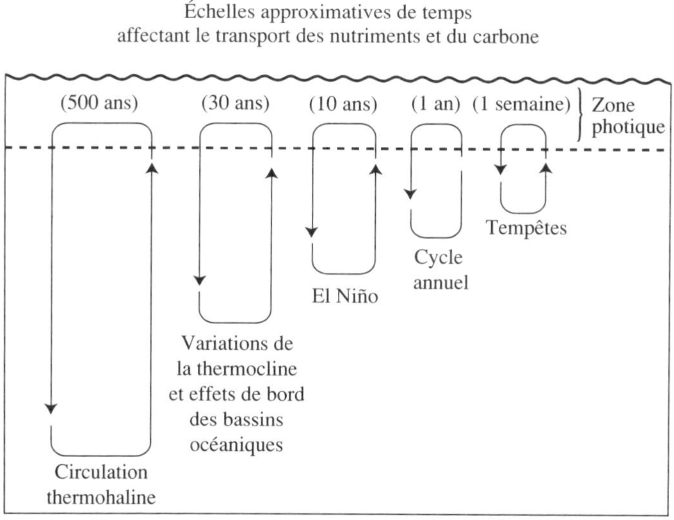


***Figure 28*** – Typologie simplifiée des courants marins convectifs. (D'après GIEC, 1995.)

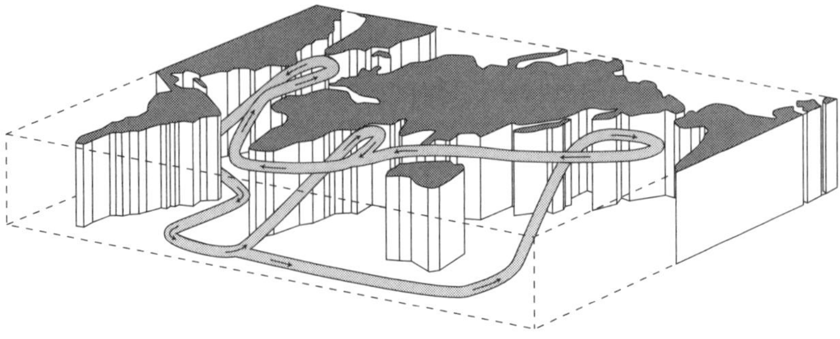

***Figure 29*** – Schéma très simplifié de l'interconnexion des courants horizontaux et convectifs profonds (thermohalins). La plongée des eaux alimentant la totalité de la circulation mondiale ne s'effectue, pour l'essentiel, que dans la mer de Norvège.

l'eau des tropiques aux pôles, est un courant froid et salé, qui circule en profondeur dans l'autre sens, puis finit par émerger de nouveau en zone chaude, « aspiré » par le courant de surface que nous avons évoqué au début de la description. Cette circulation, qui transporte 50 % de la chaleur des tropiques vers les pôles, à égalité avec l'atmosphère, est lente : le cycle complet met des centaines d'années à se dérouler.

Le changement climatique pourrait déstabiliser ce système de deux manières :

– un réchauffement prononcé des hautes latitudes pourrait diminuer la formation de glace de mer, empêchant l'apport de sel permettant la plongée des eaux ;

– un accroissement de la pluviométrie sur l'Atlantique Nord rendrait l'eau de surface moins salée, donc moins dense, avec un effet analogue d'inhibition de la formation d'eaux profondes.

De proche en proche cela déstabiliserait la circulation globale sur tout un bassin océanique, puis le climat sur une large partie d'un hémisphère. En France (et en Europe de l'Ouest), en dépit d'un réchauffement global, nous pourrions ainsi connaître passagèrement une période plus froide, ou du moins « moins chaude qu'ailleurs », si le Gulf Stream venait à s'atténuer ou à disparaître.

L'affaiblissement de la circulation océanique, outre ses effets directs sur le climat, aura un effet important sur le cycle du carbone.

Actuellement, l'océan est globalement un puits de carbone, mais le gaz carbonique qui s'y dissout subit des destins divers :

– une partie est entraînée vers les profondeurs sous forme de bicarbonate par les courants convectifs, puis réapparaît en surface, bien plus tard, et retourne alors dans l'atmosphère. La quantité de gaz dissous dans l'eau dépend notamment de la température et de la concentration atmosphérique en gaz carbonique. Actuellement, les eaux froides qui plongent sont plus riches en bicarbonate (donc en gaz absorbé) que celles qui ont plongé il y a quelques siècles, puisque la concentration atmosphérique a beaucoup augmenté (d'où l'effet de puits), mais pas encore la température. Mais, par la force des choses, ce gaz sera restitué dans quelques centaines d'années ;

– une partie est absorbée par la photosynthèse du phytoplancton. Ce dernier démarre alors la chaîne alimentaire marine, dont les gros animaux marins, mais surtout, de plus en plus, l'homme, constituent la fin ;

– une partie est utilisée par les animaux marins pour confectionner leurs coquilles (le calcaire est formé de cette façon).

La capacité de dissolution – donc de stockage – de l'océan de surface étant relativement faible, la qualité de « vaste puits » de l'océan ne tient que pour autant que ce carbone soit ensuite transféré ailleurs, et y reste. Actuellement, le seul processus aboutissant à ce résultat est celui qui entraîne, *via* des courants convectifs, des résidus d'animaux (sous forme de carbonate de calcium composant les coquilles, ou sous forme de débris « mous », en quelque sorte un compost marin) vers les profondeurs où ils sédimentent. L'affaiblissement des courants convectifs laisserait plus de débris animaux en surface, où leur décomposition peut permettre au gaz carbonique de retourner dans l'atmosphère, et n'entraînerait plus le gaz carbonique dissous vers les profondeurs d'autre part, affectant ainsi doublement le puits océanique dans son ensemble. L'étape ultime, crainte aux alentours d'un quadruplement de la concentration préindustrielle de gaz carbonique (soit environ 1 000 ppmv, ou encore un triplement à partir de maintenant) est une stratification de l'océan, c'est-à-dire que ce dernier se mettrait à ressembler à un mille-feuille, avec des couches qui ne communiqueraient plus entre elles, les conditions de plongée des eaux n'étant plus réunies. L'océan aurait alors cessé d'être un puits.

Nous n'en avons pas fini avec les courants convectifs. Non seulement ils entraînent les déchets vers les profondeurs, mais ils ramènent dans les eaux de surface baignées par la lumière (on parle de zone photique) les sels minéraux indispensables au plancton, et ils permettent la vie dans les fonds marins en y entraînant l'oxygène dissous en surface. Leur affaiblissement pourrait donc mettre en péril toute la chaîne alimentaire des milieux marins du large. C'est exactement ce qui se passe à l'échelle locale lors des manifestations du phénomène El Niño, période pendant laquelle des eaux habituellement très poissonneuses au large du Pérou deviennent désertées par la faune, à cause d'une modification du courant thermoclin local.

## SURPRISE !

Jusqu'à présent, l'hypothèse de travail qui a sous-tendu nos propos consistait en un réchauffement planétaire de quelques degrés « seulement » à l'échéance d'un siècle. Il y a quelques années (il s'agit de travaux initiés pendant les années 1980, poursuivis et confirmés pendant les années 1990), des études menées sur les carottes de glace du Groenland (encore !) ont mis en évidence des variations climatiques rapides survenues durant la dernière période glaciaire, et la dernière transition vers notre interglaciaire actuel (la dernière date d'il y a 10 000 ans). Ces variations très brusques ont été baptisées sous le nom de « surprises », et se caractérisent par une augmentation très forte (près de 10 °C) et très rapide (en quelques dizaines d'années) des températures moyennes sur une zone vaste (de l'ordre de l'hémisphère), accompagnée d'une variation aussi brusque voire plus du cycle de l'eau. Le retour à la normale a été beaucoup plus long, durant au moins quelques siècles.

Ces « surprises » furent très probablement consécutives à de gigantesques débâcles glaciaires intervenues au niveau du Groenland. Des icebergs ont été déversés dans la mer en quantité massive ; ils ont pu provenir soit d'un excès de glace accumulée sur le continent qui se serait brutalement détaché (ce qui explique que ces surprises aient pu survenir en période de glaciation), soit d'une instabilité provoquée par un réchauffement de la calotte (début de l'interglaciaire), conduisant au même résultat. Comme ces icebergs sont constitués uniquement d'eau douce, leur fonte diminue la salinité, donc la densité, de l'eau de surface aux hautes latitudes, ce qui bloque la circulation thermohaline, et ralentit la circulation océanique. Le processus débouche sur une modification importante de la répartition de l'énergie solaire à la surface de la Terre, donc un climat fortement modifié à l'échelle d'un hémisphère ou d'une large portion de celui-ci.

Une telle « surprise » n'est absolument pas à exclure dans le cadre du réchauffement en cours. En l'espèce, ce n'est pas une débâcle glaciaire qui perturberait la circulation thermohaline, mais une forte augmentation des précipitations sur l'Atlantique Nord, que la majorité des simulations considère comme probable. Il résulterait d'un tel phénomène, par nature assez imprévisible, une aggravation considérable des autres conséquences indiquées comme possibles dans cette deuxième partie.

# L'ozone et son « trou »

Oserai-je ? La couche d'ozone… n'existe pas ! En effet, notre haute atmosphère ne comporte pas de « couche d'ozone », comme il y a une « couche de neige » sur le sol, avec des frontières bien visibles, pas plus qu'il n'y aurait une « couche d'oxygène » dans la basse atmosphère. Ce terme, qui n'est qu'une commodité de représentation, désigne seulement une présence significative d'ozone dans la stratosphère. Ce gaz est néanmoins présent à toutes les altitudes, avec, il est vrai, un maximum absolu très net entre 20 et 25 km, mais aussi un petit maximum secondaire au voisinage du sol.

Si elle n'a pas de « couche d'ozone » à proprement parler, l'atmosphère présente cependant une série de vraies couches – comme des pelures d'oignon – qui sont loin d'être de pures commodités de représentation. En partant du sol, les deux premières sont :

– la troposphère, qui va jusqu'à une altitude comprise entre 8 km aux pôles et 15 km à l'équateur ;

– la stratosphère, qui démarre à la limite de la troposphère (cette limite porte le nom de tropopause) et se termine à 50 km d'altitude environ.

La séparation entre les deux n'est pas le résultat d'un choix arbitraire, mais correspond à un phénomène bien précis : l'inversion de l'évolution des températures, qui se relie précisément à la présence d'ozone. Comme le chauffage solaire et l'effet de serre contribuent essentiellement à chauffer le sol, mais moins l'air, il en résulte que l'atmosphère près du sol est surtout chauffée par le bas : dans la troposphère, la température décroît avec l'altitude. Cette évolution s'inverse, cependant, à l'entrée dans la stratosphère : la température se

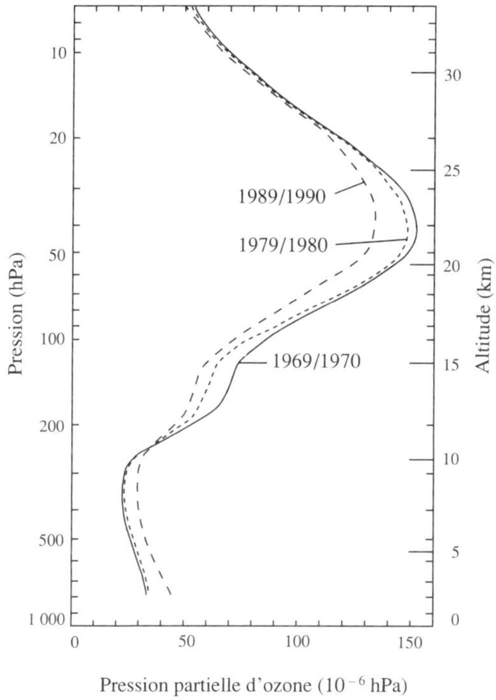


***Figure 40*** – Concentration d'ozone en micro-hectopascals (axe horizontal), en fonction de l'altitude (à droite). La pression en millibars est indiquée à gauche. On constate facilement qu'au fil du temps l'ozone diminue en altitude mais augmente près du sol. (Gérard Lambert, *L'Air de notre temps*, Seuil, 1995.)

met alors à augmenter avec l'altitude (après être descendue aux alentours de – 50 °C). Cette augmentation de température est précisément due à l'ozone stratosphérique, qui, en absorbant les ultraviolets du Soleil, réchauffe la haute atmosphère. Cette inversion des températures joue tout d'abord un rôle capital dans notre système climatique, car elle empêche les nuages de monter dans la stratosphère, et confine ainsi la vapeur d'eau dans la troposphère. La condensation de la vapeur contenue dans l'air humide qui monte libère de la chaleur latente, laquelle permet à l'air de moins se refroidir que s'il était sec, et donc de rester plus longtemps plus chaud que l'air ambiant, ce qui entretient la poussée d'Archimède. Ce phénomène cesse à la tropopause, et la stratosphère, ne recevant que très peu de vapeur d'eau de la troposphère, est un endroit très sec. L'ozone stratosphérique préserve ainsi une première fois la vie évoluée sur les continents, en empêchant les ultraviolets les plus durs de parvenir jusqu'au sol, mais en outre il la préserve une deuxième fois en limitant la portée des mouvements convectifs de l'atmosphère. Si la vapeur d'eau pouvait parvenir en quantités significatives dans la stratosphère, elle s'y dissocierait peu à peu sous l'effet des ultraviolets et la Terre finirait par s'assécher.

Cet ozone stratosphérique (de formule $O_3$) se forme à partir de l'oxygène de l'air, sous l'effet des ultraviolets (voir page 63). Mais il s'opère également dans la stratosphère, sous l'effet du même rayonnement, tout un ensemble de réactions inverses, aboutissant à une destruction de l'ozone pour reformer de l'oxygène. Ces réactions chimiques de création et de destruction, pilotées par de très nombreux composés très minoritaires de l'atmosphère, sont complexes [1], et ont pour effet de créer une concentration d'équilibre en ozone dans la stratosphère, maximale entre 20 et 25 km d'altitude. Cet ozone stratosphérique peut être détruit par le chlore atomique libéré par certains composés chlorés sous l'effet des ultraviolets. Cette chimie est également complexe, mais il ne sera pas nécessaire d'entrer dans ses détails ici : quelques faits essentiels suffiront. Il y a toujours eu une source naturelle de chlore atomique atteignant la stratosphère, *via* un gaz chloré (le chlorure de méthyle, de formule $CH_3Cl$) dégagé par les algues marines, à l'origine d'une limitation tout aussi naturelle à la formation d'ozone. Mais l'industrialisation a rajouté des sources anthropiques, notamment à travers les fameux CFC (voir page 66). Ces molécules, chimiquement inertes, donc très stables dans l'atmosphère, diffusent lentement vers la stratosphère où leurs liaisons finissent par être rompues sous l'effet des ultraviolets. Le chlore est alors libéré sous forme atomique ; dès sa libération, il réagit avec l'ozone et réduit ce gaz à de l'oxygène « normal ». Il s'agit en outre d'une réaction catalytique, c'est-à-dire qu'à l'issue de la dégradation d'une molécule d'ozone l'atome de chlore est remis en circulation et disponible pour procéder de même avec une autre molécule d'ozone. De

1. Cette chimie est exposée dans le livre de Gérard Mégie, *Ozone, l'équilibre rompu*, cité dans la bibliographie.

très petites quantités de CFC peuvent donc engendrer des dommages significatifs, ce que l'on a constaté depuis les années 1980.

Cette réaction de destruction s'opère en permanence, au rythme de l'arrivée de CFC dans la stratosphère. Mais il y a un cas de figure où ce mécanisme peut être particulièrement brutal et massif, causant alors le « trou » constaté en octobre au-dessus de l'Antarctique, lorsque survient le printemps austral. L'apparition de ce « trou » nécessite entre autres choses une très basse température dans la stratosphère polaire pendant l'hiver austral (plusieurs dizaines de degrés sous notre zéro). Pourquoi donc faut-il une température basse pour favoriser la destruction de l'ozone dans ce cas précis, alors que c'est l'inverse pour la destruction « au quotidien » de l'ozone par le chlore atomique ? C'est que le mécanisme qui aboutit au « trou » est le résultat d'un ménage à trois, et que le troisième larron ne sort que par grand froid.

Lorsque les températures deviennent très basses, le peu de vapeur d'eau que contient la stratosphère condense (en fait cristallise) et il se forme des nuages stratosphérique, composés de cristaux de glace et d'acide nitrique ou sulfurique. Les cristaux de ces nuages adsorbent les CFC, et il se produit à leur surface des réactions qui libèrent du chlore sous forme moléculaire ($Cl_2$) ou d'autres composés chlorés qui ne réagissent pas directement avec l'ozone. Le pôle Sud est par ailleurs le siège d'un phénomène météorologique particulier en hiver : l'air qui le surmonte s'organise en *vortex*, c'est-à-dire une espèce de grand tourbillon qui ne communique plus avec les masses d'air voisines. De la sorte, les gaz chlorés produits à la surface des cristaux des nuages stratosphériques s'accumulent au-dessus du pôle. Lorsque survient le printemps et donc la réapparition du Soleil, tout le chlore présent est dissocié sous forme atomique par le rayonnement ultraviolet, et attaque immédiatement l'ozone environnant, dont la quasi-totalité disparaît en quelques semaines au-dessus de certaines zones de l'Antarctique. Par diffusion de proximité, cette diminution de l'ozone stratosphérique se ressent également au-dessus des moyennes latitudes australes. Les vents intenses qui règnent dans la stratosphère homogénéisent un peu la concentration en ozone, même si ce dernier a une durée de vie relativement courte.

Qu'est-ce que notre réchauffement climatique vient faire dans cette histoire ? Précisément, il n'est réchauffement que dans la troposphère.

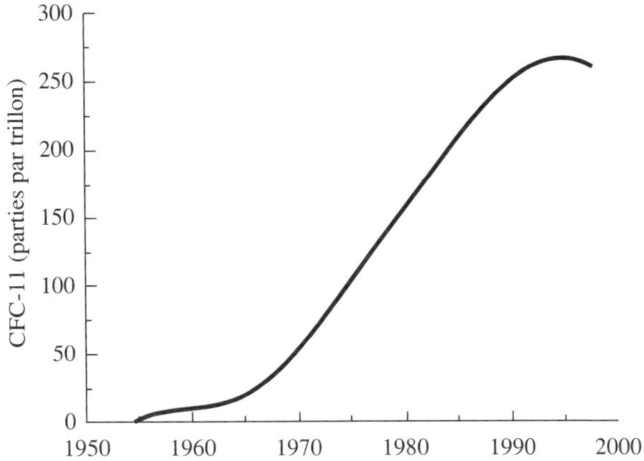


***Figure 41*** – Concentration troposphérique en CFC-11 ($CFCl_3$), deuxième CFC par ordre d'abondance dans la troposphère (durée de vie 45 ans). La concentration en CFC-12 (premier par ordre d'importance) suit une courbe de forme à peu près identique. (GIEC, 2001.)

Dans la stratosphère, le changement climatique devrait se matérialiser par un refroidissement. C'est aussi une conclusion sur laquelle toutes les simulations convergent. Continuons l'enchaînement : le « réchauffement » climatique refroidit la stratosphère, qui va donc peut-être avoir tendance à atteindre plus tôt dans l'hiver austral (et sur une zone plus étendue) des températures très basses. Cela pourrait allonger la période pendant laquelle l'apparition des nuages stratosphériques, aura lieu, et donc intensifier la production de chlore moléculaire durant l'hiver austral, donc la destruction de l'ozone au printemps de l'hémisphère Sud. En revanche ce refroidissement de la stratosphère ralentira la destruction « ordinaire » qui survient tout au long de l'année, à toutes les latitudes.

Mais puisqu'il est désormais interdit d'émettre des CFC, aux termes du protocole de Montréal (1987), y a-t-il encore un excès de chlore dans la stratosphère ? Hélas oui (voir fig. ci-dessus), pour plusieurs raisons :

– les CFC ont une durée de vie très longue dans l'atmosphère, qui se compte parfois en centaines d'années ;

– une partie de ces gaz n'est libérée dans l'atmosphère que bien longtemps après qu'ils ont été produits (voir page 67) ;

– quelques pays « en voie de développement » ont conservé le droit d'en produire, car les produits de substitution coûtent plus cher ;

– enfin il s'écoule un long délai entre le maximum de concentration dans la troposphère et celui dans la stratosphère, car la diffusion de ces gaz vers les altitudes élevées prend du temps (ce sont des molécules lourdes).

La concentration actuelle de CFC est donc encore proche du maximum jamais atteint dans la troposphère, et elle continue à croître dans la stratosphère. Les conditions réunies laissent donc craindre une aggravation de la destruction de l'ozone stratosphérique austral. Surtout, divers indices laissent penser qu'un phénomène identique pourrait s'amorcer au-dessus du pôle Nord, où les températures d'altitude commencent à descendre suffisamment bas l'hiver pour permettre l'apparition de nuages stratosphériques polaires (la température descend naturellement plus bas au-dessus du pôle Sud (- 80 °C contre - 50 °C au pôle Nord, en gros) car la Terre est plus éloignée du Soleil pendant l'hiver austral et la calotte Antarctique réfléchit une plus grande part du rayonnement solaire pendant l'été austral, empêchant la température de remonter rapidement. Un « trou » important au-dessus du pôle Nord engendrerait une diminution significative de l'ozone au-dessus des moyennes latitudes septentrionales, qui sont autrement plus peuplées que celles de l'hémisphère Sud (entre 40 et 60 degrés Sud il y a peu de terres émergées : sud de l'Argentine et du Chili, Nouvelle-Zélande).

La diminution de l'ozone stratosphérique induit enfin une rétroaction sur le climat : moins d'ultraviolets étant interceptés dans la haute atmosphère, un peu plus d'énergie solaire parvient jusqu'au sol, contribuant à chauffer un peu plus ce dernier, ce qui accélère le réchauffement des basses couches de l'atmosphère.

# Moins facile à apprécier, mais pas nécessairement plus rassurant

## TOUS MALADES ?

Il pourrait sembler curieux, après tout ce que nous venons de dire, de tenter d'individualiser un impact du changement climatique sur la santé humaine, dans la mesure où toute conséquence négative sur notre environnement a directement ou indirectement des conséquences de ce point de vue. Ne serait-ce que par le stress généré par l'angoisse de l'avenir (angoisse que l'on peut directement convertir en tabagie, alcoolémie, suicides et autres facteurs de mortalité), les pressions sur l'environnement ont déjà un impact indirect sur la santé humaine, mais bien hardi serait celui qui se risquerait à le quantifier. Nous ne traiterons donc que deux aspects relativement bien documentés : l'effet direct d'une élévation des températures sur la mortalité humaine, et quelques considérations sur la prolifération des micro-organismes pathogènes en cas d'élévation des températures.

Une élévation de quelques degrés des températures aurait pour principal effet direct de modifier la répartition saisonnière de la mortalité aux moyennes latitudes et l'impact global de la mortalité aux tropiques. Actuellement, dans les zones tempérées, on meurt plutôt en hiver, avec un maximum secondaire l'été, particulièrement prononcé durant les périodes caniculaires. Un réchauffement global augmenterait la part estivale des décès et induirait probablement une légère augmentation de la mortalité totale.

Ensuite, les micro-organismes, pathogènes ou non, se plaisent généralement où il fait chaud et humide, et prospèrent et se diversifient dans de telles conditions. Les conséquences de l'effet de serre anthropique allant dans le sens d'une élévation globale des températures et de l'hygrométrie, la question se pose naturellement de savoir si cela ne va pas renforcer les conditions favorables à la propagation de maladies, nouvelles ou non. Des études visant à confirmer ou infirmer une relation entre fréquence de mutation et température ont tout juste démarré. Il sera toutefois strictement impossible, bien entendu, d'imputer *a posteriori* à un changement climatique l'apparition d'une nouvelle souche pathogène. La consommation de pétrole porte une faible part de responsabilité dans les grandes épidémies de peste qui ont décimé les populations au Moyen Âge !

En outre, pas plus qu'ailleurs, on ne peut faire ici abstraction du contexte. Les progrès de la médecine, l'efficacité des dispositifs de réaction en cas d'épidémie, ou inversement l'évolution des nuisances que nous nous infligeons parfaitement volontairement (tabac, alcool, manque d'exercice physique, affaiblissement de l'organisme par des pollutions de fond, etc.) sont des éléments importants pour apprécier les conséquences possibles d'un changement climatique limité. Il est en revanche assez probable que si la température devait augmenter de 15 ou 20 °C à terme, le problème se poserait de manière fort différente ! Certaines évolutions de nos modes de vie peuvent aussi être des facteurs de risque. Le regroupement massif des hommes dans les villes, où cela va plus vite de les contaminer en série, est clairement à ranger dans cette catégorie ; le développement rapide du transport aérien, qui favorise les déplacements quasi instantanés d'un continent à l'autre d'éventuels micro-organismes pathogènes, nous rend aussi plus vulnérables, même si aucun de ces deux facteurs n'a pour l'heure contrecarré une considérable augmentation de l'espérance de vie sur le globe.

Si la relation entre virulence et fréquence des pathologies virales ou microbiennes est encore un objet de spéculations, il est par contre clairement établi qu'une augmentation de la température aura un effet indirect significatif, en accroissant l'étendue des zones endémiques pour les maladies à vecteurs. On désigne ainsi une maladie dans laquelle l'agent pathogène (une bactérie, un virus, un champignon, un parasite…) est véhiculé par un animal (généralement un insecte) appelé vecteur. La maladie de ce type la plus répandue dans le monde est le paludisme, qui tue déjà quelques millions de personnes par an.

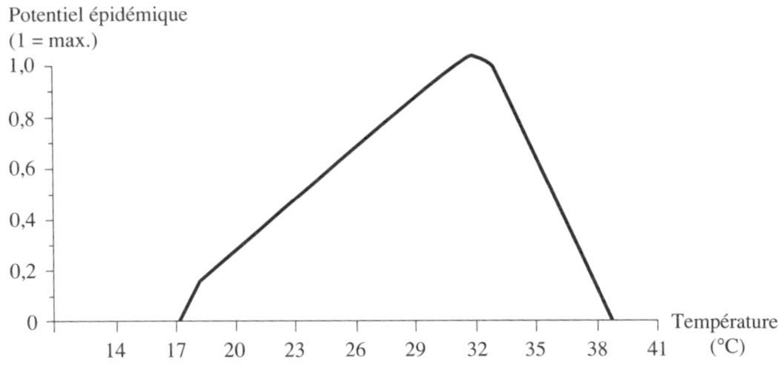


***Figure 42*** – Potentiel épidémique du paludisme en fonction de la température.
(Jean-Pierre Besancenot, *La Jaune et la Rouge*, 2000.)

Cette affection présente un « potentiel épidémique » qui commence par croître avec la température.

Un temps globalement plus chaud à la surface du globe signifie probablement que le nombre de zones éligibles et la virulence du parasite dans les zones contaminées augmenteront. Toutefois, ici aussi, il ne faut pas oublier que le paludisme, également appelé malaria, était un fléau courant en France (en Corse, dans les Charentes…) avant que les marécages ne soient assainis, et donc que la prévalence de cette maladie ne dépend pas que des conditions climatiques. Toutefois, un certain nombre de pays avec un niveau de protection inférieur au nôtre (Brésil, Turquie, Yémen, Russie…) pourraient être menacés par une telle évolution. Et surtout, le paludisme est loin d'être la seule maladie à vecteur. La fièvre jaune, la dengue, la fièvre de la vallée du Rift, et d'autres encore pourraient apparaître aux moyennes latitudes de manière endémique, véhiculées par des moustiques aux niches écologiques différentes (il n'y a pas qu'une seule espèce de moustique !), qui deviendraient adaptés aux nouvelles conditions climatiques. Certaines de ces maladies pourraient causer des dommages plus significatifs que le paludisme chez les Européens.

Les animaux ne sont hélas pas oubliés : de nombreux fléaux endémiques des zones tropicales ou méditerranéennes sont véhiculés par des insectes (lucilie bouchère, mouche tsé-tsé, diptères divers porteurs du virus de la maladie de la langue bleue, etc.) et certains pourraient aussi gagner les moyennes latitudes – ou s'y répandre plus qu'aujourd'hui – à la faveur d'un réchauffement.

## VERS LA TROISIÈME GUERRE MONDIALE ?

Toutes les conséquences possibles que nous venons de passer en revue ne sembleront peut-être pas très réjouissantes, bien évidemment. Pourtant, elles ne seraient pas nécessairement dramatiques pour notre espèce sur une planète peuplée de 5 millions d'hommes, comme c'était le cas au début du Néolithique, ou même de 250 millions, comme c'était le cas au temps d'Astérix. Mais nous sommes désormais 6 milliards, en voie de passer à 8 ou 10 dans un demi-siècle, sauf catastrophe entre-temps, bien entendu. Il n'est désormais plus possible de plier bagage pour aller s'installer un peu plus loin en cas de conditions locales devenant inhospitalières : ce faisant, on dérange forcément quelqu'un.

En outre, un tel déménagement se ferait nécessairement avec de lourdes pertes : notre ancêtre chasseur-cueilleur pouvait migrer sans trop de regrets ; il n'abandonnait derrière lui ni maisons, ni aménagements divers. Quand bien même nous le souhaiterions, il nous serait strictement impossible, aujourd'hui, de reconstituer « ailleurs » l'équivalent de notre environnement moderne en un laps de temps relativement bref. En outre, les modifications climatiques de grande ampleur se feront peut-être sentir à une époque où l'énergie commerciale sera devenue rare (voir page 212), dressant une difficulté supplémentaire devant nous pour reconstruire rapidement « ailleurs » logements, infrastructures de communication et plus généralement tout ce qui fait notre quotidien.

Susceptible de déplacer les zones favorables et de modifier à relativement brève échéance les conditions de vie locale des peuples, le changement climatique créera nécessairement des tensions, et provoquera ou achèvera vraisemblablement des déstabilisations en divers endroits du globe. Comment, dans le cadre qui nous concerne ici, peut-on alors exclure l'éventualité de conflits ? Comment réagiront l'un à l'égard de l'autre des pays autrefois logés à la même enseigne qui viendraient à connaître des évolutions fortement divergentes de leur environnement ? Comment réagiront des pays militairement puissants s'ils estiment que les souffrances qu'ils endurent du fait du changement climatique sont excessives, et qu'ils décident que la responsabilité en incombe clairement à d'autres ? Comment

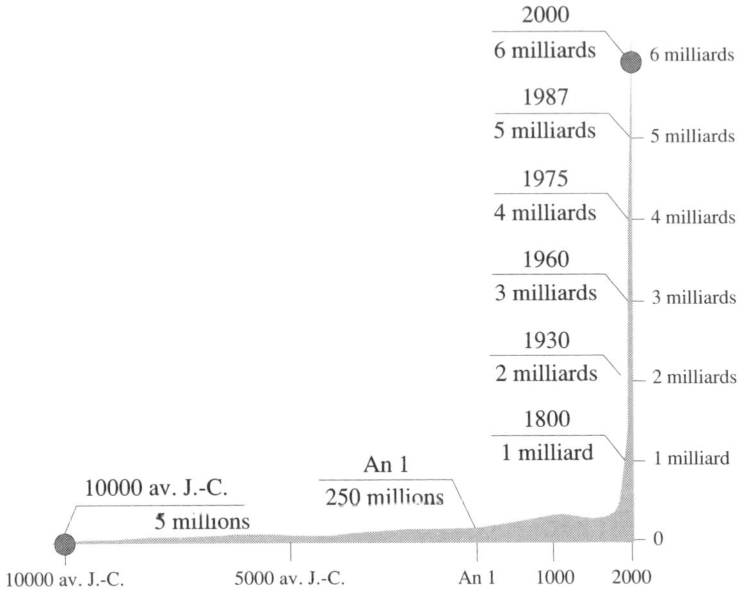


***Figure 43*** – Évolution démographique sur les 10 000 dernières années. L'explosion récente est tout à fait spectaculaire, et coïncide plus ou moins avec le début de l'utilisation intensive de l'énergie fossile. L'évolution ci-dessus n'étant manifestement pas stabilisée (!), nous ne pouvons encore savoir si la Terre pourra s'accommoder de quelques milliards d'habitants à sa surface pendant une durée qui ne soit pas ridicule au regard des âges historiques. Rendez-vous dans 5 000 ou 10 000 ans pour un début de diagnostic !

exclure que de plus en plus de pays ne se mettent à vivre en permanence sur le pied de guerre, avec à la clé l'apparition d'États policiers ou de dictatures diverses, y compris des pays développés, ce qui ne serait pas très amusant pour leurs habitants ? Comment exclure que ce phénomène ne réveille la folie qui se cache au fond de bon nombre d'entre nous, dont l'histoire nous enseigne qu'elle se manifeste hélas de temps à autre ? Que se passera-t-il si quelques centaines de millions d'individus entament une migration massive, si la Chine ou l'Inde deviennent un désert aride et la Sibérie un vert paradis, ou si l'Europe voit sa production agricole divisée par 3 alors que les États-Unis prospèrent ? Peut-on imaginer que l'on continuera à se donner des tapes dans le dos en s'appelant « cher ami » ?

Mon propos n'est bien évidemment pas de jouer à « fais-moi peur » de manière gratuite : après le *bug* de l'an 2000, la fin du monde liée à l'effet de serre, nouvelle chimère millénariste ! Mais, ici peut-être encore plus qu'ailleurs, l'opposé du catastrophisme ne peut être un optimisme béat et une confiance aveugle en l'avenir que rien ne justifie. Depuis le Néolithique au moins, c'est-à-dire depuis plusieurs milliers d'années, les hommes se sont fait la guerre pour tenter de s'approprier par la force les ressources du voisin dont ils ne pouvaient pas ou plus disposer sur place. Le fait que le monde développé n'ait plus connu de conflits majeurs depuis 55 ans n'est en rien une assurance tous risques pour l'avenir : la nature de l'homme n'a pas si profondément changé en un tel laps de temps. Simplement, personne n'a manqué de rien depuis cette époque, en particulier grâce à l'abondance de l'énergie. L'enchevêtrement des économies, parfois présenté comme une garantie (les États-Unis ne feront pas la guerre à l'Europe, y ayant trop d'intérêts par le biais des multinationales), en est très certainement une tant que l'homme garde raison. Mais l'histoire nous a hélas déjà montré que, lorsque les circonstances se dégradent suffisamment, la raison, contrairement à l'énergie, ne se conserve pas toujours…

## COMBIEN DE TEMPS AVANT LES ÉVENTUELS ENNUIS ?

Du fait que la perturbation à l'origine du changement climatique, à savoir une concentration atmosphérique en gaz carbonique qui est passée brutalement au-dessus de 280 ppmv, n'a pas eu lieu dans le passé observable, nous n'avons pas de visibilité chronologique précise. La modélisation nous est d'une aide précieuse pour fournir des tendances, mais, par la force des choses, elle ne peut préciser finement les échéances. Notre seule certitude – mais elle est forte – porte sur le résultat à terme : laisser l'évolution actuelle se poursuivre nous amènera de gros ennuis. Mais savoir si les *premières* manifestations très ennuyeuses (en outre, où se situe la limite entre une conséquence bénigne et une conséquence plus grave ?) surviendront dans 5, 10, 50 ou 100 ans n'est pas à notre portée. Comme nous l'avons vu, le monde qui nous entoure est rempli de phénomènes à effet de seuil, que nous ne connaissons qu'imparfaitement, quand nous en connaissons l'existence. Certaines des éventualités mentionnées ci-dessus peuvent arriver « demain matin ». Par exemple, les ouragans de l'hiver 1999 étaient imprévisibles en automne 1999 : comment pourrions-nous prévoir aujourd'hui que nous serons traversés le 8 décembre 2005 – ou pire le 15 octobre 2005, au moment où les feuillus n'ont pas perdu leurs feuilles – par un ouragan avec des vents à 300 km/h ? Comment pourrions-nous prévoir aujourd'hui qu'en novembre 2008 nous connaîtrons une épidémie foudroyante résultant d'une nouvelle maladie transmise par un nouveau vecteur ? Comment pourrions-nous être sûrs que rien de très gênant ne surviendra avant 2057 ? Il y a là une difficulté évidente pour cadrer l'action. Quel plan bâtir dans de telles conditions ? En outre, compte tenu de ce que cela pourrait signifier de se passer de pétrole, de charbon et de gaz à l'avenir, la tentation est forte de se rallier à la devise de saint Thomas : voir avant que de croire. Pour autant, attendre pour agir qu'une évolution de grande ampleur devienne visible de manière incontestable est avoir déjà perdu. Au moment où il pourra se constater, par la mesure physique, que le phénomène est explicite, nous serons alors très avancés – et de manière irréversible pour quelques siècles au moins, à cause de la durée de résidence du gaz carbonique dans l'atmosphère – dans un phénomène dont les conséquences, imprévisibles, iront alors en s'amplifiant.

Même si la décision d'une action n'est pas facile, ne rien faire maintenant, en attendant de nouvelles avancées de la science, ou un improbable miracle, est d'ores et déjà prendre le pari qu'aucune catastrophe majeure ne surviendra à l'avenir. C'est à l'évidence un pari terrible, dont les gagnants ou perdants ne sont pas nécessairement nous-mêmes, mais nos propres enfants ou petits-enfants, qui actuellement n'ont pas voix au chapitre, et ne pourront qu'assister impuissants, si un bouleversement gravissime survient, aux conséquences de nos actes actuels.

# Combien ça coûte ?

Nous avons pris l'habitude de parler argent tous les jours, ne serait-ce que pour acheter du pain. Aussi est-il devenu usuel que, afin de se doter d'un critère d'arbitrage universel, nous tentions de convertir en termes monétaires tout processus du monde qui nous entoure. Appliquée au changement climatique, une telle approche conduit naturellement aux questions suivantes :

– peut-on affecter aux conséquences négatives d'un changement climatique un montant financier particulier ?

– est-il possible de chiffrer ce que coûteraient les mesures préventives appropriées ?

Pour tenter de répondre à ces questions, essentielles, il va nous falloir parler argent, c'est-à-dire évoquer des coûts et des prix. Mais sait-on seulement ce qui se cache derrière ces notions ? Pourquoi une machine à laver vaut-elle 500 euros, par exemple ? Parce que, vous dira le vendeur, l'acier utilisé a coûté tant, puis il a fallu dépenser tant pour le plastique, tant pour le salaire de l'ouvrier, tant pour ses charges, tant pour le transport de la machine jusqu'au magasin, etc. Toutefois, cela ne nous dit pas *pourquoi* la machine à laver vaut 500 euros, mais *comment* le prix de cette machine a été construit à partir… d'autres prix. Toute tentative pour remonter la chaîne, consistant par exemple à comprendre pourquoi l'acier doit se payer tant ou l'ouvrier tant, butera à chaque fois sur la même difficulté : il sera possible de comprendre *comment*, mais pas *pourquoi*, c'est-à-dire qu'un prix ne pourra jamais être directement relié au monde réel sur la seule base de règles qui ne dépendraient pas de nous.

Par exemple, la rémunération de l'ouvrier fait partie de ce qui compose un prix parce que la règle actuelle est que tout travail mérite salaire. En période d'esclavage (ou dans un goulag), le travail ne coûte que la maigre pitance et le bat-flanc éventuels de l'esclave : sa sueur n'est alors pas une composante significative du prix, ce qui a permis de faire, en un certain nombre d'endroits du globe, des lignes de chemin de fer à des « prix abordables », ou explique pour partie « l'essor économique » des États méridionaux des États-Unis[1].

Dans le même ordre d'idées, la convention communément admise en temps de paix consiste à payer à son voisin toute matière ou tout produit qu'il vous remet, mais en temps de guerre cette convention change : les pays conquis ou envahis remettent gracieusement au conquérant des denrées autrefois payantes. Certains pays ont ainsi pu développer une « économie florissante » suite à une invasion ou une annexion par la force leur donnant gratuitement accès à des ressources auparavant payantes ; les États coloniaux ont également assis une partie de leur puissance économique sur un mécanisme voisin.

Malgré l'utilisation du terme « loi », l'économie, c'est-à-dire le système représentant nos échanges et leur valeur monétaire, n'est pas l'égale de la physique ou de la chimie, gouvernées par des règles que nous avons découvertes mais non décidées : avec ou sans hommes, la loi de l'attraction universelle ou la valence de l'atome de carbone restent les mêmes. Par contre, ni un marché financier, ni une règle économique n'ont d'existence hors de notre présence : ils sont nés et disparaîtront avec nous. Notre activité se compose ainsi d'actes physiques, bien réels, et de leur traduction économique, qui est purement conventionnelle et peut changer selon nos objectifs du moment. Ces conventions sont certes indispensables pour arbitrer tous nos échanges quotidiens, limités dans le temps et dans l'espace, mais je vais essayer de montrer qu'elles ne sont pas suffisantes pour arbitrer entre des options radicalement opposées qui engagent le long terme. Il me semble tout d'abord utile de préciser les principales dispositions actuellement en vigueur dans les pays occidentaux, qui contribuent de manière fondamentale à la construction des prix, et qui exercent donc une influence déterminante dans la manière dont les arbitrages sont rendus quand ils sont basés sur des critères économiques.

1. Ceci n'est bien entendu pas une apologie de l'esclavage !

La première de ces conventions est la suivante : l'économie ne prend en compte que ce qui s'échange par la main de l'homme. N'est pas dans le champ de l'économie ce qui ne fait l'objet d'aucun échange de notre fait et n'a donc pas de prix. L'air que nous respirons, la pluie, le soleil, le vent, tout cela nous est donné sans que l'homme n'intervienne, et ces biens, au sens premier de cette expression, n'ont donc pas de prix. Dès à présent, on peut comprendre que cela rendra toute tentative de monétarisation des conséquences d'un dérèglement climatique un peu hasardeuse : cela revient à décider d'attribuer un prix à des choses qui ne peuvent se vendre ou s'acheter.

La deuxième convention d'importance que nous avons prise, dans la majorité des pays du monde, après une brève tentative de procéder autrement dans les pays de l'Est, est couramment désignée sous le terme d'« économie de marché ». Le prix d'un même bien, fabriqué de la même manière, par les mêmes individus, peut varier en fonction de l'offre et de la demande. De ce fait, un prix ne reflète pas seulement la valeur intrinsèque de production d'un bien, mais aussi le nombre de gens qui souhaitent en disposer et l'offre du moment.

La troisième convention importante stipule que la théorie économique ne connaît que des phénomènes parfaitement réversibles. Si j'échange mon argent contre du pain, puis revends mon pain contre la même somme d'argent, dans le monde économique je suis revenu à l'état initial. Il n'en va pas ainsi dans le monde réel : dans l'intervalle, j'ai perdu ne serait-ce que du temps, outre l'énergie utilisée pour se déplacer vers le lieu de vente et le lieu d'achat, etc. Ce principe de réversibilité des échanges pourrait à lui seul justifier que l'économie est une approximation limitée du monde réel, à manier avec la plus grande prudence : l'économie repose entièrement sur la violation de la deuxième loi de la thermodynamique ! (encore appelée « loi de l'entropie croissante », elle indique que les processus naturels sont fondamentalement irréversibles).

Enfin la dernière convention importante stipule que de disposer d'un bien dans le futur vaut moins cher que d'en disposer tout de suite. Si vous voulez convertir 10 000 euros dont vous disposerez dans un an, en argent dont vous pouvez disposer tout de suite (ce qui s'appelle une avance de trésorerie), on ne vous remettra alors que de 8 500 à 9 500 euros, selon la qualité des relations que vous entretenez avec votre banquier, et le contexte du moment. C'est sur ce principe que sont basés les taux d'intérêt et les taux d'actualisation, qui ont une importance capitale dans les échanges et les arbitrages faisant intervenir le futur. Supposons par exemple un bien dont le prix de production est constant (hors inflation), et un loyer de l'argent – c'est-à-dire un taux d'intérêt – de 5 % par an. Pour chaque année de délai qui s'écoule entre l'instant présent et le moment où le bien sera disponible, le coût aujourd'hui de ce bien dans le futur est diminué de 5 %. Le fait de disposer de ce bien dans 10 ans vaut alors deux fois moins cher que d'en disposer aujourd'hui, et le fait d'en disposer dans un siècle vaut 0,6 % de ce que cela coûte d'en disposer aujourd'hui.

Prenons un exemple concret : admettons que mettre aujourd'hui un mètre cube d'eau potable à disposition d'un consommateur revienne à 2 euros. En supposant que ce prix reste constant au cours des années, avec un taux d'actualisation de 5 %, la valeur aujourd'hui d'un mètre cube d'eau dans 100 ans vaut 1,2 centime d'euro. Supposons qu'un ingénieur ait à réfléchir à l'opportunité de créer un aqueduc, ou à celle de créer un canal d'irrigation. Avec un coût de production constant (les exemples sont donnés hors inflation), et un taux d'actualisation de 5 %, le seul critère monétaire ne permet pas de prendre en compte la disponibilité de l'eau dans 100 ans. Peut-être déciderons-nous d'introduire des corrections pour que le prix de l'eau, à l'avenir, monte, afin de refléter une offre qui diminue, une demande grandissante, ou des coûts intrinsèques de production qui augmentent. Quel est alors le bon niveau de hausse qui reflète une bonne anticipation des trois paramètres (disponibilité, demande, coûts de production) ? Comme personne n'en sait trop rien, et que de toute façon aucun décideur ne se sent généralement concerné par ce qui se passera dans 100 ans, même pour des infrastructures qui ont une durée de vie de cet ordre (comme par exemple les canalisations, les routes, les voies de chemin de fer, bref quantité de choses), les anticipations seront faites soit en fixant une hausse généralement inférieure au taux d'actualisation (ce qui revient à baisser ce dernier avec un coût de production constant), soit en ne fixant pas de hausse du tout.

La réticence à fixer un prix qui augmente plus vite que le taux d'actualisation sera illustrée par ce qui suit. Supposons que notre ingénieur décide de mettre sur un pied d'égalité, dans son calcul, l'eau aujourd'hui et l'eau dans un siècle, ce qui revient à dire que le prix du mètre cube dans un siècle soit aujourd'hui pris en compte à hauteur de 2 euros également. Alors, toujours avec un loyer de l'argent à 5 %, il faut que le prix de production du mètre cube soit de 338 euros (constants) en 2100, soit, pour parler aux vieux crabes de ma génération, environ 2 500 F. Comme un tel prix ne rentre dans le schéma intellectuel de personne (comment ? Un mètre cube d'eau vaudrait 2 500 F ?) alors les hausses de prix choisies seront inférieures aux taux d'actualisation, ce qui revient à accepter dès le départ que le mètre cube d'eau à très long terme ne vaille rien. Le recours à des taux d'actualisation conduit donc, dans la pratique, à gommer le futur lointain dans les arbitrages basés sur les prix. Ce mode de calcul n'est absolument pas adapté pour tenter d'y voir clair sur de longues périodes ou en cas de discontinuité de notre monde réel, comme le changement climatique est susceptible d'en produire[1].

Revenons maintenant à la première question : combien, au maximum, est-ce que les conséquences du réchauffement peuvent nous coûter ? Eh bien, cela dépend… des conventions : cela coûte *au plus* ce que coûte un dommage gravissime qui rendrait la vie de quelques milliards d'individus sur Terre très pénible dans quelques siècles ou décennies, voire impossible pour une large part d'entre eux. Cette éventualité, que personne ne peut aujourd'hui formellement exclure, peut tout à fait être considérée comme ayant un coût infini : il est impossible de lui attribuer de borne supérieure (incidemment, cela signifie aussi que ce coût actualisé est infini). Puisqu'il est rigoureusement impossible de mettre une valeur impossible à dépasser au coût (actualisé) de l'impact du changement climatique (ce qui n'est pas le cas pour d'autres problèmes de long terme, comme les retraites par exemple), il faut alors aller jusqu'au bout du raisonnement : limiter sérieusement la perturbation climatique pourrait très bien être un objectif incontournable et affecté du plus haut degré de priorité de toute vision « économique » du futur.

Venons-en à la deuxième question, la seule qui ait finalement une portée pratique, puisque la quantification des gains n'est pas possible : savoir « combien cela coûte de diminuer les émissions de gaz à effet de serre ». Nous parlons alors d'un coût d'évitement, dési-

1. De nombreux économistes ont disserté voici bien longtemps sur les travers de l'actualisation, voir notamment les écrits de Marcel Boiteux.

gnant la quantité d'argent qu'il faut consacrer à certaines actions pour diminuer les émissions de gaz à effet de serre. C'est ce seul aspect des choses qui fait l'objet de développements dans les rapports du GIEC, lequel se hasarde à quelques prudentes estimations, essentiellement pour dire que, ici aussi, tout dépend des conventions. En outre, il faut rappeler qu'aucun exercice de prospective économique n'intègre l'éventualité d'une discontinuité (cela fait partie des règles habituelles) dont pourtant la probabilité ne peut être considérée comme nulle : un conflit généralisé ou tout autre trouble majeur de cette nature ; la disparition brutale et imprévue d'une ressource... Cela ne signifie pas que l'exercice effectué soit sans intérêt, mais il n'a pas de valeur autre qu'indicative (la prudence avec laquelle il faut prendre les conclusions du GIEC est abondamment rappelée dans la partie économique des rapports d'évaluation). Les coûts d'évitement n'ont en outre pas d'intérêt de manière isolée. Il faut mettre les gains potentiels en regard, lesquels n'ont pas de borne supérieure en termes strictement monétaires, comme nous venons de le voir. Diminuer les émissions n'a donc pas de coût pour la société au sens où cette dernière y perdrait quelque chose en termes monétaires (mais cela dépend des conventions !) : la seule conclusion à tirer de l'exposé des mesures est que cela supposerait de faire passer un certain flux financier à un ou plusieurs endroit(s) identifiés. C'est un exercice fort utile à ce titre, mais qui relève plus de la tactique (comment faire si nous décidons de faire) que de la stratégie (faut-il faire ?).

Lutter contre le changement climatique serait mauvais pour l'économie, entend-on pourtant dire assez souvent. Les mesures d'adaptation auraient un coût inacceptable. Ce coût serait inacceptable pour qui et pour quoi ? Quelle est « l'économie » qui serait pénalisée ? Si nous prenons l'économie comme système, cette assertion n'a aucun sens : en quoi les dépenses découlant d'un souhait de diminution des émissions de gaz à effet de serre seraient plus constitutives d'un éventuel « coût inacceptable » pour l'économie comme système que les dépenses de logement ou celles de l'alimentation ? Si c'est le pourcentage de diminution collective des richesses matérielles qui est en cause, cela n'a de sens que pour des conventions données : il suffit de comptabiliser le maintien d'un climat propice à un coût conventionnel adapté pour que le bilan d'ensemble soit positif ! Qu'une diminution de nos possessions matérielles ait lieu en pareil cas est par contre certain (voir page 249). Mais il s'agit alors là du monde physique.

L'« économie » est un mot qui comporte une deuxième signification, qui est même son acception la plus courante : ce terme désigne aussi les acteurs responsables des activités productives de l'homme. Les entreprises qui produisent des biens et services, la production d'acier ou celle de logiciels, les chaînes d'hypermarchés ou les agriculteurs font partie de cette « économie »-là. La résistance au changement au nom cette « économie » se met alors à avoir un sens : il existe en effet des entités bien désignées, ayant des activités productives précises, qui pâtiraient certainement des mesures d'adaptation. Un changement de règles du jeu sans perdants est une vue de l'esprit, et le choix n'est pas entre « pas de perdants » et « des perdants » : le choix consiste à désigner au mieux les perdants de telle sorte que le bénéfice collectif soit maximal. Ces perdants sont tout d'abord vous et moi, car nous avons tous une dimension économique : nous sommes tous des consommateurs. Consommer moins de biens matériels, composante indispensable de toute action d'envergure contre le changement climatique, est une perspective qui ne sourit pas à tout le monde. Mais l'impression de résistance au changement vient aussi d'une différence structurelle de visibilité entre perdants et gagnants potentiels. Les premiers sont, au moins pour partie, faciles à identifier : il s'agit des dirigeants et actionnaires des industries ou prestataires de services gros émetteurs de gaz à effet de serre, ou dont les produits nous conduisent à émettre de grandes quantités de gaz à effet de serre (et donc de nous-mêmes à chaque fois que nous rentrons dans un supermarché, montons le thermostat ou souhaitons prendre le volant). Par contre les gagnants sont hypothétiques, puisque nous ne savons pas chiffrer de manière monétaire la conséquence de notre prudence, futurs pour partie (une fraction des gagnants n'existe aujourd'hui qu'à l'état de nourrissons, voire d'ovocytes : leur demander leur avis n'est pas chose aisée !), et enfin les activités qui deviendraient dominantes en cas de renchérissement de l'énergie n'existent pas encore, et donc leurs dirigeants et actionnaires pas plus. Comme les perdants d'un changement des règles du jeu sont plus visibles et cernent mieux la contrepartie monétaire du changement, il est parfaitement normal que ce soit surtout cette catégorie qui se fasse entendre. Il ne faudrait pas en déduire qu'une réorientation de la société vers une sobriété incontournable pour supprimer la perturbation climatique ne fera que des perdants parmi les acteurs de l'économie. Simplement les gains et les gagnants ne seront bien connus qu'après coup.

En conclusion, parler d'une pénalisation pour des entités précises a un sens, et encore resterait-il à savoir qui exactement y est pénalisé (les actionnaires ? les salariés du bas de l'échelle ? les dirigeants ?) mais parler d'une pénalisation pour le système n'en a aucun. Penser que la marche du monde doit s'adapter à une « économie » à laquelle nous ne pourrions pas toucher est un raisonnement parfaitement contestable, car cela revient à faire primer la convention sur le monde réel. Les choix ultimes sont matériels (combien d'espace habitable ou de nourriture par personne ?), sentimentaux (quelle priorité à la sauvegarde d'un paysage ?), éthiques (qui de nos enfants ou de nous-mêmes est prioritaire ?), sociaux (tout le monde doit-il avoir la même chose ?), c'est-à-dire politiques, mais pas économiques, puisque l'économie ne fait qu'appliquer la traduction des choix précédents. Les conventions économiques sont certes des hypothèses pour les individus, pour qui elles cadrent l'action, mais aussi – et surtout – des conclusions pour la collectivité, en fonction de la manière dont le monde se présente aujourd'hui, et de la manière dont nous souhaiterions qu'il se présente demain. Du reste, l'organisation sociale et matérielle de l'humanité a existé bien avant son organisation économique !

Après avoir tonné contre, tentons de faire une contre-proposition. Sur le fond, qu'est-ce qui nous empêcherait de mettre la maîtrise des émissions de gaz à effet de serre en particulier, et la préservation d'un environnement confortable en général, en première priorité dans la liste des ingrédients dont nous tenons compte pour bâtir les prix ? Ne pourrait-on soutenir que la lutte contre le changement climatique, ou destinée à se prémunir contre toute autre dérive inquiétante, serait un projet qualitatif qui en vaudrait bien d'autres pour canaliser notre activité productive ? En quoi cela serait-il « mauvais pour l'économie » que, au lieu d'acheter une voiture à 15 000 €, nous achetions un système de chauffage solaire pour le même prix ? Serait-il « mauvais pour l'économie » de déplacer, en quelques décennies, l'emploi d'une filière industrielle (l'automobile) à une autre (le chauffage solaire) ?

Depuis que l'homme a vaincu la faim (il n'y a plus aucune famine sur Terre qui ne soit la conséquence d'une guerre ou d'une oppression politique), la maladie (quel que soit le pays l'espérance de vie est aujourd'hui exceptionnellement inférieure à 50 ans, qui était celle d'un Français de 1900 et deux fois celle d'un Français d'il y a quelques siècles), le froid, et les prédateurs, nous n'avons plus d'objectif tout désigné par une contrainte forte, et une large fraction de notre activité moderne est finalement une manière que nous avons choisie de « passer le temps » : fabriquer des téléphones mobiles, des tapis de bain, des logiciels, des plats cuisinés surgelés ou des baskets clignotantes ne vise pas à satisfaire un besoin vital, et il me semble que tout cela est parfaitement arbitrable si notre existence en tant qu'espèce dominante du moment, vivant une vie confortable, est en jeu, ce qui me semble bien être le cas.

TROISIÈME PARTIE

# Qui est responsable ?

# Qui émet quoi ?

## OÙ EST LE GAZOMÈTRE ?

Dans la première partie, nous avons évoqué des nombres en ce qui concerne les émissions de gaz à effet de serre sans jamais aborder un point essentiel : comment les obtient-on ? Dispose-t-on d'un « gazomètre » approprié ? Pas du tout : les cas de figure où ces émissions sont mesurées directement sont rarissimes. À cause de leur nombre et de la multiplicité des sources, mesurer réellement les émissions de gaz à effet de serre et d'aérosols supposerait :

– de placer un capteur à la sortie de toute cheminée de maison ou de chaque pot d'échappement, d'où s'échappent du gaz carbonique, des hydrocarbures non brûlés dont du méthane, des précurseurs de l'ozone, des aérosols… Ne serait-ce qu'en France, avec 30 millions de voitures et quelques dizaines de millions de logements, la tâche serait rude !

– de placer sous cloche chaque vache (produisant du méthane), chaque champ (produisant du protoxyde d'azote à cause des engrais), chaque feu de brousse, chaque mine, chaque dépôt d'ordures…

Il n'en est bien entendu pas question, et il va falloir procéder autrement. Pour le gaz carbonique, nous sommes sauvés par la chimie : il suffit de connaître la quantité de carbone disponible dans le composé de départ, et les principales réactions qui rentreront en ligne de compte, pour obtenir une bonne approximation des volumes de gaz carbonique ou d'autres gaz à effet de serre qui finiront par être émis. Par exemple, la combustion de l'essence dans une voiture transforme à peu près tout le carbone contenu dans les hydrocarbures en gaz carbonique : l'équivalent carbone de ce qui est émis n'est pas très éloigné du poids de carbone dans l'hydrocarbure, que les raffineurs savent bien cerner par des analyses. Les puristes objecteront que cette combustion est toujours imparfaite, que tout le carbone n'est pas transformé en gaz carbonique (ce qui est vrai : une part marginale est transformée en d'autres composés), mais procéder de la sorte fournit d'excellentes approximations.

**Émissions d'équivalent carbone par unité de poids découlant de la combustion de divers carburants**

| *Combustible* | *Kg de $CO_2$ par tonne brûlée* | *Kg équivalent carbone par tonne brûlée* |
|---|---|---|
| Essence | 3 070 | 837 |
| Gaz naturel | 2 930 | 799 |
| Diesel | 3 190 | 870 |
| GPL | 2 950 | 805 |
| Kérosène | 3 170 | 865 |
| Lubrifiants usagés | 2 920 | 796 |
| Charbon | 2 230 | 608 |

Attention : si les émissions sont rapportées à l'énergie dégagée et non au poids, le charbon occupe une place bien différente (voir page 160).

(Nations unies, 2000.)

Les consommations par pays, ou par usage, de combustibles fossiles en poids étant bien connues (à 10 % près), il est facile d'en déduire les émissions de gaz carbonique correspondantes. La France, par exemple, consomme à peu près 90 millions de tonnes de pétrole par an actuellement (95 millions de tonnes en 1997, très précisément) ; les émissions correspondant à notre consommation pétrolière se montent donc à environ 75 millions de tonnes équivalent carbone par an. Certains procédés industriels (la production d'acier ou de ciment, par exemple) représentent une autre source d'émission de gaz carbonique relativement aisée à appréhender : les sites et les flux de précurseurs sont bien connus et les additions relativement simples à faire.

Bien que concernant aussi le gaz carbonique, il en va tout autrement pour les émissions liées à la déforestation et au changement d'usage des sols, dont l'obtention requiert de connaître ou estimer :

– les surfaces défrichées, ce qui n'est pas toujours commode, même si les observations du couvert végétal par satellite sont maintenant d'une aide précieuse ;

– la masse de carbone contenue dans les arbres brûlés, donc le type et l'âge de la végétation ;

– l'usage de la surface défrichée : transformée en terre agricole, elle finira par larguer du gaz carbonique, mais transformée en pâturage, une fraction de ce qui sera perdu dans les parties aériennes sera regagnée par le sol à terme (voir page 49) ;

– la fonction de largage du gaz carbonique au cours du temps en cas de conversion en terre agricole, qui est un phénomène lent et non linéaire, ce qui signifie qu'il faut aussi connaître le moment où la déforestation a eu lieu pour estimer les émissions de l'année !

Le facteur d'incertitude est donc important pour ce poste, qui sera toutefois peu significatif pour les pays développés. La déforestation sous nos latitudes, après avoir été très active pendant le deuxième millénaire, d'abord avec l'essor de l'agriculture, puis celui de l'industrie (avant le recours au charbon, le combustible industriel de base était le bois), a globalement été arrêtée depuis plus d'un siècle.

Il est cependant piquant de constater que le reproche actuellement fait aux pays à forte croissance démographique est d'imiter très exactement, avec quelques siècles de retard, ce que nos prédécesseurs ont fait en Europe pendant de nombreux siècles, lorsque leur population était aussi en croissance (voir fig. 44) !

Les émissions des gaz autres que le gaz carbonique s'apprécient avec un degré de précision variable, mais généralement suivant le même mode : elles ne sont pas directement mesurées, mais seulement les quantités de précurseurs en cause, les réactions physiques ou chimiques étant connues par ailleurs.

Les émissions de protoxyde d'azote, par exemple, proviennent pour l'essentiel de l'usage des engrais azotés en agriculture. Elles sont déduites des superficies cultivées, des tonnages d'engrais répandus, et des conditions climatiques, notamment de température. En France, par exemple, 2,5 % de l'azote contenu dans les engrais se transformera en protoxyde dans les quelques semaines suivant l'épandage. Des mesures et analyses expérimentales sur des échantillons de terrain permettent de calibrer les règles utilisées. Certaines émissions industrielles, cependant, se mesurent directement.

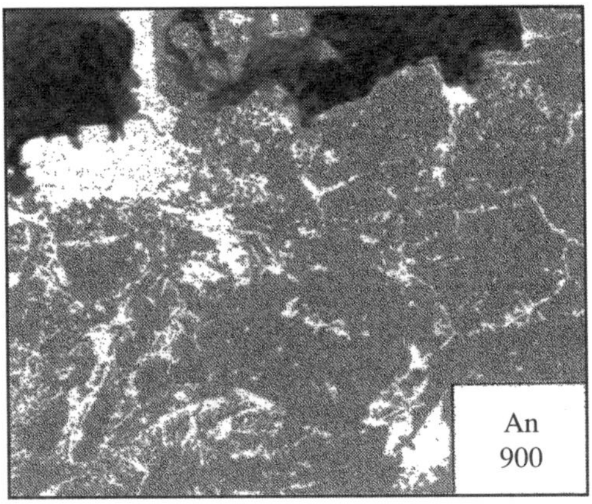

***Figure 44*** – Couvertures forestières en Europe du Nord en 900 (en haut) et en 1900. La partie foncée en haut représente l'océan. (D'après Schlüter, 1952. Deutsch. Landeskunde, 63.)

Les émissions de méthane, essentiellement d'origine agricole, sont plus ou moins faciles à calculer selon le processus en cause. Les émissions des bovins d'élevage – qui découlent de la fermentation dans la panse des animaux – s'apprécient assez facilement dans les pays développés. Elles ont été mesurées de manière expérimentale dans des conditions diverses, et reliées, en particulier, à l'âge du ruminant, son sexe, et surtout à la quantité d'aliments ingérés par l'animal. Comme le cheptel et sa répartition sont bien connus, les émissions afférentes aussi. Les émissions provenant des fuites des mines de charbon, des décharges, ou des feux de brousse sont nettement plus délicates à estimer. Certaines émissions industrielles se mesurent aussi de manière directe.

Enfin les émissions des gaz dits industriels (halocarbures) sont relativement bien cernées, car leur émission est associée à quelques industries bien définies :

– les fabricants de chaînes du froid (y compris les climatisations individuelles) ;

– les producteurs d'aluminium, et d'autres métaux « nobles » ;

– les fondeurs de composants micro-électroniques ;

– les producteurs de mousses synthétiques ;

– les fabricants de composants pour le transport et la distribution d'électricité ;

– les fabricants de doubles vitrages...

Il y a toutefois un gaz à effet de serre pour lequel la mesure des émissions est impossible : l'ozone, et estimer les quantités produites du fait de l'homme est difficile. Sa formation étant très variable selon les conditions physico-chimiques du moment (alors que brûler un litre d'essence, qu'il fasse chaud ou froid, sec ou humide, débouche sur des émissions à peu près identiques de gaz carbonique), estimer les quantités produites requiert non seulement de connaître les émissions de précurseurs, mais aussi les conditions extérieures : température, ensoleillement, humidité... La concentration d'ozone peut maintenant se mesurer par satellite, ce qui permet d'en déduire une part anthropique valable à l'échelle mondiale, mais estimer des émissions locales tient un peu de la gageure (localement il est possible de mesurer des concentrations, mais les relier à un émetteur précis n'est pas facile).

Il résulte de ce qui précède que, d'une manière générale, plus la part due aux combustibles fossiles dans les émissions de gaz à effet de serre est forte, et mieux les émissions globales sont appréhendées.

Comme une comptabilité normale se doit de tenir compte des flux entrants mais aussi des flux sortants, la comptabilité des émissions de gaz à effet de serre doit tenir compte des émissions mais aussi des puits, c'est-à-dire des phénomènes par lesquels un gaz à effet de serre présent dans l'atmosphère en est éliminé par l'intervention de l'homme. Souvent, l'intervention humaine se bornera à répéter ou amplifier ce que fait la nature, ce qui peut poser des problèmes de comptabilisation qui n'existent pas avec les émissions. Comment faire la part des choses, par exemple, entre une plantation d'arbres – que l'on peut défalquer, sous certaines conditions, des émissions – et une régénération naturelle au sein d'une forêt exploitée – que, normalement, il n'est pas possible de défalquer, puisque déjà comptabilisée au sein des puits « naturels » ? Tenir compte des puits reviendra généralement, sauf exception, à tenir compte du changement d'usage des sols (conversion d'une terre agricole en prairie, par exemple) et de la gestion forestière (voir page 51). En France, l'exploitation forestière contrebalance environ 20 % des émissions nationales selon l'organisme chargé de faire les inventaires (le CITEPA, www.citepa.org) : c'est loin d'être négligeable.

Comme il y a de nombreuses incertitudes attachées à la mesure de ces puits, tout périmètre qui en tient compte hérite de ces incertitudes. Il en résulte ce fait étonnant que l'estimation des émissions détaillées n'est pas nécessairement moins précise que celle des émissions globales : les émissions liées à la production d'un robot ménager, largement indépendantes de ce qui est séquestré par une forêt en croissance, pourront s'obtenir avec un bon degré de précision, mais les émissions nettes d'un pays dans son ensemble, c'est-à-dire sources moins puits, hériteront par la force des choses de l'imprécision des derniers, estimés avec une marge d'erreur importante.

## TOUJOURS PLUS D'ÉMISSIONS ?

Les émissions anthropiques mondiales de gaz à effet de serre s'élèvent actuellement à environ 14 Gt équivalent carbone par an, dont 7 à 8 pour le seul gaz carbonique, et 6,2 Gt pour le seul gaz carbonique provenant de la consommation de combustibles fossiles. Le solde du gaz carbonique provient de la déforestation, pour 1 à 2 Gt, et de l'industrie cimentière pour un « petit quelque chose » (cette industrie produit du $CO_2$ en effectuant la « décarbonatation » du carbonate de calcium ($CaCO_3$), c'est-à-dire du calcaire. Pour ce faire elle chauffe très fort ce dernier dans de grands fours). L'apport anthropique de gaz carbonique vient donc avant tout du charbon, du pétrole et du gaz que nous consommons de plus en plus depuis que nous en avons découvert l'usage (voir fig. 45).

Une approche par les pourcentages laisse souvent penser que la consommation de charbon, qui a tendance à occuper une part relative de plus en plus faible de l'approvisionnement mondial, décroît aussi en valeur absolue : ce n'est pas le cas ; il n'y a pas une seule forme d'énergie fossile qui ne poursuive sa propre croissance. Conséquence logique de cette évolution, les émissions de gaz carbonique fossile ont aussi augmenté de manière considérable sur le siècle et demi qui vient de s'écouler (voir fig. 46).

Ni les deux guerres mondiales, ni les chocs pétroliers n'ont durablement ralenti le mouvement, et depuis la fin de la dernière guerre mondiale, c'est-à-dire en 50 ans, les émissions annuelles ont été multipliées par 4 ! Cette forte hausse de la consommation d'énergie n'est pas seulement due à l'accroissement de la population : la consommation par habitant et par an a aussi fortement augmenté durant le dernier siècle, passant de 0,2 à 1,5 tonne équivalent pétrole (tep) en moyenne mondiale.

Même sur une durée plus courte, et en restant dans notre Hexagone, l'accélération est encore vertigineuse : la quantité d'énergie consommée par Français a *grosso modo* triplé entre 1960 et nos jours. Se pose déjà la question de savoir si nous sommes trois fois plus heureux que nos parents…

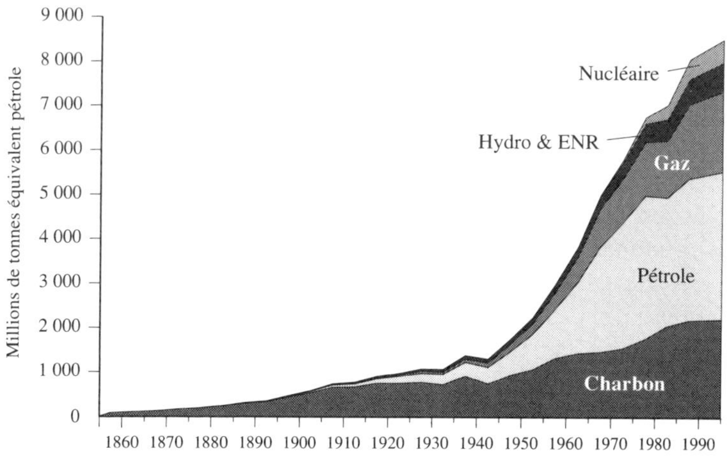


***Figure 45*** – Consommation mondiale d'énergie par source de 1860 à nos jours (hors bois, estimé à 10 à 15 % en plus). (Schilling *et al.*, IEA, Observatoire de l'énergie.)

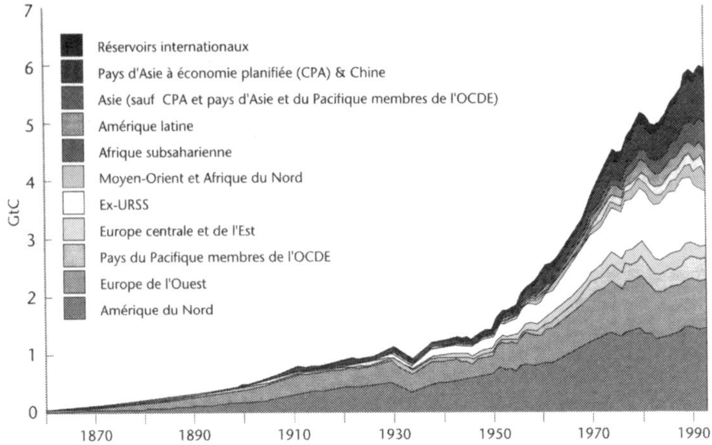


***Figure 46*** – Évolution depuis 1850 des émissions de gaz carbonique (en milliards de tonnes équivalent carbone) liées à la consommation d'énergie, réparties par région. (IPCC, 1995.)

Peut-on supposer que la relative stabilisation de la consommation par habitant que l'on constate de 1975 à 1995 va se poursuivre, voire constitue le début d'une décroissance ? Cette moyenne par habitant (1,5 tep par an) reste très en deçà de ce que consomme un Américain (7 à 8 tep par an) ou même un Européen (3 à 4 tep par an). Tant que le mode de vie occidental d'aujourd'hui restera le point focal des évolutions pour l'ensemble de la planète, il est vraisemblable que la consommation d'énergie par habitant va continuer d'augmenter, et, à structure comparable des approvisionnements énergétiques, les émissions de gaz à effet de serre aussi. Si la population mondiale – 6 milliards d'habitants aujourd'hui – avait le niveau de consommation d'un Américain, les émissions mondiales de gaz carbonique fossile seraient multipliées par 6. Si nous faisons le même exercice avec une population mondiale passée à 10 milliards d'individus, les émissions de gaz carbonique de l'humanité passent à 10 fois le niveau actuel : 60 Gt équivalent carbone par an. Généraliser à une humanité de 10 milliards d'habitants le style de vie d'un Européen amène encore à une multiplication par 5 des émissions mondiales : rien de très compatible avec une maîtrise des émissions ! Si nous entendons que notre civilisation dure encore quelques générations (ce qui est peu au regard des quelques dizaines de milliers de générations que notre espèce a déjà connues), sans ennuis majeurs, nous avons peut-être tort de nous réjouir des succès à l'exportation de notre industrie, visant à appliquer aux Chinois notre mode de vie et non l'inverse.

Comme le système de « développement économique » que nous suivons est basé sur l'accroissement indéfini des possessions matérielles par individu, il en résulte assez logiquement que les émissions par habitant sont d'autant plus importantes, en général, que le pays est « économiquement » puissant (voir fig. 47).

Ces émissions par habitant permettent de souligner quelques faits importants, évoqués de manière récurrente dans les négociations internationales :

– un Chinois émet un peu plus du dixième de ce qu'émet un Américain (et un Indien encore deux fois moins) : il semble difficile de loger ces deux citoyens du monde à la même enseigne en ce qui concerne les réductions !

– les pays de l'Est ont enregistré une chute assez importante des émissions par habitant après la disparition du communisme et la récession économique qui l'a accompagnée (en 1990, l'émission par habitant en Russie était de l'ordre de 5 tonnes équivalent carbone). Cela confirme qu'émissions et niveau d'activité économique sont actuellement liés.

– De nombreux pays habituellement considérés comme ayant une sensibilité écologique forte (le Danemark par exemple, mais aussi les Pays-Bas ou la Finlande, la Norvège ou même l'Allemagne) ont des émissions par habitant pas « écologiques » du tout !

– même au sein des pays développés, il y a un facteur 3 entre les émissions par habitant, pour des modes de vie comparables : la marge de manœuvre est donc réelle. Les Suédois sont-ils 3 fois plus malheureux que les Australiens ?

– il y a quelques exceptions intéressantes de décorrélation entre PNB et émissions. La première d'entre elles concerne la Suisse, l'un des pays au monde avec le plus fort PNB par habitant, et qui présente des émissions par habitant encore plus faibles que les nôtres, pourtant souvent citées en exemple (non pas qu'elles soient bonnes, elles sont simplement les moins mauvaises du G7). D'une part la Suisse dispose d'un parc de centrales électriques qui ne nécessite pas de combustibles

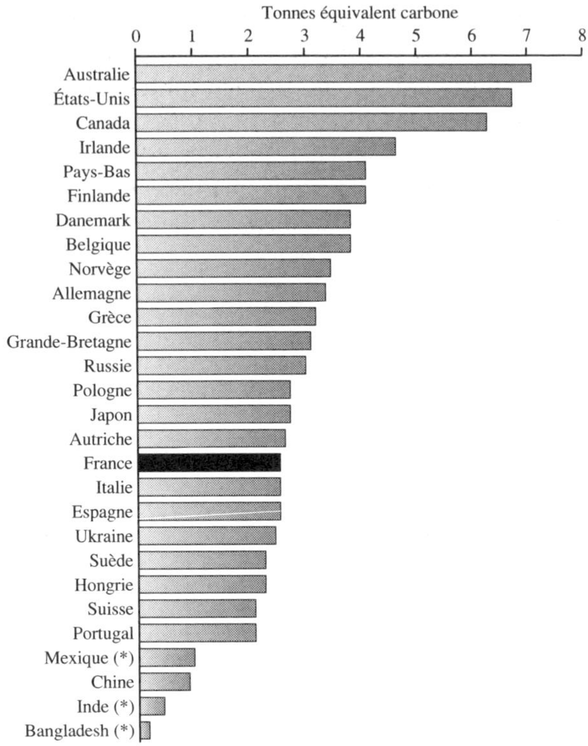


***Figure 47*** – Émissions de gaz à effet de serre (tous gaz du protocole de Kyoto confondus) par habitant pour divers pays, sans prise en compte des puits. Les émissions 1998 ne sont pas disponibles à l'UNFCCC pour certains pays, marqués d'un astérisque (*). (D'après *United Nations Framework Convention on Climate Change*, Observatoire de l'énergie et INED.)

fossiles (il est à 50 % hydraulique et à 50 % nucléaire, en gros), d'autre part elle connaît un taux élevé d'utilisation des modes de transport alternatifs à la voiture grâce à un urbanisme resté dense car contraint par le relief (elle a l'un des meilleurs taux de remplissage de ses trains en Europe, par exemple), et enfin elle possède une économie très fortement axée sur les services.

Et nous ? Un Français émet en moyenne 2,7 tonnes équivalent carbone par personne et par an tous gaz à effet de serre confondus, sans tenir compte des puits. La prise en compte de ces derniers nous ramènerait à 2,2 tonnes équivalent carbone. Si nous nous limitons au gaz carbonique, mais sans prise en compte des puits, nous descendons alors à 1,8 tonne équivalent carbone par habitant et par an.

Prises globalement, les émissions des différents pays du monde reflètent à la fois les émissions par individu et la taille de la population. Les géants démographiques y apparaissent alors plus près des premières places (voir fig. ci-dessous).

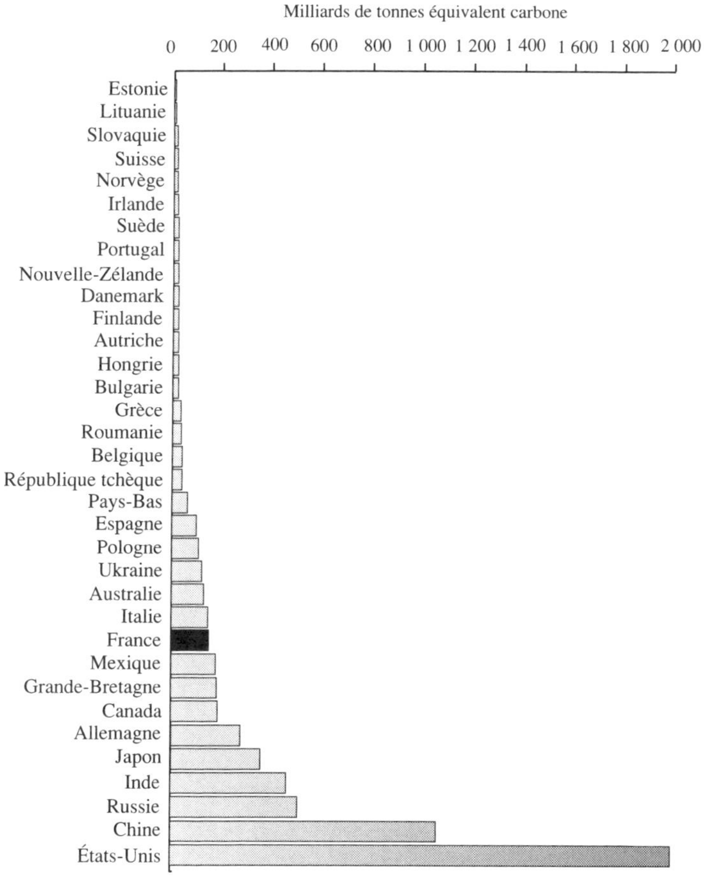


***Figure 48*** – Émissions de gaz à effet de serre (tous gaz du protocole de Kyoto confondus) par pays. Les émissions 1998 ne sont pas disponibles pour certains pays. (*United Nations Framework Convention on Climate Change* et Observatoire de l'énergie.)

*Qui est responsable ?*

Les États-Unis sont de très loin les premiers émetteurs, ce qui commence à être connu, mais quelle part du total font-ils donc ? À question simple, réponse multiple ! Comme pour tous les pays développés, la part du gaz carbonique fossile est prépondérante dans leurs émissions de gaz à effet de serre. Pour ce seul gaz, ils sont à l'origine de 25 % des émissions annuelles de l'humanité (c'est ce pourcentage qui est généralement cité). Toutefois, les États-Unis ont une part proportionnellement bien plus faible dans les émissions de méthane ou de gaz carbonique provenant du changement d'usage des sols. Si nous prenons comme base pour les émissions mondiales non plus les 6,2 Gt équivalent carbone dus au seul gaz carbonique fossile, mais les 12 Gt équivalent carbone dus à tous les gaz hors ozone, les États-Unis n'émettent « que » 15 % de ce total-là. Leurs émissions tous gaz confondus a certes augmenté, mais le paquet pris en comparaison est beaucoup plus gros. Enfin, admettons que nous prenions maintenant pour base de comparaison les émissions mondiales cumulées de gaz carbonique fossile depuis le début du siècle : les États-Unis sont alors à l'origine de 30 à 40 % de ce paquet-là. Or la part dans les émissions cumulées est directement reliée à une « responsabilité » dans les conséquences de l'effet de serre anthropique. Si quelqu'un pouvait démontrer que les ouragans de décembre 1999 sont déjà la marque de l'homme, nous serions peut-être fondés à envoyer au pays de l'Oncle Sam une facture pour 30 à 40 % du coût des dommages subis, à l'instar de ce qui fut fait après les marées noires ; le fondement n'en serait pas fort différent. Toutefois gardons-nous de désigner les États-Unis comme seuls coupables dans cette affaire : la réalité est bien plus complexe que cela, même si l'exemple qu'ils donnent au monde est effectivement difficile à considérer de manière très positive.

# Des émissions, pour quels usages ?

Savoir qu'un Français émet 2,7 tonnes équivalent carbone par an est certes intéressant, mais cela ne suffit pas encore à savoir comment cette quantité pourrait éventuellement diminuer à l'avenir. Pour aller vers un début de réponse à cette question, il faut impérativement pouvoir rapprocher les émissions des usages. Il y a alors plusieurs manières de procéder, qui sont, par degré de complexité croissant :

– par secteur d'activité (par exemple industrie, transports...) ;

– par nature de consommation finale (alimentation, chauffage, déplacements, etc.) ;

– par nature de produit ou de service consommé, ce qui est une variante plus détaillée de l'approche ci-dessus, et surtout une approche directement opérationnelle.

Actuellement, seule la première manière de voir est utilisée, car une approche par la consommation (la deuxième ou la troisième) suppose d'être capable de reconstituer les émissions cumulées nécessaires à la fabrication et à la mise à disposition du consommateur d'une boîte de maïs en conserve, d'un pantalon, ou d'une serviette de bain, et cela est loin d'être simple. Pour tout ce qui requiert une consommation d'énergie prépondérante et facile à identifier (par exemple se déplacer en voiture, chauffer une maison, ou couler une tonne de fonte), il est relativement aisé de faire les calculs, mais, pour estimer le « contenu en gaz à effet de serre » d'une facture de téléphone ou d'un kilo de fraises (il y a du gaz carbonique fossile même dans les fraises, surtout en mars, quand elles ont poussé sous une serre chauffée au fioul, sont venues transportées par camion, et sont conte-

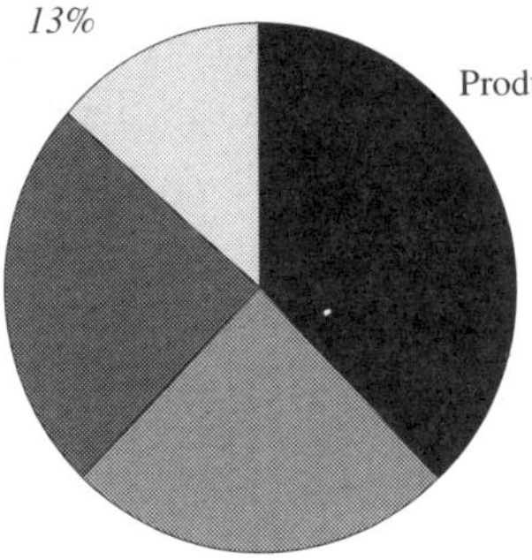


***Figure 49*** – Répartition des émissions mondiales de $CO_2$ fossile en 1999.
(Agence internationale de l'énergie.)

nues dans une barquette en plastique qu'il a bien fallu fabriquer), il sera nécessaire d'avoir attribué un tel « contenu en gaz à effet de serre » à tout ce qui a concouru à la production du produit ou service.

D'une certaine manière, attribuer un « contenu en gaz à effet de serre » à tout produit ou service n'est pas moins complexe que de lui attribuer un prix, lequel dépend peu ou prou du prix de quasiment tous les autres objets ou services existants, et évolue selon le contexte du marché. De même, le « contenu en gaz à effet de serre » d'un objet dépend peu ou prou de celui de tous les autres objets ou services, outre des conditions climatiques (*via* les PRG, voir page 73) du moment. Ce n'est pas tellement plus simple, et ni l'industrie ni les services n'en sont encore là, même si des méthodes sont en cours d'élaboration ici et là.

Si nous calculons les émissions de gaz à effet de serre par secteur, qui sera sur la plus haute marche du podium ? La réponse la plus fréquente est de citer les transports. En fait, au niveau mondial, les transports ne représentent pas le premier poste d'émissions : ils ne font « que » 24 % des émissions de gaz carbonique fossile environ, du moins tant que l'on ne compte que les émissions provenant de la combustion du carburant dans le véhicule.

La première source de gaz carbonique fossile provient de ce que l'on appelle la « production d'énergie » (terme impropre puisque nous ne « produisons » pas d'énergie, mais ne faisons que la convertir ou la rendre disponible). L'industrie vient en deuxième position et les transports n'arrivent qu'en troisième place. Cette hiérarchie sera largement susceptible de varier selon les gaz pris en compte, les différents pays, et l'époque. Tout ce qui va suivre est donc plus destiné à fixer les idées par des ordres de grandeur qu'à donner des chiffres qui resteraient valables quels que soient les périmètres retenus, les méthodes utilisées ou l'année : il peut y avoir des fluctuations très fortes selon les cas.

## LA « PRODUCTION » D'ÉNERGIE

Le premier poste rangé dans cette catégorie recouvre les émissions liées au raffinage des combustibles fossiles. Pour que le consommateur ait à sa disposition une tonne de pétrole raffiné (sous forme de carburants divers ou de bitume), il a fallu extraire en moyenne 1,25 tonne de ce même pétrole du sol, et la différence a été consommée pour le forage, le pompage, le transport et le raffinage (raffiner, c'est chauffer très fort – donc consommer beaucoup d'énergie – hors la présence d'air). 20 % du pétrole extrait est ainsi utilisé au cours des processus intermédiaires, et part en fumée, au sens littéral du terme. Ce pourcentage de 20 % de consommation de filière peut monter à beaucoup plus dans deux cas de figure :

– lorsque les réservoirs de pétrole s'épuisent, car il faut dépenser beaucoup d'énergie pour pomper les dernières gouttes ;

– pour l'exploitation des pétroles dits non conventionnels (huiles extra-lourdes, sables asphaltiques, schistes bitumineux etc.), qui sont constitués d'hydrocarbures très lourds (c'est-à-dire de molécules très grosses, voire quasi-polymérisées, malcommodes à extraire et à raffiner) éventuellement mêlés de matières minérales (il faut alors séparer les deux, ce qui induit aussi une dépense énergétique). Ces ressources ont moins le côté « prêt à l'emploi » que le pétrole classique, mais elles sont prépondérantes dans le total des réserves.

En toute bonne logique, les émissions de ce poste devraient augmenter à l'avenir à consommation pétrolière constante. De même, la production de charbon engendre des consommations intermédiaires importantes, outre les émanations de méthane liées à la seule partie minière : il faut extraire le charbon, et le transporter ; actuellement, plus de 50 % du coût du charbon commercial provient du transport.

L'utilisation finale des combustibles produits n'est bien entendu pas prise en compte dans ce poste, mais imputée à l'usage qui en est fait (industrie, transports...). Ces combustibles fossiles renferment essentiellement de l'hydrogène, dont la combustion produit de la vapeur d'eau (en quantité négligeable si cette combustion a lieu dans la troposphère, mais prise en compte dans la stratosphère), et du carbone, dont la combustion dégagera manifestement du gaz carbonique. Les proportions variables de carbone que renferment les divers combustibles fossiles aboutissent à des proportions variables de gaz carbonique émis pour la fourniture d'une même quantité d'énergie. Le plus économe de ce point de vue est le méthane ou gaz naturel, qui comporte le plus grand nombre possible d'atomes d'hydrogène par atome de carbone, et le plus polluant est le charbon, qui comporte toujours de l'hydrogène, mais dans de bien plus faibles proportions que les hydrocarbures.

| *Combustible* | *Kg équivalent carbone émis par tonne équivalent pétrole utilisée* | *Surplus par rapport au gaz naturel* |
|---|---|---|
| Gaz naturel | 651 | 0 % |
| Charbon (moyenne) | 1 123 | 73 % |
| Coke de lignite | 1 233 | 89 % |
| Pétrole, essence | 830 | 27 % |
| Fioul lourd | 890 | 37 % |
| Diesel, fioul domestique | 856 | 31 % |
| GPL | 731 | 12 % |
| Kérosène | 845 | 30 % |
| Coke de pétrole | 1 096 | 68 % |

Utiliser du charbon pour disposer d'une quantité donnée d'énergie est donc ce que l'on peut « faire de pire » pour les émissions de gaz à effet de serre. Pas de chance : le charbon est de très loin la ressource fossile la plus abondante à la surface de la Terre, et surtout celle dont sont abondamment dotés de nombreux pays dits « en voie de développement ». Si nous voulons qu'ils utilisent autre chose, il faudra les y aider !

C'est cependant la production d'électricité qui constitue le contributeur le plus significatif aux émissions du poste « énergie ». Le recours massif au charbon en particulier (pour plus de 50 % de l'électricité produite dans le monde) et aux combustibles fossiles en général (75 % de la production d'électricité dans le monde) explique cette importance.

Produire l'électricité au charbon est très loin d'être l'exclusivité des pays pauvres : la Chine est certes le premier consommateur mondial de combustibles solides, mais à la deuxième place – et pas très loin derrière – se trouvent les États-Unis, juste avant l'Inde. Et surtout, un Américain consomme 4 fois plus de charbon qu'un Chinois, et 10 fois plus qu'un Indien ! Il y a cependant d'autres moyens de produire l'électricité : sont-ils réellement « propres » ? Plus ou moins : la quantité de gaz carbonique qu'il faut émettre pour produire un kWh électrique varie considérablement selon l'énergie primaire utilisée, mais n'est jamais nulle.

| *Énergie primaire utilisée* | *Émissions en grammes équivalent carbone par kWh électrique* |
|---|---|
| Charbon | 250 |
| Cycle combiné à gaz | 120 |
| Nucléaire | 1,6 |
| Hydraulique | 1,1 |
| Biomasse bois (sans replantation) | 410 |
| Photovoltaïque | 16 à 41 |
| Éolienne | 1 à 6 |

Il faut en effet tenir compte non seulement de l'énergie dite primaire (le gaz, le vent…) mais aussi de la construction de la centrale ou de l'appareil utilisé pour produire l'électricité. C'est pourquoi, en analyse de cycle de vie, l'énergie éolienne ou solaire photovoltaïque sont créditées d'un contenu en carbone, alors que le vent et le soleil nous sont donnés sans que nous ayons à émettre du gaz carbonique : il a bien fallu construire le panneau ou l'éolienne, puis les entretenir.

Ce point est cependant de peu d'importance pour la suite : les productions à base d'éolien et de solaire sont parfaitement marginales dans les bilans énergétiques actuellement. L'énergie éolienne représente 0,5 % de la production d'électricité dans la CEE en 1997, c'est-à-dire 0,2 % de la consommation énergétique totale, et le solaire encore moins. Même au Danemark, champion du monde avec pas loin de 10 % de l'électricité faite à partir d'énergie éolienne, cette forme de production pèse pour moins de 3 % dans le total de la consommation d'énergie du pays. J'y reviendrai plus bas. Des modalités faiblement émettrices de gaz carbonique, seuls le nucléaire (environ 6 % de l'énergie mondiale) et l'hydraulique (environ 8 % de l'énergie mondiale) sont un tant soit peu significatives actuellement. Localement, ces formes de production peuvent être bien plus importantes, par exemple en Europe le nucléaire compte pour 50 % de la production d'électricité ou plus en France, en Belgique, en Suisse et en Suède.

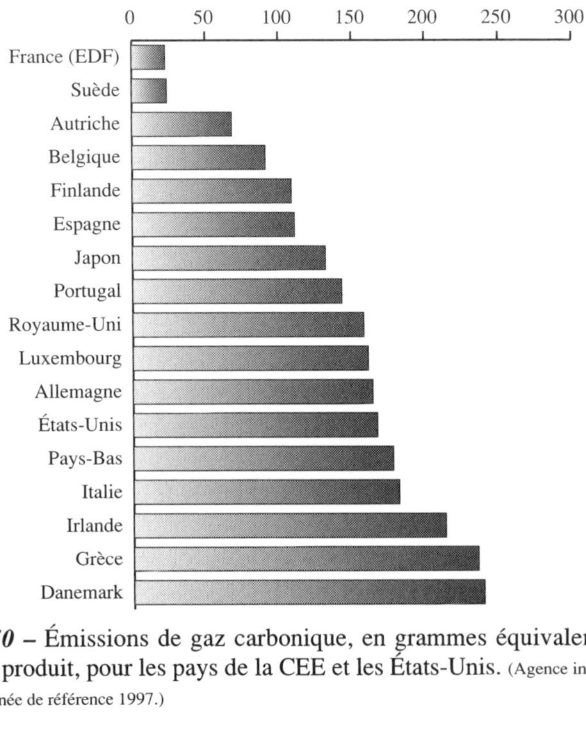


***Figure 50*** – Émissions de gaz carbonique, en grammes équivalent carbone par kWh produit, pour les pays de la CEE et les États-Unis. (Agence internationale de l'énergie, année de référence 1997.)

En conséquence de modes de production très variables, la mise à disposition du consommateur d'un kWh d'électricité engendre une émission de gaz carbonique fossile qui peut varier d'un facteur 10 d'un pays à un autre.

La juxtaposition des émissions par habitant et des modes de production de l'électricité permet de constater que les pays développés qui ont les émissions par habitant les plus faibles produisent leur électricité en recourant significativement au nucléaire et à l'hydraulique (Suisse, Suède, France). Par contre, les pays qui recourent significativement au charbon pour leur production électrique ont des émissions par habitant généralement élevées (Danemark, Pologne avant la chute du Mur, etc.). Est-ce à dire qu'il suffit de nucléariser toute la production d'électricité pour se débarrasser du problème ? J'espère que le lecteur voudra bien patienter jusqu'à la page 230, où cette question sera amplement discutée.

## INDUSTRIE

À la deuxième place derrière la production d'énergie figure l'industrie (tant que l'on se limite au gaz carbonique). En fait l'industrie se compose de deux ensembles très dissemblables :

– la production de matériaux de base et de produits intermédiaires est responsable de la grosse majorité des émissions (en France, par exemple, cette partie de l'industrie émet 80 % du total des émissions tous gaz confondus) ;

– les activités manufacturières produisant des biens de consommation ne font « que » 20 % de ce total.

Les matériaux de base sont tout simplement le papier, le verre, les métaux, etc. S'ils sont déjà travaillés mais ne constituent pas encore un produit fini (pièces semi-usinées, sous-ensembles mécaniques, etc.) ils seront alors désignés comme produits intermédiaires. C'est donc transformer du minerai de fer en acier, ou du sable en verre, qui consomme le gros de l'énergie et est responsable du gros des émissions de l'industrie. Transformer l'acier en pieds de chaise ou en boulons de 12 produit beaucoup moins d'émissions à valeur ajoutée égale. Peut-on affecter un « contenu en équivalent carbone » à ces divers matériaux de base ? Oui, sauf que... nous serons obligés de déborder des émissions de l'industrie. En effet, pour faire ces matériaux, outre de la chaleur il faut souvent de l'électricité. Les combustibles de l'usine, qui fournissent la chaleur, ont été comptabilisés dans le poste « industrie », mais les émissions provenant de la production d'électricité figurent dans le poste « énergie ». C'est ici aussi l'analyse de cycle de vie qui permet d'approcher une solution, et d'obtenir des ordres de grandeur, toutefois susceptibles de varier largement d'un pays à un autre, à cause de technologies différentes ou des différences provenant de la production d'électricité.

**L'intérêt du recyclage des métaux apparaît nettement**

| *Matériau* | *Émissions de gaz à effet de serre (kg équivalent carbone par tonne produite) pour une production en Europe* |
|---|---|
| Acier issu de minerai | 870 |
| Acier issu de ferrailles | 300 |
| Aluminium issu de minerai | 3 000 |
| Aluminium issu de déchets d'aluminium | 670 |
| Plastique (non travaillé) | 500 à 1 600 |
| Verre plat | 400 |
| Verre bouteille | 120 |
| Fibre de verre | 580 |
| Ciment | 235 |
| Carton, papier | 500 |

(D'après ADEME, CEREN, APME, Office suisse de l'environnement, MIES, EPA.)

Allons plus loin : puis-je savoir combien de gaz à effet de serre ont été émis pour fabriquer un four à micro-ondes, ou le jeu de Lego de mes enfants ? Une approximation grossière peut être fournie par la règle suivante : à partir des « contenus en équivalent carbone » des matériaux de base, et en incluant un « petit quelque chose » pour la dépense de deuxième transformation et les transports divers, il est possible de considérer qu'un produit manufacturé mis à disposition du consommateur « pèse » de 1 à 2 fois son poids (emballages inclus) en équivalent carbone. Dans cet esprit, fabriquer une voiture d'une tonne conduit à l'émission de 1 à 2 tonnes équivalent carbone avant qu'elle ait roulé son premier kilomètre. La fabrication de produits à forte valeur ajoutée par unité de poids (l'électronique par exemple, mais aussi les vêtements ou les bijoux) conduit vraisemblablement à un rapport beaucoup plus élevé. Dans un autre registre, pour construire une habitation, il faut émettre à peu près 120 kg équivalent carbone par mètre carré de surface hors tout, de telle sorte qu'une maison de 100 m$^2$ de plancher « vaut » environ 12 tonnes équivalent carbone (pour l'essentiel des émissions de fabrication et de transport des matériaux utilisés).

## TRANSPORTS

D'où vient le fait qu'il est si tentant de mettre les transports à la première place dès lors que l'on parle de gaz à effet de serre, du moins dans notre pays ? Probablement parce qu'en France, en se limitant au gaz carbonique… ils y sont !

Cela est notamment dû à la modestie (enfin tout est relatif…) des émissions du poste « énergie » dans notre pays. Mais, si nous tenons compte de tous les gaz à effet de serre (sauf l'ozone), les transports sont de nouveau relégués à la deuxième place, derrière… l'agriculture (voir fig. 51) ! Nous verrons plus bas pourquoi cette activité prend alors la première place du podium.

Que le transport soit si souvent mis en avant relève à la fois de fac-

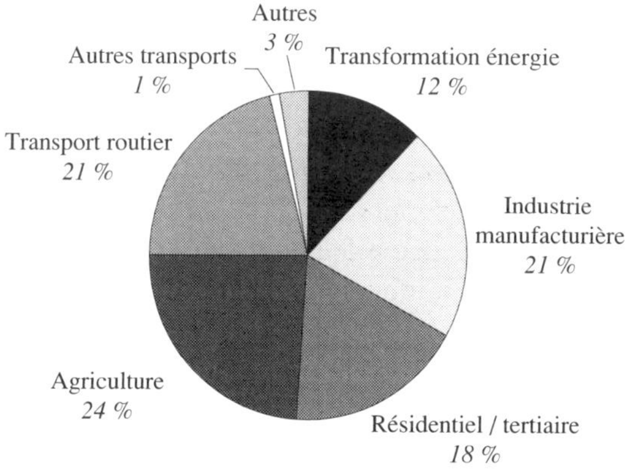


***Figure 51*** – Répartition par secteur des émissions brutes (sans puits) tous gaz à effet de serre confondus. (CITEPA, année de référence 1998.)

teurs psychologiques et de faits réels. Outre des émissions diverses, le transport est source de congestion, omniprésente en zone urbaine où résident 80 % des habitants des pays développés, et de bruit. Ces facteurs sont souvent déclarés comme les plus gênants, à cause du stress qu'ils engendrent, mais sont difficiles voire impossibles à quantifier de manière objective. Par contre, la pollution locale et les émissions de gaz à effet de serre se mesurent bien plus facilement, alors qu'ils sont, à court terme, ressentis comme moins incommodants : le gaz carbonique n'est pas toxique à la concentration atmosphérique, et la pollution locale due à l'automobile ne cause que peu de gêne physique immédiate à la population dans son ensemble. Il arrive alors fréquemment que les nuisances facilement mesurables (les émissions dans l'air) soient invoquées alors que ce sont les nuisances non mesurables (la congestion et le bruit) dont la diminution est le plus vivement souhaitée. Les émissions de gaz à effet de serre provenant des chaudières de maisons sont bien plus importantes que celles provenant des voitures particulières en France, mais, les maisons n'engendrant ni bruit ni congestion, ce sont les transports qui sont en premier lieu l'objet de toutes les attentions. Cette propension à attribuer au transport une part excessive de nos émissions de gaz à effet de serre ne signifie pas, pour autant, que ce poste soit quantité négligeable. Surtout, il est de loin celui qui augmente le plus rapidement : en prolongeant sur 20 ans les tendances constatées de 1990 à 1998, le transport terrestre (personnes et marchandises) verrait ses émissions s'accroître de 15 millions de tonnes équivalent carbone, soit 10 % des émissions brutes (sans puits) de la France en 1998, ou encore 50 % des émissions des transports en 1998.

Fortement contraindre les transports semble donc difficilement évitable en cas de volonté réelle de diminution des émissions de gaz à effet de serre (mais ce serait loin d'être suffisant). Ce le serait d'autant plus que l'inflation actuelle des transports est l'illustration parfaite de notre volonté de faire toujours plus vite, toujours plus gros, toujours plus. Or une telle évolution est rigoureusement incompatible avec la maîtrise des émissions des gaz à effet de serre : la charge symbolique de ce point de vue serait forte.

Incidemment, on notera que plus les modes sont récents, donc rapides et/ou individuels (le train est plus ancien que l'automobile), plus ils sont gourmands en énergie (voir fig. 52).

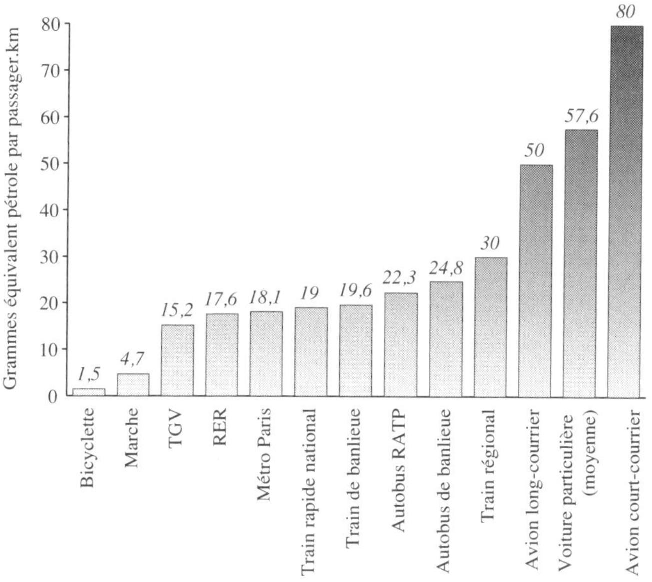


***Figure 52*** – Consommation d'énergie par passager et par kilomètre pour quelques modes de transport, en grammes équivalent pétrole. Les chiffres pour la voiture tiennent compte du coefficient moyen de remplissage et correspondent aux cylindrées européennes. (D'après ADEME, SNCF, INRETS.)

Passer de la voiture au train pour les déplacements longs permet une division par 3 de l'énergie consommée, passer de l'avion (en court-courrier) au train une division par plus de 4, et passer de la voiture au vélo en ville une division par 40 ou 50. Pour faire de sérieuses économies d'énergie, avant même de parler de gaz à effet de serre, le vélo est une meilleure idée que la voiture électrique !

L'essentiel de l'énergie utilisée pour se déplacer provenant de sources fossiles, les émissions suivront la même hiérarchie que celle de l'énergie, avec toutefois quelques différences :

– le train fonctionne souvent à l'électricité, donc ses émissions sont largement fonction de la manière de produire cette dernière ;

– l'aviation présente un cas particulier, car ses émissions ont lieu partiellement dans la stratosphère, où elle perturbe de manière mesurable d'autres cycles que celui du carbone.

En particulier, pour les avions, nous tiendrons compte de la vapeur d'eau provenant de la combustion qui, normalement, n'est pas prise en compte pour l'impact anthropique. Lorsque la combustion a lieu près du sol, dans la troposphère, les émissions de vapeur d'eau sont effectivement marginales par rapport à l'évaporation naturelle. En revanche, si la vapeur d'eau est émise dans la stratosphère (où l'apport naturel est très faible), alors la part de l'homme est nettement discernable. Nous avons vu que les nuages, selon leur type, n'ont pas le même effet sur le climat (voir page 77). En particulier, les nuages hauts, fins et translucides, sont des contributeurs nets au réchauffement climatique. Or c'est très exactement ce type de nébulosités que laissent les avions ; leur présence dans la haute atmosphère étant incontestablement due à l'homme, il convient donc d'en tenir compte. Les avions émettent également des oxydes d'azote, précurseurs ou destructeurs de l'ozone selon les cas, des précurseurs de radicaux hydroxyle, oxydants du méthane, donc avec une contribution négative, et encore des poussières et des sulfates (voir fig. 53). Devant la complexité du problème et la croissance fulgurante du transport aérien (hors événement ponctuel tel l'attentat du 11 septembre 2001) – entre 5 et

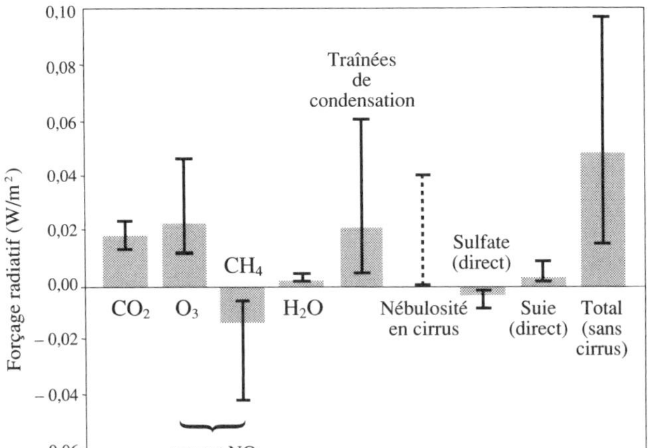


***Figure 53*** – Contributions à l'effet de serre anthropique des diverses émissions des avions. Les barres représentent les valeurs les plus probables ; les tirets, la zone d'incertitude. (GIEC, 1998.)

10 % par an, alors qu'il est le moins économe en énergie c'est le mode qui croît le plus vite ! – le GIEC a organisé la réalisation d'un rapport d'expert sur les émissions des avions (*Aviation and the Global Atmosphere*, IPCC, 1999). Il a résulté de ce travail que la contribution totale de l'aviation à l'effet de serre anthropique représente entre 1 et 5 fois ce qui provient du seul gaz carbonique émis par leurs moteurs (voir fig. 53). En choisissant une prudente médiane, comme il est d'usage en pareil cas, nous pouvons considérer que les émissions totales des avions représentent 2 fois ce qui provient de leur seul gaz carbonique.

Les transports terrestres, quant à eux, émettent aussi des gaz mineurs : du méthane, un peu de protoxyde d'azote, et, à cause de la généralisation des climatisations, ils deviennent des sources d'émissions d'halocarbures, utilisés comme fluides réfrigérants, dont les émanations surviennent en cours d'utilisation, par suite de légères fuites, et pour partie lors de la mise à la décharge, car les volumes unitaires de ces fluides sont trop modestes pour que l'effort de les récupérer soit rentable pour un opérateur privé. Incidemment la climatisation induit une surconsommation en carburant de 15 à 20 % lorsqu'elle fonctionne.

Pour hiérarchiser entre eux les différents modes de transport, il est également souhaitable de tenir compte, si cela est possible :

– des émissions de fabrication du véhicule ;

– des émissions de production et de distribution du carburant (qui sont loin d'être négligeables, comme on l'a vu).

La prise en compte de tous ces facteurs (il faudrait même tenir compte de la fabrication des infrastructures !) aboutit aux ordres de grandeur de la figure 54.

Le train est dans tous les cas de figure le plus économe en gaz à effet de serre des modes motorisés, mais les émissions peuvent quand même varier d'un facteur 10 selon les pays. La France doit ainsi sa « première place », qu'elle partage avec la Suisse, à la très forte proportion de lignes électrifiées et à son électricité nucléaire et hydraulique (la SNCF produit actuellement un petit tiers de son électricité avec ses propres centrales hydrauliques) ; la Grande-Bretagne doit sa « dernière place » à la forte proportion de trains qui fonctionnent au diesel et à une production d'électricité faisant largement appel au charbon. Le train est suivi du bus, la voiture et l'avion se partageant les dernières places du classement à tour de rôle selon les cas de figure.

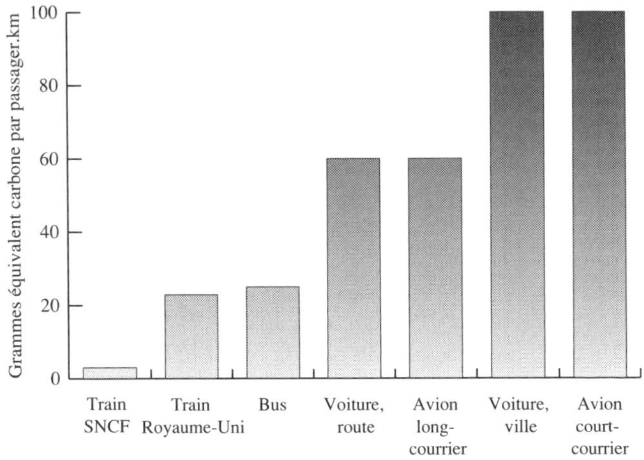


***Figure 54*** – Émissions de gaz à effet de serre selon les modes, en grammes équivalent carbone par passager et par kilomètre. Les deux extrêmes européens sont représentés pour le train. (D'après INFRAS, ADEME, Jancovici.)

Les émissions du bateau, non représentées, sont proches de celles du train en France, mais concernent un trafic passager marginal. Il apparaît que de prendre l'avion plutôt que le train, ou la voiture plutôt que le RER, induit une multiplication par 30 des émissions liées au voyage. Le vélo est à 0 : la respiration additionnelle du cycliste n'est pas significative !

Le transport de marchandises conservera une hiérarchie identique, avec des différences encore plus marquées : dans un bouquet de roses cultivé dans les Andes et vendu en France (certaines fleurs voyagent par avion), il y a presque autant de pétrole que d'eau (voir fig. 55) !

Plus près de nous, entre un kilogramme de courrier Paris-Marseille voyageant par train de nuit (que La Poste a abandonné il y a peu, soit dit en passant) et un kilogramme de courrier Paris-Marseille en Chronopost (par avion), il y a un facteur 300 de différence quant au « contenu en gaz à effet de serre ».

Pourrions-nous tous remonter en train, envahis par un sentiment d'urgence devant ces chiffres, tout en conservant une mobilité équivalente ? En France, hélas non : en remplissant à 100 % tous les trains de la SNCF qui circulent – hypothèse parfaitement irréaliste, puisque figurent dans cet ensemble les trains de nuit, les RER de 3 heures de l'après-midi ou de 11 heures du matin (heures auxquelles ils ne sont guère remplis, je parle d'expérience !), le Paris-Brive des jours de semaine, etc. – nous gagnerions à peine 25 % sur le trafic automobile que nous observons actuellement. La capacité inemployée des trains est de 200 milliards de passagers.km par an (leur capacité totale est de 300 milliards de passagers.km et ils sont globalement remplis au tiers), alors que le trafic automobile annuel représente désormais 700 milliards de passagers.km… Conserver la mobilité présente, en reportant sur le train les trois quarts du trafic automobile actuel, nécessiterait de multiplier le réseau ferré par 4 ou 5, si ce n'est par 10, les taux de remplissage devenant de plus en plus mauvais à mesure que l'on dessert des zones de moins en moins denses (et l'urbanisation devient de moins en moins dense, voir page 252). Hélas, il faut se faire à cette idée : attendre qu'une offre significative de transports en commun existe pour que tout un chacun puisse laisser sa voiture au garage est espérer un événement impossible.

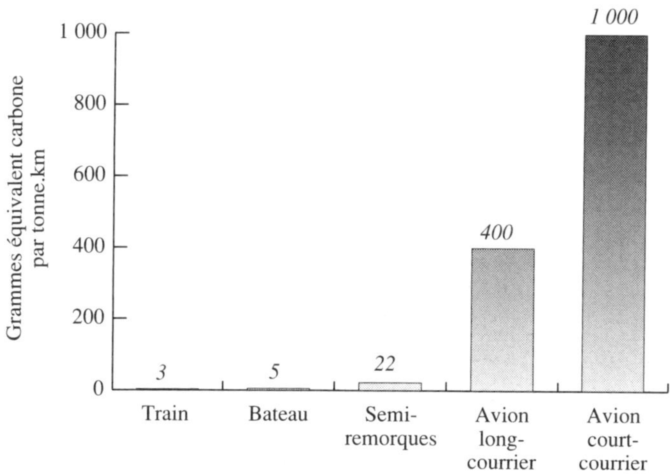


***Figure 55*** – Émissions de gaz à effet de serre par mode pour les marchandises en grammes équivalent carbone par tonne et par kilomètre. (D'après INFRAS, ADEME, Jancovici.)

## RÉSIDENTIEL ET TERTIAIRE

À la quatrième place du classement mondial, nous allons trouver le confort thermique des bâtiments. Dans les pays développés, il s'agira pour l'essentiel du chauffage, puis de l'eau chaude sanitaire, parfois de la climatisation (cependant la climatisation fonctionne généralement à l'électricité, donc n'est pas prise en compte dans ce total). Dans les pays en voie de développement, le chauffage est proportionnellement plus faible (cela dépend entre autres de la catégorie dans laquelle la Chine est placée : il est très loin d'y faire chaud partout).

Pour fixer les ordres de grandeur, donnons l'exemple du chauffage d'une maison en Europe, en tenant compte des émissions liées au raffinage en cas d'utilisation du fioul ou du gaz, et du « contenu en équivalent carbone » du kilowattheure en cas d'utilisation de l'électricité. Il est important de préciser qu'en hiver EDF met en route des centrales à charbon pour répondre à une demande d'électricité plus forte qu'en été, ce qui pose un problème de méthode : à qui attribue-t-on les émissions de gaz carbonique liées à la mise en marche des centrales à charbon ?

– au chauffage électrique, disent ses adversaires : les centrales à charbon n'existeraient pas sans chauffage électrique ;

– à tout le monde, disent les autres : pourquoi un usage particulier – il n'y a pas que le chauffage qui augmente l'hiver – serait-il traité à part ?

Regardons un peu les chiffres, pour voir s'ils contiennent la réponse. La production électrique française réalisée à base de combustibles fossiles (on parle de production thermique) a représenté 35 TWh en 2000[1]. Le chauffage électrique *stricto sensu* consomme 60 TWh (40 pour les logements et 20 pour les bâtiments commerciaux), ce qui exclut de toute façon de considérer comme « 100 % charbon » le kilowattheure électrique consommé par chaque radiateur. Mais ce n'est pas tout : l'éclairage, l'eau chaude sanitaire, les appareils électroménagers (plaques chauffantes incluses), qui sont de fait des sources additionnelles de chauffage, puisque toute énergie électrique utilisée finit par se convertir en chaleur, totalisent

1. TWh = $10^{12}$ wh = $10^9$ kwh.

75 TWh, et font l'objet d'une plus forte consommation l'hiver que l'été. En vertu de quoi un appartement équipé d'halogènes puissants, qui concourent significativement au chauffage, serait-il crédité d'un moindre contenu en gaz à effet de serre par degré de température intérieure que celui qui injecte directement l'électricité dans un radiateur, sans passer par la case « éclairage » ?

Comme je confesse être incapable de proposer une méthode non contestable d'allocation des émissions des centrales à charbon au chauffage électrique, j'ai pris la moyenne annuelle du parc de centrales (cela vaut pour les trois pays pris en exemple). Cela permet au moins de montrer que, si l'intérêt de l'électricité pour la chauffage peut se discuter en France, en revanche il n'existe pas dans les pays faisant leur électricité essentiellement au charbon ou au gaz.

| *Énergie utilisée* | *TEP correspondantes* | *Émissions de gaz à effet de serre correspondantes, en kg équivalent carbone* |
|---|---|---|
| Fioul (3 000 l) | 2,56 | 2 400 |
| Gaz (30 000 kWh) | 2,56 | 1 830 |
| Électricité | | |
| moyenne EDF, 17 250 kWhe[a] | 3,8[b] | 400 |
| moyenne anglaise, 17 250 kWhe | 1,5 à 3,3 | 2 720 |
| moyenne danoise, 17 250 kWhe | 3,3 | 4 150 |

a. On a supposé que les chaudières domestiques avaient un rendement de 50 % : 30 000 kWh de gaz correspondent à 15 000 kWh électriques (le rendement des radiateurs électriques est proche de 100 %). Plus le rendement de la chaudière est élevé et plus l'équivalent électrique est important. Pour passer des kilowattheures consommés par le radiateur aux kilowattheures en sortie de centrale, on rajoute 15 % (forfaitairement) pour tenir compte des pertes dues au transport (effet Joule, notamment) depuis la centrale jusqu'à l'utilisateur final.

b. La conversion des kilowattheures électriques en tonnes équivalent pétrole dépend de l'énergie primaire utilisée ! Un mégawattheure nucléaire équivaut à 0,261 tep, mais produit avec du gaz ou du pétrole il équivaut à 0,086 tep seulement.

## AGRICULTURE ET SYLVICULTURE

L'agriculture émettrait du gaz carbonique ? Mais les plantes en absorbent… Non seulement l'agriculture est à l'origine d'émissions significatives de gaz à effet de serre, mais elle constitue même la première source en France (voir fig. 51, page 165). Deux éléments expliquent que ce poste soit rarement évoqué malgré son importance. Tout d'abord les émissions agricoles sont essentiellement dues à des gaz autres que le gaz carbonique, l'agriculture n'émettant que 11 % de ce gaz majeur (il faut quand même faire fonctionner les tracteurs et autres moissonneuses). Lorsque les inventaires sont donnés uniquement pour ce gaz, l'agriculture est escamotée.

C'est essentiellement ses émissions de méthane et de protoxyde d'azote, pour lesquelles elle représente la source principale, qui font de l'agriculture un contributeur important à la perturbation climatique (voir fig. 56).

Le deuxième élément qui rend parfois les choses confuses résulte d'une vieille habitude concernant la nomenclature administrative (ce n'est pas seulement la faute de l'INSEE : ce cas de figure est fréquent dans tous les pays). En effet, les statistiques de toute nature agrègent très souvent les activités agricoles et les activités sylvicoles (la sylvi-

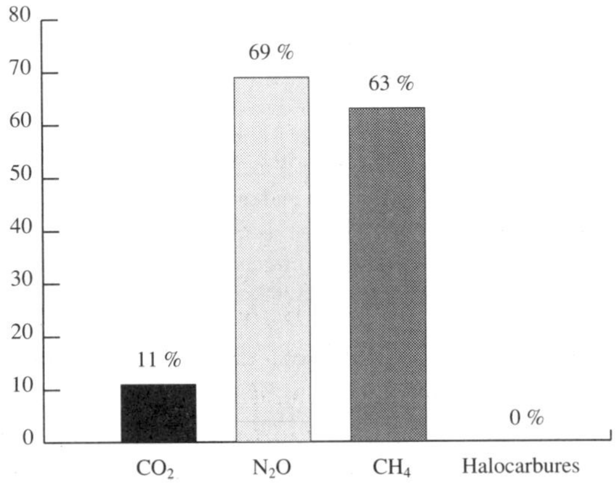


***Figure 56*** – Part de l'agriculture dans les émissions françaises de chaque gaz à effet de serre en 1998. (CITEPA.)

culture désigne la culture des arbres, et plus généralement l'exploitation forestière). L'agriculture est à l'origine d'émissions conséquentes, alors que les activités sylvicoles conduisent à éliminer du gaz carbonique de l'atmosphère. Il s'ensuit que de traiter de manière globale les émissions de l'ensemble « agriculture et sylviculture » revient à défalquer des seules émissions agricoles le puits représenté par la gestion sylvicole, alors que la production de bois d'œuvre n'a pas de raison particulière de venir compenser uniquement les émissions de l'élevage et de la culture du blé plutôt que la construction ! Bien qu'ils soient tous les deux reliés à des cultures végétales, il est préférable de distinguer nettement agriculture et sylviculture, et de regarder comment se classent les émissions agricoles brutes dans le total national. Il apparaît alors clairement que l'agriculture représente le premier poste d'émissions de gaz à effet de serre en France.

Plus du tiers de ce poste provient de l'élevage (émissions de méthane des ruminants) et plus du tiers également de l'utilisation des engrais (qui conduisent à des émissions de protoxyde d'azote). La répétition, pour les produits agricoles, de l'exercice déjà effectué ci-dessus, visant à attribuer un « contenu en équivalent carbone » à des produits divers, fournira des indications plus précises et instructives. Certaines des émissions à prendre en compte avec cette approche échappent à nouveau à une comptabilité purement sectorielle. Par exemple, 50 % de la dépense énergétique à l'hectare des cultures provient de la fabrication des engrais (qui sont pour l'essentiel produits à partir de gaz naturel) et des pesticides, alors que les émissions correspondantes se trouvent dans les postes « industrie » et « énergie », non dans le poste agricole.

Il saute aux yeux que la production de viande en général, et particulièrement de viande rouge, engendre des émissions très significatives de gaz à effet de serre (voir fig. 57). Les très fortes émissions « contenues » dans un kilogramme de viande de bœuf ou de veau ne proviennent pas seulement du méthane émis par l'animal : entrent aussi en ligne de compte les quelques dizaines de tonnes de céréales qu'il faut cultiver – et donc les émanations des engrais et la dépense énergétique afférentes – pour produire une tonne de carcasse. Les choix alimentaires sont très loin d'être neutres vis-à-vis des émissions de gaz à effet de serre : manger un steak d'un demi-kilo, ou parcourir 50 km en petite voiture, c'est à peu près équivalent ! La

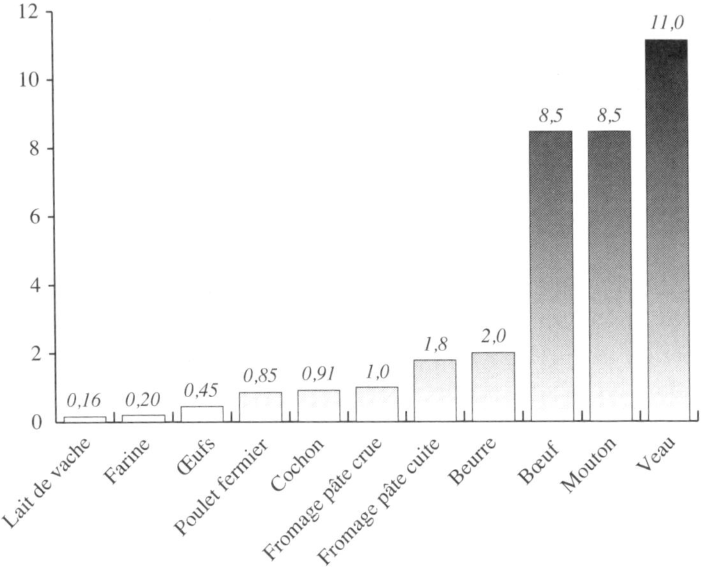


***Figure 57*** – Kilogramme équivalent carbone émis pour aboutir à la production d'un kilogramme de divers produits alimentaires, en tenant compte des émanations des ruminants, des émanations de protoxyde d'azote des engrais, de l'énergie, et du pourcentage de déchets. Pour la viande les chiffres s'entendent avec os. (Jancovici, 2000.)

généralisation à l'humanité tout entière d'une alimentation fortement carnée, qui est la tendance que nous encourageons (la consommation de viande par habitant et par an a *grosso modo* doublé dans les pays développés depuis le début du siècle), ne peut pas aller dans le bon sens si la préservation du climat nous importe (incidemment l'agriculture intensive est une conséquence directe d'une alimentation fortement carnée).

La sylviculture, activité que nous devons considérer de manière autonome, constitue pour sa part un puits. Pourquoi une forêt peut-elle être comptabilisée de cette manière ? Deux cas de figure peuvent se présenter :

– celui d'une forêt en croissance (ou jeune), à condition qu'elle pousse à la place d'une terre agricole (voir page 49) ;

– celui de l'exploitation d'une forêt mature pour en tirer du bois d'œuvre.

En France, les forêts ne remplacent pas des terres agricoles, mais des prairies : la surface de ces dernières a été diminuée de 5 000 km$^2$ environ de 1992 à 1997, alors que la surface forestière a augmenté de… 5 000 km$^2$ également sur cette même période. De ce fait, la croissance de la superficie forestière ne peut légitimement être considérée comme créant un puits.

Par contre, le fait d'exploiter la forêt pour en tirer du bois d'œuvre constitue effectivement un puits : le stock de carbone inclus dans le bois d'œuvre n'est pas réinjecté dans l'atmosphère, mais déplacé (dans un meuble, une charpente…), et un nouvel arbre pousse à la place de l'ancien, soustrayant ainsi du gaz carbonique à l'atmosphère. Mais… il en va tout autrement si les arbres servent à faire du bois de chauffage, ou de la pâte à papier. Le papier termine généralement son existence brûlé ou mis en décharge, et le carbone – qui était stocké dans un arbre de quelques dizaines d'années – retourne dans l'atmosphère sous forme de gaz carbonique, ou de gaz carbonique et de méthane si le papier est mis en décharge. Il faut finement discriminer les destinations finales du bois coupé pour savoir ce que l'on doit retenir au titre de la gestion forestière.

## CHANGEMENTS D'USAGE DES SOLS

Le changement d'usage des sols qui nous intéresse ici concerne celui qui conduit à des émissions ; il recouvre alors l'acte qui consiste à défricher une forêt pour cultiver les terres ainsi rendues disponibles. Il concerne essentiellement les pays tropicaux, et deux types d'émissions en découlent :

– la conversion d'une forêt, qui stocke quelques centaines de tonnes de carbone par hectare, en sol agricole, qui n'en stocke plus que 80, « libère » progressivement le surplus dans l'atmosphère, pour l'essentiel sous forme de gaz carbonique. Ce largage provient d'une exposition accrue du carbone du sol à l'oxygène de l'air (notamment à cause du labourage). Il s'étale sur plusieurs décennies à un siècle. La conversion d'une prairie en terre agricole produit un effet identique ;

– l'essentiel du bois coupé n'est pas utilisé pour faire des meubles de jardin (c'est en effet l'un des usages courants du bois tropical) ou encore des traverses de chemin de fer, mais… brûlé.

En effet, l'obtention de terres agricoles ou de pâturages dans les pays « pauvres » représente de très loin la cause majeure de déforestation sur la planète (deux tiers des surfaces défrichées). Les paysans utilisant essentiellement les arbres coupés – qui ne sont pas remplacés par une repousse – comme bois de feu, la combustion représente alors une deuxième source d'émissions (si ce bois était utilisé comme bois d'œuvre ce ne serait pas le cas). Contrairement à une idée courante, l'exploitation forestière sous les tropiques ne conduit pas directement au défrichement de plus de quelques pour-cent des surfaces qui disparaissent chaque année, car les exploitants des forêts tropicales ne s'intéressent qu'à quelques espèces sur un total de plusieurs centaines. Les forestiers sont néanmoins indirectement responsables d'une proportion bien plus importante de la déforestation (mais difficile à définir), car les pistes créées pour l'exploitation forestière permettent ensuite la pénétration des paysans ou planteurs dans la forêt, où ils défricheront les parcelles rendues accessibles.

Les émissions qui découlent de changement d'usage des sols ont donc quelques caractéristiques qui les distinguent des émissions examinées jusqu'à présent :

– elles ne libèrent pas de carbone fossile (d'où l'impossibilité de les distinguer des émissions naturelles par analyse isotopique, voir page 44) ;

– elles sont pour l'essentiel très différées par rapport à l'acte.

Cerner cette contribution avec exactitude suppose de bien connaître les surfaces défrichées, la nature de la forêt qui y pousse, l'ancienneté de la déforestation, etc. Même l'estimation de la surface peut poser problème : la couverture végétale s'étudie à partir d'observations par satellite à relativement large échelle, et tout ce qui se passe sous la taille du pixel de l'image du satellite n'est pas bien cerné. Une parcelle dont la reproduction sur l'image correspond à un pixel (soit 100 hectares actuellement) et à moitié défrichée sera vue, selon les cas, comme encore totalement boisée ou au contraire comme totalement défrichée. Un éclaircissement significatif de la couverture forestière sans coupe à blanc ne sera pas nécessairement vu. Savoir en outre si le bois a été brûlé ou pas est encore plus difficile. Enfin le largage de carbone par les sols résulte nécessairement d'une estimation et non d'une mesure.

## EN GUISE DE CONCLUSION...

Toutes les activités humaines concourent, à des degrés divers, aux émissions de gaz à effet de serre. S'il est possible d'en établir une hiérarchie, qui varie en fonction des méthodes et des gaz retenus, aucune de nos activités n'est à elle seule responsable de 80 % du problème. Si tel était le cas, la solution ne serait pas très loin : la collectivité n'hésiterait peut-être pas à faire de gros efforts sur un usage particulier pour se prémunir contre une évolution potentiellement catastrophique. C'est exactement la voie qui a été suivie concernant les CFC et la « couche d'ozone » : les sources de produits nocifs étaient relativement peu nombreuses, les usages concernés en faible nombre, la substitution aisée, et les acteurs pénalisés en nombre réduit. L'action n'a peut-être pas été assez précoce, mais elle a quand même pris place de manière assez naturelle.

Il en va tout autrement ici : chacun de nos désirs – avoir chaud, se déplacer vite, manger de la viande, disposer de biens manufacturés – est à l'origine, en chiffres ronds, d'un quart des émissions anthropiques, et, au sein de chaque ensemble, il n'est même pas possible d'identifier un coupable évident. Vous, moi, mon voisin, le matin, le soir, et à travers tous nos actes de la vie quotidienne, nous émettons des gaz à effet de serre. Alors, si la réduction des émissions devient un objectif prioritaire, par où, par quoi, par qui commencer ?

QUATRIÈME PARTIE

# Dans quel monde voulons-nous vivre ?

# Doit-on réduire les émissions de gaz à effet de serre ?

Voilà bien une question saugrenue, penserez-vous peut-être. Après avoir inventorié toutes les catastrophes qui pourraient découler d'une poursuite des tendances actuelles, peut-on encore répondre non à une telle question ? Pouvons-nous envisager de vivre heureux avec un climat devenu totalement erratique ? En fait, formuler la question de cette manière n'a que peu d'intérêt. Si seule la prudence gouvernait nos actions, il y a longtemps que nous aurions commencé à mettre en œuvre des plans de réduction des émissions. Un autre nom de la prudence est parfois la sagesse, dont la seule invocation n'est ni nécessaire ni suffisante pour guider nos pas : il est sage de ne pas trop manger, de ne pas conduire trop vite, de ne pas commencer à fumer, et pourtant il y a de plus en plus d'obèses, de voitures puissantes, et de jeunes fumeurs.

Maintenant que nous avons relié les émissions anthropiques à certains de nos comportements, nous allons pouvoir présenter le problème autrement. La quantité de gaz à effet de serre émise par l'humanité procède en effet directement de choix de consommation, que l'on appelle encore choix de mode de vie : voulons-nous manger quelques dizaines de kilos de viande de bœuf – ou même de cochon – par personne et par an ? Alors nous ne pouvons éviter les émissions correspondantes, qui découlent de processus biologiques ; nous choisissons d'émettre une certaine quantité de gaz à effet de serre pour disposer de cette viande. Voulons-nous nous déplacer en voiture plutôt qu'en vélo ? Mettre en mouvement une tonne de voiture nécessitera toujours plus d'énergie que de mettre en mouvement les 15 kg d'un vélo (il est peu probable que les lois de la physique changent à l'avenir !), et nous choisissons donc de consommer une certaine quantité d'énergie, convertie en émissions de gaz à effet de serre plus ou moins importantes en fonction de choix d'approvisionnement en énergie. Voulons-nous disposer de 30 m$^2$ de surface habitable par personne (moyenne française en chiffres ronds), chauffée l'hiver et, de plus en plus, climatisée l'été, avec l'eau chaude au robinet ? Voulons-nous des caddies de supermarché mieux remplis à chaque fois que nous y allons, des jouets neufs à chaque Noël, des vêtements à la mode tous les ans, une télévision puis deux puis trois, un animal de compagnie, une machine à laver la vaisselle, de la nouveauté en permanence ? Tous ces désirs ont leur contrepartie en termes d'émissions de gaz à effet de serre. Des marges de manœuvre techniques existent, comme nous le verrons plus bas, mais elles ne sont pas dans les bons ordres de grandeur pour nous permettre de continuer à vivre comme maintenant sans perturber le climat, et encore moins d'inciter le reste de la planète à nous imiter. Si le bonheur à court terme de la majorité de l'humanité n'est pas directement proportionnel à son niveau de consommation matérielle, alors une certaine préservation de l'environnement global est envisageable (mais tout n'est pas réversible à bref délai, loin s'en faut), au détriment des volumes consommés. Sinon, il n'y a pas d'espoir à nourrir concernant notre avenir climatique : celui-ci s'assombrira petit à petit.

Ce constat nous approche d'une formulation plus opérationnelle de la question initiale : entre deux aspirations incompatibles entre elles, la croissance matérielle à court terme – voire le *statu quo* – et la préservation du climat à plus long terme, laquelle est la plus légitime ? Permettre l'accès à l'abondance matérielle à ceux qui ne l'ont pas encore et la conserver chez nous « tant que ça passe », ou choisir dès à présent de préserver l'environnement sur le long terme (long terme s'entend à l'échelle du siècle ou plus) ? Tant que, explicitement, l'objectif de nos sociétés consistera à augmenter aussi longtemps que possible, et quel qu'en soit le prix futur, la production et la consommation de biens matériels, aucun salut particulier n'est à attendre sur le plan de l'environnement global.

Nous en arrivons finalement à cette question parfaitement opérationnelle mais qui n'a pas de réponse dictée par la nécessité ou la sagesse : dans quel monde matériel acceptons-nous, ou désirons-nous, vivre demain, et quels risques sommes-nous prêts à prendre pour cela ? Combien voulons-nous avoir d'enfants ? Combien d'années voulons-nous vivre ? De combien de surface habitable voulons-nous disposer, à quelle vitesse voulons-nous nous déplacer, que voulons-nous manger, à quelles occupations voulons-nous consacrer nos activités qui ne concernent pas la nourriture et la préservation du froid ? Ce sont les réponses à des questions de cette nature, jamais posées de manière explicite, qui conditionnent la possibilité d'une réduction des émissions de gaz à effet de serre. Bigre, se dira le lecteur, mais comment puis-je envisager de ne plus conduire une voiture ou de ne plus me chauffer autant l'hiver ? Peut-être que, si l'occasion était donnée à la population mondiale d'exprimer une préférence, ce choix serait tranché massivement en faveur des éléments de confort, c'est-à-dire contre la réduction des émissions et pour la prise de risque. Si j'avais à parier, c'est l'éventualité que je jugerais la plus probable aujourd'hui. En écrivant cet ouvrage (dont je ne surestime pas l'écho qu'il aura !), je ne cache pas que mon choix serait qu'il en soit différemment demain, mais il y a loin de la coupe aux lèvres. Sans que cela ait une valeur statistique, ni que je souhaite en quoi que ce soit me poser en père la vertu, il est intéressant de constater que même la majorité des militants « pro-climat » que j'ai pu croiser (il y a quelques notables exceptions) avaient souvent, pour leurs actes personnels, un comportement parfaitement incompatible avec la préservation du climat (aller aux antipodes en avion, se chauffer au fioul, venir au travail en voiture, manger du bœuf en abondance, préconiser des choix en matière énergétique incompatibles avec la réduction des émissions, etc.), et je ne fais parfois pas exception à cette règle. Alors, faut-il réduire nos émissions ? À chacun de juger…

## RÉDUIRE, DE COMBIEN ?

Bien entendu, la situation n'est pas uniquement blanche ou noire : il n'existe pas une situation qui nous mène à la catastrophe d'un côté, une situation qui éliminerait tous les risques de l'autre, et aucune possibilité intermédiaire ; toutes les nuances de gris existent. Quelquefois, il est cependant possible de tracer une frontière approximative entre un gris acceptable et un gris qui l'est moins. Peut-on procéder de même ici ? Que serait un niveau approprié de réduction ? Hélas, cette question reste sans réponse précise. Aucun scientifique ne peut dire qu'il est raisonnable de ne pas dépasser une hausse de 1,63 °C sur 75 ans, qu'en dessous de ce seuil nous sommes garantis contre toute catastrophe et qu'au-dessus l'Apocalypse est pour bientôt, ou encore qu'un plafond de 435 ppmv de gaz carbonique dans l'atmosphère peut être atteint sans risque, mais pas de 550 ppmv.

Par contre il est possible de relier entre elles les émissions au cours du temps et l'évolution prévisible de la concentration atmosphérique en gaz carbonique. Plus précisément, pour stabiliser cette dernière, ce qui est indispensable pour stabiliser la perturbation anthropique du climat, mais pas pour faire cesser celle-ci, il faut arriver à diviser les émissions mondiales par un facteur 2 à 3.

En d'autres termes, qucl que soit le niveau de stabilisation auquel nous souhaitions parvenir, il faut que, à un moment où à un autre, les émissions mondiales de gaz carbonique (sans parler des autres gaz) repassent sous les 3 Gt équivalent carbone par an, soit au plus 50 % des émissions de 1990 (voir fig. 58). Plus on tarde à revenir à ce niveau, et plus les concentrations finales sont élevées, avec le risque qu'au-dessus d'un certain seuil (aux alentours de 700 à 800 ppmv, voir fig. 10, page 56) le phénomène s'emballe de manière irréversible, sans que nous ne puissions alors plus rien faire pour le modérer. Si les émissions mondiales ne sont jamais ramenées sous cette limite de 3 Gt, alors la concentration en gaz carbonique croîtra indéfiniment aussi loin que nous puissions le savoir, et les ennuis seront certains.

Admettons qu'un tel plafond de 3 Gt équivalent carbone devienne l'objectif de l'humanité (admettre le contraire revient à accepter que nous ne souhaitons pas éviter les ennuis ; le reste de ce livre dissertant sur les éventuelles manières d'être sobres, la lecture peut s'arrêter ici !), la question de sa répartition se pose alors. Il me semble que, dans un monde où n'importe qui peut désormais voir comment vit n'importe qui d'autre, le point d'équilibre sur le long terme – c'est-à-dire une situation stable – n'est pas très éloigné de l'allocation d'une même quotité d'émissions par Terrien. Maintenir des différences est facile dans un contexte évolutif, tant que les possessions des plus riches et des plus pauvres augmentent parallèlement. L'inégalité peut probablement perdurer indéfiniment dans un monde en constante évolution : un Indien d'aujourd'hui vit comme un Français d'il y a quelques décennies, mais le temps que l'Indien vive comme un Français de l'an 2000 (ce qui est aujourd'hui l'objectif), ce dernier aura pu lui aussi évoluer : dans un monde sans limites, la différence ne se résorbe pas nécessairement. Dans un monde avec une limite supérieure collective, fixée pour l'éternité, il paraît difficile d'envisager le maintien de différences fortes, hors dictature mondiale qui aurait pour vocation de maintenir les inégalités, mais qui ne serait peut-être pas beaucoup plus amusante pour les geôliers que pour les prisonniers.

3 Gt équivalent carbone tout au plus équitablement répartis entre les 6 milliards d'habitants de la planète, cela fait donc 500 kg équivalent carbone au plus par personne et par an (pour le seul gaz carbonique). Par rapport aux émissions de 1998, cela représente (hors prise en compte des puits) :

– 8 à 10 % des émissions d'un Américain ;
– environ 15 % des émissions d'un Allemand ou d'un Danois ;
– 20 % des émissions d'un Anglais ;
– un quart des émissions d'un Français ;
– un peu moins de 30 % des émissions d'un Portugais ;
– environ la moitié des émissions d'un Mexicain ;

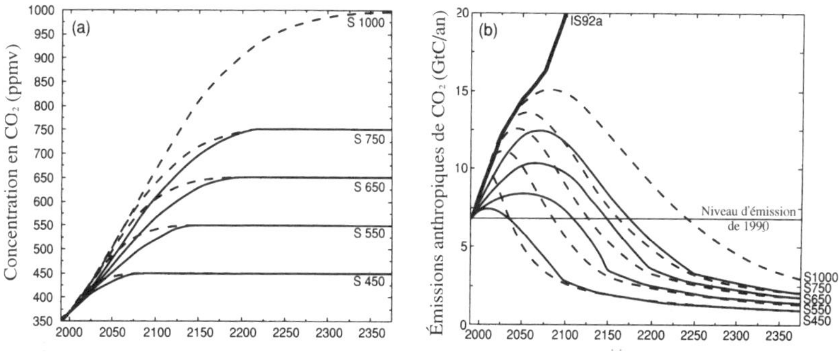


***Figure 58*** – Ces courbes se lisent de la manière suivante : pour une valeur de la teneur de l'air en gaz carbonique qui se stabilise à un niveau donné (figure de gauche) on a calculé l'évolution des émissions qui y correspondent (figure de droite). La correspondance entre figures se fait sur les références de concentration. (GIEC, 2001.)

– 70 à 80 %, déjà, des émissions d'un Chinois ;

– 120 % de celles d'un Indien, et jusqu'à 20 fois celles d'un habitant de l'Afrique noire ou du Népal.

Avec nos technologies en usage, nous avons émis 500 kg équivalent carbone dès que nous avons :

– consommé 2 500 kWh d'électricité en Grande-Bretagne, mais 22 000 kWh en France ;

– acheté de 50 à 500 kg de produits manufacturés (voire encore moins s'ils contiennent des matériaux rares ou beaucoup de composants à forte valeur ajoutée, comme de l'électronique par exemple)

– utilisé 2 tonnes de béton (une maison moderne de 100 $m^2$ en nécessite 17) ;

– conduit 5 000 km en zone urbaine en petite voiture, soit 4 à 6 mois de circulation seulement (le kilométrage annuel moyen parcouru par une voiture en France est de 14 000 km), et 1 à 2 mois en 4 × 4 ou en grosse cylindrée (en ville aussi) ;

– consommé 1 000 $m^3$ de gaz naturel (soit quelques mois de chauffage d'une maison) ;

– fait un aller-retour de Paris à New York en avion.

Incidemment, les actions suivantes conduisent aussi à émettre 500 kg équivalent carbone si tous les gaz à effet de serre sont pris en compte :

– manger 70 kg de bœuf avec os ou consommer 3 000 l de lait (y compris sous forme de pâtisseries, yaourts, glaces, etc.) ;

– aller (sans revenir) de Paris à New York.

Admettons maintenant que le plafond à ne pas dépasser soit non plus de 3 mais de 2 Gt par an, et que, pour nous projeter un peu dans l'avenir, la population mondiale soit passée à 10 milliards d'individus. Le « quota » annuel passe à 200 kg équivalent carbone par personne et par an, c'est-à-dire à peu près ce dont dispose aujourd'hui un Indien très mal loti. Enfin si nous sommes parvenus à un moment où le phénomène a commencé à diverger, parce que les puits de carbone sont devenus des sources (voir page 89), une limite supérieure par personne n'a plus de sens. Notons aussi que tout ce qui précède est basé sur une stabilisation de la concentration, donc seulement un ralentissement de la hausse de la température moyenne. Un souhait de stabilisation aussi rapide que possible de la température elle-même rendrait les plafonds bien plus bas (je n'ai pas de données).

La conclusion est simple : stabiliser les concentrations requiert qu'un habitant des pays « pauvres » n'augmente pas sa consommation d'énergie fossile à l'avenir, voire la diminue déjà (cas de la Chine), et que les habitants des pays riches « sortent du fossile » le plus vite possible. Le veut-on, cela est une autre histoire…

Mais les habitants des pays pauvres sont… pauvres, et peut-on souhaiter qu'ils le restent ? Hélas, il faut être bien conscient que le droit à tout pour tout le monde n'est pas compatible avec la maîtrise des émissions de gaz à effet de serre. L'équité, c'est-à-dire le droit à *la même chose* pour tout le monde, est compatible avec un tel souhait, mais, comme nous l'avons vu, la « même chose pour tout le monde » sera une quantité fort réduite d'émissions de gaz à effet de serre. Encore une fois, tout cela est une affaire de choix, qui se présente finalement comme suit : soit nous organisons le plus intelligemment possible une certaine forme de décroissance matérielle dès maintenant, ce qui ne sera pas nécessairement dramatique pour notre joie de vivre, et pourrait au contraire constituer un projet de société comme un autre, soit nous attendons qu'elle se répartisse d'elle-même, nécessairement dans de moins bonnes conditions, plus tard. Il ne s'agit pas de fatalisme, mais d'une conclusion logique : dans un monde fini, la bonne question n'est pas de savoir si une consommation de ressources non renouvelables ou une pression croissante sur l'environnement ont une fin – la réponse est à l'évidence oui – mais quand et comment elles surviendront.

Il faut aussi faire remarquer que la pauvreté est une notion relative (c'est même comme cela qu'elle est définie), et donc que la lutte contre la pauvreté ne fixe pas d'objectif dans l'absolu. Quand cesse-t-on d'être pauvre ? Quand on mange à sa faim ? Quand on cesse d'avoir froid ? Quand on accède à l'électricité ? Quand on possède une télévision et un téléphone ? Quand on possède aussi une voiture ? Quand on peut scolariser ses enfants à l'université ? Ou tout simplement quand on est heureux de son sort ? On peut argumenter que les pays « pauvres » ne sont pas si pauvres que cela, mais que c'est nous qui sommes excessivement riches ! Le moindre ouvrier occidental d'aujourd'hui vit dans des conditions matérielles bien meilleures que celles d'un comte ou d'un duc du Moyen Âge. Froid ? Il faut juste monter le thermostat. Faim ? Il n'y a qu'à ouvrir le frigidaire. Envie d'un orchestre symphonique au petit déjeuner ? Un bouton sur la radio le lui amène dans sa cuisine. Envie d'être servi à table ? Même un ouvrier peut se payer un restaurant. Besoin de se rendre à 30 km ? Vroum ! son fiacre des temps modernes l'y emmène. Envie d'un troubadour dans sa maison ? La télévision en propose 24 heures sur 24. Nourriture en abondance, médecin et chirurgien à disposition, et j'en passe caractérisent encore notre ami, dont pourtant d'aucuns politiques répèteront à l'envi qu'il est « modeste ». Modeste par rapport à quoi ? Et notre « habitant des pays pauvres », même des « pays les moins avancés », n'a strictement rien à envier au Français du Moyen Âge, qui vivait 2 à 3 fois moins longtemps que lui, qui avait faim, qui avait froid, qui était très souvent malade ; il mourait de tout cela dans des proportions qui n'ont rien à voir avec les taux de décès d'aujourd'hui. Un Indien de l'an 2000, avec ses maigres 300 ou 400 dollars de PNB par habitant et par an, a une espérance de vie à la naissance bien supérieure à celle d'un Français de 1900 et accès à considérablement plus de services. En revanche, un habitant des pays pauvres est probablement bien plus frustré que nos arrière-grands-parents, qui n'étaient pas abreuvés en permanence d'images venant de l'extérieur leur décrivant des conditions matérielles présentées comme plus enviables que les leurs. L'accès généralisé à l'image et le sentiment d'urgence qui en découle est très certainement un déterminant du premier ordre sur la consommation et donc sur les émissions. L'un des plus grands ennemis de la lutte contre le changement climatique est peut-être la publicité !

Cette digression sur la pauvreté n'est pas qu'une plaisanterie de potache. Considérer que tout habitant des pays pauvres a le droit d'accéder à notre niveau de consommation matérielle n'est pas particulièrement illégitime ou immoral, mais avoir cette opinion est incontestablement avoir tranché la question de savoir s'il faut réduire ou pas les émissions de gaz à effet de serre : la logique du toujours plus, quelles que soient ses motivations, ne permet pas de résoudre le problème de la perturbation du climat. Amener chaque Chinois, Indien et Nigérian au niveau de consommation d'un Européen « moyen » d'aujourd'hui conduira inéluctablement à une multiplication par 3 à 10 des émissions des pays dits « en développement ». Si nous souhaitons réellement éviter un dérèglement climatique, la voie d'avenir est bien que les Occidentaux baissent leurs émissions jusqu'à celles des Indiens, non l'inverse. Impossible ? Qui sait… Les plus grands instants de bonheur de chacun d'entre nous ont-ils été ceux où nous avons consommé le plus ?

# Négociations internationales et instruments de régulation

## CE FAMEUX PROTOCOLE DE KYOTO...

En juin 1992 a eu lieu à Rio de Janeiro le Sommet de la Terre, où, pour la première fois, des pays ont signé une convention internationale relative à la préservation du climat, qui porte le nom de United Nations Framework Convention on Climate Change, ou UNFCCC. Elle a fixé un objectif qualitatif qui consiste à « stabiliser les concentrations de gaz à effet de serre dans l'atmosphère à un niveau qui empêche toute perturbation anthropique dangereuse du système climatique ». Il s'agit bien entendu d'une déclaration d'intention, car, déjà à l'époque, les scientifiques savaient qu'il n'est pas possible de déterminer une concentration de gaz à effet de serre en dessous de laquelle nous serions garantis contre « toute perturbation anthropique dangereuse du système climatique ». Vu « l'effet retard » de la modification du climat par rapport à celle des concentrations en gaz à effet de serre, personne n'est à même de savoir quand et comment nous dépasser(i)ons la cote d'alerte pour éviter des catastrophes majeures dans un futur plus ou moins lointain (voir fig. 59).

Même si l'on peut regretter une formulation se prêtant à une interprétation inexacte, la direction que propose ce document est claire : il serait souhaitable d'agir dans le sens d'une plus grande prudence. Cette convention Climat a été ratifiée par 175 États (devenus 189 depuis, par suite de sécessions telle celle de l'ancienne Tchécoslovaquie) et la Communauté européenne est entrée en vigueur en 1994. Elle s'est dotée d'un secrétariat, d'un organe subsidiaire de conseil scientifique et technologique (indépendant du GIEC), et d'un organe

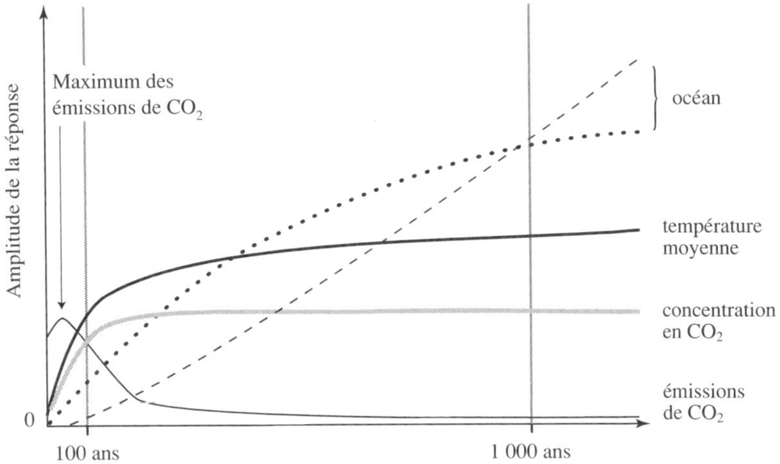


***Figure 59*** – Délais de stabilisation de diverses grandeurs avec des émissions de $CO_2$ culminant dans quelques décennies puis progressivement ramenées à zéro : concentration atmosphérique en $CO_2$ (gris épais), température moyenne (noir), élévation du niveau de la mer suite à la dilatation des océans (pointillé), élévation du niveau de la mer suite à la fonte des glaces (tireté). (GIEC, 2001.)

subsidiaire de mise en œuvre, et dispose de quelques ressources financières propres. Comme cette convention Climat n'avait pas fixé d'objectif quantitatif, les négociations internationales les plus récentes tournaient autour de l'objectif de stabiliser les gaz à effet de serre à deux fois leur concentration préindustrielle (soit 550 ppmv pour le gaz carbonique).

Les signataires de la convention se décomposent en 2 catégories : ceux qui auront des obligations de réduction de leurs émissions de gaz à effet de serre (essentiellement les pays de l'OCDE et les pays de l'Est), dits de l'annexe I (car leurs noms sont mentionnés dans l'annexe numéro 1 à la convention), et les autres, qui n'en auront pas. Les pays signataires de cette convention ont l'obligation de se réunir périodiquement pour évoquer des objectifs et négocier les éventuelles modalités de leur mise en œuvre. Incidemment, les États-Unis, qui ont ratifié cette convention, sont tenus d'assister aux négociations tant qu'ils s'estiment liés par leur signature. Ces réunions périodiques portent le nom de *Conference of the parties*, ou COP. COP6 s'est tenue en novembre 2000 à La Haye, COP7 en novembre 2001 à Marrakech. C'est au cours de COP3 qu'a été signé, en décembre 1997, et par 84 seulement des signataires de la convention Climat, le protocole de Kyoto, qui est en fait un protocole additionnel à la Convention Climat. Cette dernière stipule en effet que de tels protocoles additionnels peuvent être adoptés par une partie seulement des pays ayant ratifié la Convention; le protocole adopté n'engage alors que ses signataires. Malgré la décision des Européens et des Japonais prise à Bonn (2001) de poursuivre l'implémentation du protocole de Kyoto sans les Américains, leur gouvernement ayant alors déclaré qu'il considérait ce protocole comme « sans intérêt », aucun des pays du G7 ne l'a ratifié à la date où j'écris ces lignes. Pour que ce protocole entre en vigueur, il faudra(it) que 55 signataires (du protocole) au minimum, représentant 55 % des émissions mondiales au moins, le ratifient.

Ce protocole n'assigne d'objectifs chiffrés de réduction qu'aux pays de l'annexe I (voir annexe), qualifiés, dans ce protocole, de pays de l'annexe B, d'où une possible source de confusion (il s'agit de la même liste, à deux exceptions près), responsables à la date de la signature de deux tiers des émissions annuelles mondiales de gaz carbonique fossile (mais bien plus en émissions cumulées depuis le début du siècle). Les objectifs du protocole de Kyoto peuvent sembler modestes : les pays de l'annexe I s'engagent à ramener, au cours de la période 2008-2012, leurs émissions totales de gaz carbonique à 5,8 % en dessous du niveau de 1990. « Au cours de la période » signifie que l'objectif doit être atteint au cours de l'une de ces années-là, sans préciser laquelle. L'objectif par pays varie de – 21 % à + 27 % (voir annexes en fin d'ouvrage). Cette modestie apparente, parfois dénoncée, doit s'apprécier dans le contexte. Les émissions de 2010, en prolongation tendancielle (les émissions croissent de 2 % par an), seraient de l'ordre de 30 à 40 % plus élevées que celles de 1990 : proposer de les amener à – 5 % plutôt que de les laisser monter à + 30 % représente déjà une inflexion certaine. En outre, la rupture n'est pas seulement un problème politique ou technique, c'est surtout un problème culturel et de consommateurs, donc possédant une inertie importante. Il ne sera pas facile de changer en quelques années une propension à accumuler « toujours plus » qui a prévalu depuis l'origine de notre espèce.

Pris comme un premier pas, ceux-ci n'étant jamais parfaits ni très assurés, ce protocole a l'avantage d'enclencher la décroissance des émissions, même si l'objectif poursuivi est très insuffisant pour parvenir à stabiliser la perturbation climatique. Ces deux caractéristiques expliquent les réactions opposées qui ont cours : d'aucuns se félicitent de l'existence d'une inflexion significative, en indiquant qu'il a toujours été difficile de faire mieux qu'une action sur la dérivée seconde, pendant que d'autres déplorent la modestie apparente des objectifs. Incidemment, le fait d'avoir exprimé les objectifs en pourcentage comporte un biais considérable : un pays émettant 2 tonnes équivalent carbone par habitant et par an qui s'est engagé à 0 % apparaît comme plus mauvais élève qu'un pays émettant 4 tonnes qui s'cst engagé à - 20 %, alors que le second sera toujours, au bout du compte, un plus gros pollueur que le premier. C'est ainsi que l'on a beaucoup loué l'effort allemand et raillé l'absence d'efforts français ; mon propos n'est pas d'attribuer des bons et mauvais points (2 et 4 tonnes équivalent carbone, c'est de toute façon beaucoup trop par rapport à 0,5) mais juste de faire remarquer qu'une formulation en termes relatifs, quand la pollution dépend des niveaux en valeur absolue, ne suffit pas à porter un jugement de valeur.

Même modestes, les objectifs de Kyoto ne seront probablement pas atteints. Il n'est même pas question ici de volonté de ratification, mais de faits. Les engagements des pays signataires ont tous été basés sur leurs émissions de 1990. En gestionnaires prévoyants, les signataires devraient avoir déjà un peu avancé dans leur travail, ce qui signifie que les réductions, prises par référence à 1998, devraient être inférieures à celles prises par référence à 1990. Or il n'en est généralement rien.

À quelques exceptions près, au lieu d'avoir 15 ans pour réduire de *x* %, les pays signataires en ont maintenant 10 pour réduire de 1,5 à 3 *x* %, avec un panorama qui se présente comme suit :

– dans les pays développés, seuls l'Allemagne et le Royaume-Uni – deux pays qui furent de grands producteurs de charbon en l'Europe de l'Ouest – ont commencé à réduire leurs émissions, et sont éventuellement en mesure de tenir leurs engagements de Kyoto ;

– les autres pays développés – France comprise – ont augmenté leurs émissions ou s'apprêtent à le faire, y compris les « écolo-vertueux » comme le Danemark ou les Pays-Bas ;

– les pays « en voie de transition vers une économie de marché » (traduire : les anciens pays communistes d'Europe de l'Est) ont tous considérablement diminué leurs émissions, mais ils ne l'ont pas fait exprès ! Cette diminution résulte essentiellement de la récession des années 1990, qui a entraîné une baisse significative de leur consommation énergétique, et, plus marginalement, de la modernisation de leur industrie résiduelle (fortement consommatrice de charbon).

## FALLAIT-IL DEMANDER DES EFFORTS AUX PAYS EN DÉVELOPPEMENT ?

D'aucuns ont critiqué que l'on ne fixe pas d'objectifs aux pays en voie de développement, dans le cadre de la convention Climat, alors que leurs émissions sont censées rattraper assez rapidement celles des pays développés.

Est-ce condamnable ? Ces pays hors annexe I présentent les caractéristiques suivantes :

– ils regroupent 80 % de la population mondiale ;

– certaines émissions nationales ne sont plus très éloignées de celles des États-Unis ou de grands pays d'Europe, et leurs émissions sont en forte croissance ;

– chacun de leurs habitants contribue néanmoins 10 à 15 fois moins qu'un Américain aux émissions mondiales.

Fallait-il qu'ils prennent d'ores et déjà des engagements ? Oui, disent les dirigeants de certains pays, notamment ceux des États-Unis, qui argumentent sur la base des émissions globales par pays. Notons incidemment que « la position des États-Unis » ne reflète pas celle de tout habitant ou organisme de ce pays : la réalité y est tout aussi diverse qu'en France. Non, disent d'autres, qui se basent sur les émissions par habitant : commençons par réduire les nôtres, substantiellement supérieures, et nous verrons après pour les leurs. Peut-on départager ces deux points de vue ? Il importe de souligner tout d'abord que ces deux quantités n'évoluent pas de manière indépendante : ce qui tire les émissions des pays « en développement » vers le haut n'est rien d'autre qu'une aspiration à nous ressembler. Peut-on la leur contester, tant que nous ne changeons pas nous-mêmes ? La vision du futur la plus répandue pour les pays « en voie de développement » n'est-elle pas qu'ils se « développent » ? Par ce terme, nous ne visons en rien l'accès à une sérénité spirituelle, à un haut niveau de culture, ou à une augmentation de la joie de vivre. Nous visons surtout le fait qu'ils consomment autant que nous, adoptent nos modes de vie et parviennent à nos niveaux de production, partant du postulat que cela leur amènera aussi tout ce qui précède. Les grands organismes financiers internationaux (FMI ou Banque mondiale) ont pour objectif affiché de les amener à nous ressembler, et nous considérons comme de très bonnes nouvelles de leur vendre des Airbus, des voitures et des plats cuisinés surgelés. Pouvons-nous, alors, leur demander de réduire leurs émissions, alors que nous faisons tout pour les aider à les augmenter ?

Ce n'est donc pas dans l'observation de la situation actuelle que nous trouverons la réponse à cette question, mais dans la vision que nous avons pour le futur. Si notre première priorité est la préservation de l'environnement global, alors oui, il faut d'ores et déjà leur demander des engagements : les émissions par habitant des pays concernés atteignent déjà, quand elles ne dépassent pas, 0,5 tonne équivalent carbone par habitant et par an, c'est-à-dire la borne supérieure de ce qu'un Terrien peut émettre pour ne pas trop perturber le climat. Mais alors, que ce soit au nom de l'équité, de l'exemplarité,

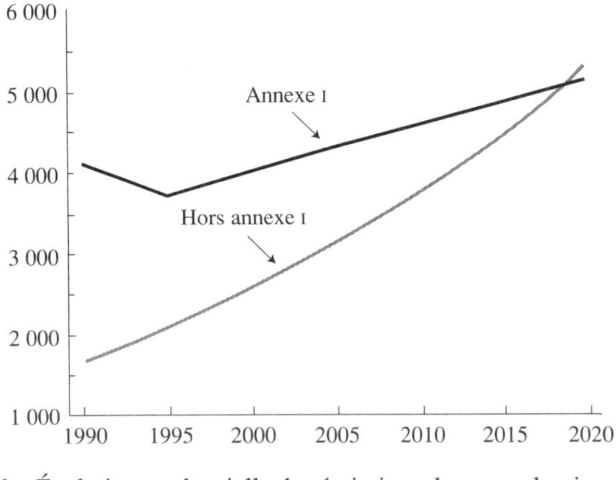


***Figure 60*** – Évolution tendancielle des émissions de gaz carbonique d'origine fossile (millions de tonnes équivalent carbone). (MIES, 1998.)

de la solidarité, ou du réalisme, il est incontournable que, dans le même temps, les pays occidentaux parviennent à diminuer leurs émissions par habitant jusqu'à cette borne supérieure, ce qui représente une division par un facteur 5 à 12 par rapport à maintenant.

Si nous souhaitons avant tout que les habitants de ces pays puissent accéder à un mode de vie identique au nôtre, alors il faut se faire à l'idée que, quelles que puissent être les déclarations de leurs dirigeants par ailleurs (exactement comme chez nous !), leurs émissions seront multipliées par un facteur 5, du moins tant qu'aucun facteur limitant (pénurie d'énergie par exemple) n'interviendra (et répétons que laisser une pénurie brusque réguler la hausse est probablement le plus sûr moyen de déclencher la catastrophe).

## LES PERMIS SONT-ILS DIABOLIQUES ?

Admettons que le protocole de Kyoto entre en vigueur, et que le principe d'une réduction des émissions devienne une obligation pour les pays signataires. Comment, alors, traduire un objectif national en actes individuels ? La puissance publique dispose en théorie de plusieurs moyens pour mettre au point un cadre d'action répondant à ce souhait :

– il est tout d'abord possible de réglementer ou de légiférer, c'est-à-dire de créer des obligations contraignantes. Par exemple, l'État peut imposer à tout producteur d'acier, ou à tout transporteur routier de diminuer chaque année ses émissions de *x* %, sous peine de sanctions financières ou réglementaires ;

– il est ensuite possible de passer des accords négociés, qui ne sont envisageables que pour des acteurs regroupant des émissions significatives. Cette opération revient à reporter sur un groupe d'acteurs (les producteurs de yaourts, ou les papetiers) un objectif global, qui se charge de répartir comme il l'entend l'effort en son sein. Cependant, si des contraintes effectives sont prévues en cas de non-respect des engagements, et vu que l'une des parties à l'accord est la collectivité, cela ressemble fort à une contrainte de nature légale ou réglementaire ;

– enfin il est possible de taxer chaque tonne équivalent carbone émise. Cette taxe peut s'appliquer soit aux émissions elles-mêmes, soit, ce qui est la solution la plus pratique, aux précurseurs (par exemple les combustibles fossiles) ou aux produits dont la production ou l'utilisation engendre des émissions de gaz à effet de serre (par exemple les climatisations, ou la viande de bœuf). Sachant qu'un acteur économiquement rationnel s'arrête de faire des efforts dès que le coût marginal de réduction (le coût marginal est le coût de la « dernière tonne de carbone évitée ») est supérieur à celui de la taxe, en fixant le niveau de taxation on règle le « thermostat » (ou plutôt le « taxostat » !) sur le niveau de réduction souhaité.

Ces divers systèmes ont leurs avantages et leurs inconvénients. Ils visent tous à créer des contraintes, ce qui est normal : un souhait sincère de réduction des émissions de gaz à effet de serre peut difficilement s'accompagner d'un discours réclamant l'absence de contraintes. Par contre le débat sur le choix de la contrainte la plus efficace – qui ne se confond pas avec le débat sur le choix de l'objectif de réduction – est parfaitement légitime.

Le système des permis d'émission est destiné à « mettre de l'huile dans les rouages » pour permettre à un ensemble d'acteurs d'atteindre un objectif collectif que l'on a fixé par ailleurs, et matérialisé par d'éventuelles contraintes fiscales ou réglementaires. Imaginons par exemple que l'on demande à toutes les entreprises fabriquant des biscuits de diminuer leurs émissions de 10 % en 2 ans. L'entreprise A n'aura pas de problème pour cela, et pourra même aller au-delà : elle est en train de passer du pétrole au gaz pour chauffer ses fours et va de toute façon réduire ses émissions de 30 % à cette occasion. L'entreprise B va avoir beaucoup de mal à faire mieux que 5 %, quels que soient ses moyens financiers : il faudrait pour cela qu'elle modifie de fond en comble ses lignes de production, ce qu'elle ne peut réaliser en moins de 3 ans.

Le principe du permis négociable – on parle aussi de permis d'émission, ou de permis transférable – est de permettre à l'entreprise A et à l'entreprise B de « s'arranger entre elles » pour que les émissions totales de A + B baissent de 10 % ou plus. A va ainsi pouvoir vendre à B tout ou partie du surplus d'économies qu'elle projette de faire au-delà de l'objectif de référence (-10 %), alors que B ne parviendra pas à atteindre cet objectif de référence. Un tel système n'est pas destiné à permettre à toutes les entreprises de ne rien faire : ce qu'une entreprise achète correspond nécessairement à ce qu'une autre a réalisé « en trop ». Dans la pratique, A et B ne se connaissent pas nécessairement. Il faut donc organiser un marché, où les surplus d'économies pourront s'échanger, en précisant dans quelles limites, et selon quelles règles. C'est l'ensemble de cette organisation, comprenant la définition des économies échangeables, des modalités d'achat et de vente, et encore d'autres règles que nous allons voir, que désigne l'appellation « système de permis négociables ».

Un tel système peut aussi s'appliquer à des pays : certains d'entre eux pourront éventuellement aller au-delà de leurs engagements (encore que si l'objectif est de cesser de perturber le climat aussi vite que possible, il faut fixer des objectifs que l'on ne pourra pas dépasser si facilement !), d'autres n'arriveront pas à satisfaire les leurs. Selon le même principe, les retardataires pourraient acheter, dans des conditions qui restent à définir, les surplus d'économies des bons élèves.

L'outil n'a rien d'immoral en lui-même, pas plus que ce qui motive sa création : c'est un moyen supplémentaire, utile, de lisser les disparités afin de faciliter l'atteinte d'un but collectif. Mettre en place un système de permis ne signifie pas en soi que l'effort collectif de réduction doit être timide ou limité. Par contre, il faut faire bien attention à ne pas confondre outil et objectif. En particulier, soutenir, comme il arrive parfois, que la simple création d'un marché de permis négociables, qui n'aurait pas été précédée de la détermination – nécessairement politique – d'un objectif global, déboucherait « naturellement » sur des baisses conséquentes, est parfaitement exagéré. Les exemples si souvent choisis pour justifier de l'intérêt de ce système, comme par exemple la réduction des émissions de dioxyde de soufre aux États-Unis, ont précisément pris place dans un contexte où l'objectif de réduction avait été défini de manière très claire au préalable par la puissance publique.

D'aucuns ont stigmatisé cette idée en parlant de « droits à polluer », qui seraient moralement inacceptables. Il faut bien voir que le « droit à polluer » s'applique déjà partout dans notre vie quotidienne : nous polluons tous et considérons que nous en avons parfaitement le droit ! L'industrie française produit environ 300 kg de déchets toxiques par habitant et par an : à travers nos achats de biens courants, nous nous octroyons de multiples droits à polluer sans même nous en rendre compte, sans parler de nos achats de combustibles qui nous fournissent alors une occasion explicite de payer un « droit à polluer ». Tout arrêté préfectoral autorisant une installation classée est aussi un droit à polluer dans la limite fixée par l'arrêté, toute norme est un droit à polluer jusqu'à la norme, toute taxe un droit à polluer jusqu'à la taxe, etc.

Une autre crainte qui a été formulée concerne la possibilité que ce système serve aux pays riches pour transférer les efforts sur les pays pauvres. Actuellement ce n'est pas possible, car, dans le cadre du protocole de Kyoto, le système des permis ne peut se mettre en place qu'entre les pays qui ont pris des engagements de réduction. Les pays « pauvres », qui n'en ont pas pris, ne peuvent donc supporter par ce biais des efforts que les Occidentaux refuseraient de faire. En outre, les permis d'émissions ne sont qu'un système de vases communicants. Or le « vase » des émissions des pays en voie de développement étant 2 fois plus petit que celui des émissions des pays développés, il est facile de voir que, mécaniquement, les transferts ne pourraient de toute façon pas être considérables. En aucun cas ce système ne pourrait permettre aux pays riches de s'exonérer de leurs obligations dès que celles-ci dépassent quelques pour-cent de leurs émissions : les ordres de grandeur n'y sont pas.

Ce système a bien un certain nombre d'inconvénients, mais d'ordre pratique et non d'ordre moral :

– il faut parvenir à se mettre d'accord sur la répartition de l'objectif national par secteur d'activité. Kyoto a montré que cet exercice était long et difficile entre pays, il est donc facile à concevoir que ce deuxième niveau de répartition ne soit pas facile non plus à définir rapidement ;

– ces permis ne sont adaptés qu'aux sources faciles à mesurer ou estimer. Le méthane et le protoxyde d'azote de l'agriculture, pour lesquels les émissions sont entachées d'une incertitude importante, ne seraient pas commodément éligibles, pas plus que les « petites » sources de gaz carbonique, qui proviennent du chauffage individuel, des véhicules, ou des petites entreprises. L'arsenal des dispositifs de mesure, de contrôle et de gestion serait alors d'un coût démesuré par rapport au montant des transactions envisageables. Or le transport, le chauffage et l'agriculture représentent près de 75 % des émissions de gaz à effet de serre : un tel système serait donc inapproprié pour le gros des émissions ;

– il faut pouvoir sanctionner le cas de figure où un secteur pris globalement ne parvient pas à réaliser son objectif de référence, donc définir des pénalités et leur montant ;

– enfin il faut définir le mode de calcul du niveau de référence pour chaque acteur, à partir duquel il est possible de commencer à vendre les surplus. Il y a deux possibilités pour ce faire, qui font toutes les deux des perdants à court terme. Le niveau de référence peut se fixer proportionnellement aux émissions de chaque acteur pour la ou les année(s) précédente(s). Dans ce cas de figure, si le secteur dans son ensemble doit réduire de 10 %, chaque entreprise a pour niveau de référence 90 % de ses émissions de l'année précédente. Cette manière de faire avantage les gros émetteurs : l'effort qui leur est demandé n'est pas supérieur à celui que l'on attend d'une entreprise ayant la même activité qui a déjà des émissions faibles, et dont le coût de réduction sera plus élevé. L'alternative consiste à fixer le niveau de référence proportionnellement à la production ou au service rendu : il est possible d'émettre tant par passoire ou par sac de ciment fabriqué, le niveau étant fixé par rapport à la moyenne du secteur. Ce système désavantage instantanément les plus gros émetteurs par unité, et donne instantanément une « prime à la vertu » aux entreprises qui ont déjà des processus économes en émissions ;

– certains acteurs souhaiteront défalquer une absorption par les puits qu'ils créent, dont la prise en compte relève parfois du cassetête (voir page 149).

Avec les permis négociables, le protocole de Kyoto a prévu des dispositifs voisins permettant à des pays riches de financer des opérations dans les pays « en voie de développement » ou « en transition vers une économie de marché » en vue d'obtenir une réduction des émissions. Il s'agit des mécanismes de développement propres (concernant surtout les pays pauvres) et des implémentations conjointes (concernant surtout les anciens pays de l'Est). Lorsqu'un pays riche cofinance une opération permettant à un pays qui l'est moins de réduire ses émissions, les gains ainsi réalisés sont partagés entre les deux. Par exemple une opération visant à améliorer le rendement d'une centrale à charbon peut faire l'objet de ces procédures.

Ce mécanisme pose toutefois un épineux problème de référent. Admettons qu'un pays pauvre envisage de construire une centrale à charbon. Il a le choix entre deux technologies, la plus chère ayant le meilleur rendement et permettant donc d'obtenir un kWh un peu moins « riche en carbone ». Un pays riche l'aide en finançant le surcoût lié à la construction de la centrale la moins émettrice par kWh. Quel est le gain à se partager ?

– La différence entre les émissions les plus mauvaises et les meilleures par kWh, multipliées par la production annuelle de la centrale, vont dire les uns. Le choix de ce système conduit à un paradoxe : plus la centrale produit d'électricité sur un an – donc plus elle fait d'émissions de gaz à effet de serre – et plus le gain est fort. Ce n'est pas vraiment une incitation à la vertu…

– D'autres vont dire qu'il n'y a pas de gain : le pays riche aurait pu financer une meilleure utilisation de l'énergie déjà existante, ou des toits solaires sur les maisons, ce qui aurait évité la construction de la centrale. Le simple fait qu'elle soit construite est donc un débit plus qu'un crédit.

D'autres argumentations sont encore envisageables ! Mais ce petit exemple montre que la méthode de détermination du gain peut souvent se discuter à bon droit. De toute façon le volume de ces opérations restera fort modeste : avec moins de 1 % du PNB consacré par les pays occidentaux à l'aide aux pays en développement en général, ces mécanismes – ou d'autres – ne permettent pas d'espérer des miracles.

## VIVE L'IMPÔT ?

Toutes ces difficultés concernant les permis, qui de fait n'ont pas été utilisés très souvent, quoique parfois avec succès, conduisent souvent un observateur extérieur à préférer la fiscalité, qui a l'avantage d'une facilité de gestion bien plus grande. Une « taxe carbone », appliquée aux émissions de gaz à effet de serre ou, plus simplement, aux précurseurs (aux combustibles fossiles, aux engrais…) présente incontestablement des avantages :

– comme elle frappe indistinctement le premier kilogramme équivalent carbone comme le dernier, elle simplifie la discussion sur les émissions qui peuvent être réalisée « en franchise », de tels cas de figure devenant l'exception et non la règle ;

– son produit est proportionnel à la nuisance ; elle ne représente donc pas une prime aux gros émetteurs comme l'est un système de permis avec des autorisations initiales proportionnelles aux émissions historiques ;

– les coûts de gestion sont beaucoup plus faibles, car la perception peut se faire de manière très concentrée (chez les pétroliers ou les fournisseurs d'électricité par exemple) ;

– si la taxation se fait sur les précurseurs d'émissions (comme l'essence) il n'y a pas besoin de mesurer les émissions elles-mêmes chez les consommateurs pris un par un ;

– elle évite une discussion sans fin sur les puits ;

– enfin elle est perçue sur l'ensemble des émissions, alors que les permis achetés n'ont pour assiette que les quotités échangées.

Mais la taxe présente un handicap : elle suppose un contexte un peu harmonisé au niveau mondial ou, ce qui revient au même, que l'objectif de réduction soit unanime (nous avons vu que pour l'instant ce n'était pas le cas), sinon le risque de « dumping fiscal » sera réel : certains gros émetteurs de gaz à effet de serre se délocaliseront probablement – même si ce n'est pas très moral, ni même très prévoyant, personne ne pouvant être assuré qu'il sera épargné par les conséquences du changement climatique – dans des pays peu ou pas taxés (il y en aura toujours) et, comme le lieu d'émission est sans importance pour les gaz à effet de serre, le but recherché – préserver le climat – ne sera pas atteint. Peut-être que l'instauration de droits de douane fixés en fonction du « contenu en gaz à effet de serre » permettrait de compenser partiellement cette faiblesse.

En cas de taxe, quelles augmentations de prix seraient à envisager ? Répondre à cette question supposerait que je sache quel niveau de taxe serait opportun, ce qui n'est bien évidemment pas le cas. Si nous sommes cohérents avec nous-mêmes, décider de fortement réduire les émissions implique probablement d'augmenter progressivement, mais de manière très importante à terme, le coût relatif de ce qui engendre des émissions. Cela ne signifie pas pour autant que la fiscalité doive s'alourdir dans son ensemble : les charges sociales ou la TVA peuvent corrélativement être allégées, afin de garder un niveau de pression fiscale constant. Mieux : si l'objectif est de remplacer la combustion du pétrole par de l'huile de coude, il sera sûrement opportun de taxer le pétrole et d'alléger charges sociales et TVA sur l'huile de coude. Pour fixer les idées, j'ai choisi de donner quelques exemples avec une taxe de 1 500 euros la tonne équivalent carbone, ce qui représente un doublement du prix de l'essence en France. Les niveaux couramment évoqués sont bien plus bas, de l'ordre de 100 euros la tonne équivalent carbone, ce qui représente de 5 à 10 centimes d'euro en plus sur le prix de l'essence. Ils ne permettraient pas d'infléchir les comportements de manière significative (comme pour Kyoto, un niveau faible au départ a cependant un sens comme premier pas). Sur une telle base (1 500 euros la tonne équivalent carbone), le kilowattheure électrique français verrait son coût augmenter de 3 centimes d'euro en moyenne. Plus précisément, cette taxe représenterait :

– moins d'un centime d'euros par kilowattheure pour les centrales nucléaires, hydrauliques, et l'éolien (hors stockage dans ce dernier cas) ;

– 40 centimes d'euro par kilowattheure pour le charbon ;

– 20 centimes d'euro par kilowattheure pour le gaz ;

– 2,5 à 6 centimes d'euro par kilowattheure pour le solaire (hors stockage).

Ce seul exemple de la production d'électricité illustre assez bien, à mon sens, tout ce qu'il y a de relatif à dire que telle ou telle forme de production d'électricité est « compétitive » (par exemple le gaz naturel), considération que l'on peut extrapoler dans son principe à la compétitivité de telle ou telle activité économique. Qu'est-ce qu'être compétitif quand les dommages causés à l'environnement sont comptabilisés pour rien ? Une comptabilisation – certes conventionnelle, mais à un niveau qui ne me semble pas absurde – de la nuisance « effet de serre » rend la hiérarchie fort différente, et d'une manière générale la « compétitivité » de telle ou telle énergie n'a pas de sens dans l'absolu. Ce terme fait nécessairement référence à un cadre particulier et des règles du moment, que l'on peut et doit décider de changer si l'objectif qui a présidé à l'instauration des règles change.

Abandonnerions-nous notre voiture pour une trottinette avec cette taxe ? 1 500 € la tonne de carbone engendrera un surcoût de :

– 0 € par an (en première approximation) pour des déplacements à pied, à vélo, en RER, en train électrique (en France, en Suisse et en Suède, moins ailleurs), à trottinette ;

– 1 500 à 4 500 € pour 15 000 km par an en voiture en ville ;

– 1 300 € environ pour un aller-retour transatlantique en avion ;

– moins de 100 € pour la même chose en bateau.

Toujours sur les mêmes bases, il nous faudrait débourser en plus pour nous chauffer :

– 3 750 € pour 3 000 l de fioul ;

– 2 750 € pour le même confort au gaz ;

– pour le même confort à l'électricité, tout dépend ! Si la moyenne du parc EDF est retenue, 500 €.

Pour remplir notre estomac, notre porte-monnaie sera allégé de :

– plus de 15 € par kilo de steak de bœuf (qui passerait à 40 €) et encore plus pour le veau ;

– de 1,5 à 2,5 € de plus par kilo de poulet, mais pas loin de 8 € par kilo de porc ;

– de 1 à 10 € par kilo de produits de l'industrie agroalimentaire (biscuits, yaourts, plats cuisinés surgelés…) ;

– environ 6 € de plus par kilo pour les lychees de la Réunion ; un peu moins d'un euro de plus par kilo pour les oranges d'Espagne transportées par camion.

Je n'ai pas eu l'occasion de faire des calculs détaillés pour les produits manufacturés (qui sont possibles avec les données *ad hoc*). Voici juste quelques ordres de grandeur :

– une petite voiture : environ 3 000 € en plus ; une grosse environ 6 000 € en plus ;

– un ordinateur : 500 à 1 000 € en plus ;

– la construction d'une maison de 100 m$^2$ : environ 20 000 € en plus ;

– pas loin de 10 % d'une prime d'assurance ou d'une facture de téléphone.

## LE CITOYEN ARBITRE ?

Il ne faut toutefois pas penser que les mécanismes prévus par le protocole de Kyoto ou la fiscalité sont les seuls utilisables. Dans un monde où le poids de l'information va sans cesse croissant, d'autres possibilités – qui ne créent que des obligations d'informer, mais elles peuvent être déterminantes – peuvent être envisagées :

– les sociétés cotées sur les marchés financiers pourraient avoir l'obligation de publier leurs émissions de gaz à effet de serre, comme elles doivent publier des comptes financiers, selon des méthodes normalisées. Il existerait alors un « bilan carbone », comme il existe des bilans financiers, dont la justification serait exactement la même : permettre à des tiers d'arbitrer leurs choix. Ces tiers pourraient être à la fois les consommateurs et les investisseurs financiers. Cela permettrait éventuellement de faire rentrer dans la danse deux catégories d'acteurs très influents sur les orientations des grandes entreprises (les investisseurs boursiers et les associations de consommateurs), d'une manière originale qui serait peut-être efficace ;

– à terme, les industriels ou prestataires de service pourraient avoir l'obligation d'indiquer le « contenu en carbone » sur les étiquettes des produits, à l'instar de ce qui est fait pour le poids, le pays de fabrication ou les ingrédients utilisés. Là aussi, les termes du choix deviendraient accessibles à chacun : n'est-ce pas vers cela qu'il faut tendre de toute façon ?

– tous les compteurs (gaz, électricité, pompes à essence) pourraient mentionner aussi les émissions de gaz à effet de serre qui découlent de l'emploi du combustible ou du fluide…

# Sauvés par la technique ?

Dès que certaines voix s'élèvent pour nous inciter à plus de sagesse ou de modération, il est assez fréquent d'entendre dire que la technique nous tirera bien d'affaire, que les ingénieurs nous trouveront des voitures propres et des énergies qui le sont tout autant, et que le plus urgent est de ne rien changer à nos habitudes et d'avoir foi dans le progrès. Peut-on tenter d'y voir un peu clair ?

## L'EFFICACITÉ ÉNERGÉTIQUE

Diminuer les émissions de gaz à effet de serre peut tout d'abord s'obtenir en dépensant moins d'énergie pour obtenir un même service. En France, par exemple, des travaux du Commissariat général au plan ont mis en évidence que la généralisation des meilleures technologies disponibles à tous les usages de l'énergie permettrait de diviser par deux les émissions nationales de gaz carbonique fossile à consommation constante.

La « technique » peut donc, si nous le voulons vraiment, permettre une première réduction significative de nos émissions pour une perte de confort minime, mais à condition de ne plus augmenter notre consommation matérielle globale. Certes, le « service rendu équivalent » n'est pas un « service rendu identique ». Il suppose par exemple la généralisation de voitures consommant 4 litres aux 100 km, et donc la disparition de la quasi-totalité des moyennes et grosses cylindrées et de la climatisation sous sa forme actuelle. Cela étant, le nombre moyen de passagers par véhicule étant de l'ordre de 1,8 actuellement

## Une France équipée systématiquement des meilleures technologies de 1995

| *Usage* | *Kg équivalent pétrole par habitant (moyenne 1995)* | *Kg équivalent pétrole par habitant (meilleure technologie disponible)* | *Commentaires* | *Émissions de gaz carbonique (meilleure technologie disponible)* |
|---|---|---|---|---|
| **Habitat** | **845** | **360** | | **170** |
| Dont confort thermique (chauffage, climatisation, eau chaude) | 740 | 300 | Ensemble du parc aux normes des bâtiments neufs | 170 |
| Dont électroménager | 35 | 25 | Consommation des meilleurs équipements 1995 | – |
| Dont produits bruns (TV, radio…) | 70 | 35 | Optimisation des systèmes de veille | – |
| **Tertiaire** | **505** | **250** | | **100** |
| Dont confort thermique | 415 | 200 | Mise de tous les bâtiments aux normes de l'habitat neuf | 100 |
| Autres (appareils électriques…) | 90 | 50 | Optimisation des systèmes de veille | – |
| **Alimentation** | **360** | **250** | 50 % de gains sur froid et cuisson | **130** |
| **Industrie** | **775** | **580** | | **270** |
| Dont production intermédiaire (matériaux) | 625 | 450 | Écoprocédés et recyclage | 190 |
| Dont autres activités | 150 | 130 | | 80 |
| **Transports** | **805** | **450** | - | **400** |
| Dont personnes | 490 | 250 | Voitures consommant 4 litres aux 100 km et parcourant 13 000 km par an | 230 |
| Dont marchandises | 315 | 200 | Réduction de la puissance des camions, transport combiné… | 180 |
| **Total** | **3 290** | **1 890** | – | **1 070** |

(*Les Défis du long terme*, Commission énergie 2010-2020, Commissariat général du plan.)

(tous trajets confondus), les occasions où la grosse voiture s'impose sont rares : considérer que dans l'immense majorité des cas une petite voiture est suffisante n'est pas illégitime dans un tel calcul.

Nous tenons donc là une variable d'action d'un ordre de grandeur en rapport avec le problème, et qui dépend de « la technique » : l'efficacité énergétique. Toutefois cette efficacité n'a d'impact que si la consommation matérielle ne tend pas vers l'infini : diviser l'infini par deux fait encore quelque chose de pas très éloigné de l'infini ! Plus sérieusement, l'efficacité énergétique ne permet pas de compenser une consommation en volume en croissance rapide. En effet, il ne faut jamais se contenter de regarder les réductions unitaires : pour le climat, seules comptent les émissions globales. Or certaines réductions unitaires ne sont possibles que dans un contexte de forte hausse des volumes ; elles ont pour nom les « économies d'échelle ». Constater conjointement une baisse des émissions unitaires et une hausse des volumes est très courant ; l'effet global est généralement une hausse des émissions.

L'efficacité énergétique – autre terme pour les « économies d'énergie » – est donc une vraie planche de salut si elle est accompagnée d'un consensus pour ne plus accroître – tant que nous serons quelques milliards d'individus – la quantité de biens et services matériels que nous cherchons à avoir à notre disposition, et même à les diminuer par ailleurs. Aucune efficacité énergétique ne peut compenser le fait que tous les adultes souhaitent rouler en 4 × 4, et que nous souhaitions tous aller passer nos vacances en Thaïlande. Enfin la mise en œuvre d'un plan ambitieux d'économies d'énergie, débouchant sur une division par 2 ou 3 de notre consommation, n'est pas envisageable en moins de quelques décennies, à cause des constantes de temps qui sont en jeu dans les renouvellements de parcs : il faut aujourd'hui de 15 à 20 ans pour renouveler le parc automobile, et de l'ordre du siècle pour les logements ou les infrastructures.

## SUBSTITUER DES COMBUSTIBLES FOSSILES

Une variante de ce qui précède consiste à obtenir le même service non pas en utilisant moins d'énergie, mais en utilisant une énergie différente. Il est ainsi possible de gagner 20 % sur les émissions par kWh produit en passant du charbon au gaz pour produire l'électricité. Si le nombre de centrales n'augmente pas, c'est toujours cela de pris. Mais si leur nombre augmente (et il augmente) alors le rythme des économies est amputé de celui des augmentations. En outre, l'amélioration de l'efficacité des centrales à combustibles fossiles, en contribuant à les rendre plus présentables, favorise leur implantation, avec un effet d'ensemble généralement négatif. Notons aussi que le gaz naturel étant composé de méthane, gaz à effet de serre (voir page 57), un taux de fuites de quelques % – nettement supérieur aux chiffres publiés par l'IPCC, qui sont plutôt situés aux alentours de 0,1 % – rendrait l'affaire aussi polluante que le charbon.

Les énergies renouvelables et le nucléaire font l'objet de chapitres complets plus loin.

## LA VOITURE ÉLECTRIQUE

Tout le monde conviendra que de déplacer un problème n'est pas le supprimer. Le transport offre pourtant un terrain privilégié pour observer une assimilation courante de ces deux éventualités, notamment à propos de la voiture électrique et de la pile à combustible. Il y a longtemps que le véhicule électrique a gagné une image de véhicule « propre », dont l'emploi répandu permettrait de se débarrasser des gênes liées à la circulation automobile : fini la pollution ! Malheureusement, l'électricité ne tombe pas du ciel : il faut bien la produire. La voiture électrique pollue donc exactement comme la centrale électrique qui a fourni l'électricité. Cette dernière est aujourd'hui obtenue pour l'essentiel à partir de combustibles fossiles (à 80 % en chiffres ronds pour le monde dans son ensemble), dont une très large part de charbon ; il s'ensuit que, le plus souvent, le recours à la voiture électrique engendre une émission de gaz à effet de serre supérieure à celle de la voiture à essence qu'elle remplace. Cela n'est intéressant qu'avec de l'électricité nucléaire, hydraulique ou – mais le gain est très faible – produite à partir de gaz.

Incidemment, l'absence de bruit, autre bénéfice de cette motorisation, est surtout valable à petite vitesse : dès que l'on dépasse quelques dizaines de kilomètres à l'heure, le bruit des véhicules est pour l'essentiel du bruit de roulement et de pénétration dans l'air.

Cet avantage sonore est donc surtout sensible en ville, précisément là où il y aurait plutôt déjà trop de voitures, et cette motorisation particulière n'apporte aucun remède à la congestion et à l'occupation d'espace. Enfin électriser toutes les voitures à parc constant suppose que l'on construise quelques centrales supplémentaires ! Un rapide calcul montre qu'électrifier tout le parc automobile français (30 millions d'unités) nécessiterait plus ou moins de doubler la consommation électrique française, ce qui revient à déplacer le problème du transport vers la production d'électricité.

Pour parvenir à des réductions d'émissions, la voiture électrique est donc une idée aussi bonne que le contexte dans lequel elle prend place : électrifier le parc de voitures si celui-ci doit être divisé par 3, utilisé 4 fois moins, composé de véhicules à faible puissance, et alimenté avec de l'électricité produite de manière relativement propre (voir plus loin quelques considérations sur les sources) est probablement une voie d'avenir. Mais en dehors de ce contexte, il s'agira le plus souvent – à l'échelle de la planète s'entend – d'une fausse bonne idée.

## LA PILE À COMBUSTIBLE

La pile à combustible a été développée à l'origine pour répondre à une exigence de l'État de Californie (États-Unis), qui a imposé que les automobiles commercialisées dans cet État comportent une certaine proportion de véhicules n'émettant pas de polluants locaux. Ce dispositif a remplacé la combustion par de la catalyse, processus inverse de l'électrolyse : au lieu de faire passer du courant dans une solution pour séparer des composés (cas de l'électrolyse), les composés sont mis dans une solution et leur réaction engendre du courant. De ce fait, les polluants locaux qui nécessitent une haute température dans l'air pour se produire (oxydes d'azote, la plupart des composés aromatiques, etc.) ne sont plus émis par une pile à combustible.

Le combustible commun à quasiment toutes les piles est aujourd'hui l'hydrogène, élément qui n'existe pas à l'état natif (à l'état « naturel ») sur Terre. Pour les voitures, la seule filière actuellement utilisée est l'extraction d'hydrocarbures ou reformatage. Cette opération a lieu dans une raffinerie miniature embarquée sur le véhicule, le carbone extrait des hydrocarbures étant pour sa part transformé en gaz carbonique au cours du processus. Substituer aux moteurs classiques des piles à combustible à hydrocarbures, toutes choses égales par ailleurs, ne permet donc que de gagner sur la pollution locale ($NO_x$, CO, HAP, particules, etc.) et un peu sur le rendement, mais c'est tout. Ce procédé laisse aujourd'hui entiers les problèmes des émissions de gaz à effet de serre – certaines filières l'aggravent même – ou de l'épuisement des stocks de combustibles fossiles, et ce d'autant plus que le parc automobile mondial, en évolution tendancielle, atteindrait 2,5 milliards de véhicules en 2060 (actuellement nous sommes aux alentours de 600 millions). La seule manière de rendre l'ensemble du cycle non producteur de gaz carbonique est de produire l'hydrogène sans recourir aux hydrocarbures. Les possibilités sont les suivantes :

– électrolyser de l'eau sans recourir aux énergies fossiles ;

– produire de l'hydrogène de manière biologique (bactéries génétiquement modifiées ?).

Pour la première possibilité, le problème a de nouveau été reporté sur la production d'électricité. Le calcul fait plus haut pour la voiture électrique reste valable en ordre de grandeur : il faut accroître le parc de centrales de 100 % pour convertir tous nos véhicules à la pile à combustible, si ce n'est plus, car le transport et le stockage de l'hydrogène, élément à faible densité d'énergie par unité de volume, diminue fortement les rendements. La production à partir de bactéries reste pour le moment spéculative et les processus biologiques ont souvent de très mauvais rendements (celui de la photosynthèse, par exemple, est une fraction de pour-cent de l'énergie solaire incidente).

## NE SUFFIT-IL PAS D'ATTENDRE LA FIN DES COMBUSTIBLES FOSSILES ?

Supprimer volontairement et dès à présent, même progressivement, l'usage de ces combustibles, responsables d'une large partie de nos émissions, étant fréquemment perçu comme source d'un effort excessif, pourquoi ne pas tranquillement attendre qu'ils s'épuisent ? Je ne disserterai pas ici sur le fait que la disparition des combustibles fossiles, au sein d'un monde qui n'a pas anticipé cette étape (et nous n'en prenons pas le chemin), est le plus sûr moyen de déclencher une conflagration mondiale lorsque poindra la peur de la pénurie à court terme. Mon propos est plus simplement de montrer que la préservation du climat nous demanderait cet effort d'abandon d'une ressource non encore épuisée, ou plus exactement nous demanderait d'en faire autre chose que de la brûler. Après tout, d'éminents cadres du pétrole professent depuis longtemps l'idée qu'il est hérétique de brûler une matière aussi noble, que l'on ferait bien mieux de réserver pour disposer de plastique pendant encore quelques millénaires.

Les réserves énergétiques mondiales représentent, suppose-t-on, 4 000 milliards de tonnes équivalent pétrole (que l'on note Gtep), réparties comme suit.

| *Combustible* | *Réserves prouvées (Gtep)* | *Réserves additionnelles supposées (Gtep)* | *Total (Gtep)* |
|---|---|---|---|
| Charbon et lignite | 600 | 2 400 | 3 000 |
| Gaz | 140 | | 140 |
| Pétrole conventionnel | 140 | 120 | 260 |
| Pétrole non conventionnel | 0 | 600 | 600 |
| **Total** | **880** | **3 120** | **4 000** |

La consommation mondiale annuelle est actuellement de l'ordre de 9 Gtep, dont 8 proviennent des combustibles fossiles. Indépendamment de toute considération sur les émissions de gaz à effet de serre, la division des réserves par la consommation annuelle laisse penser que nous disposons de 4 siècles de consommation devant nous. Ce serait oublier 2 choses :

– la consommation croît sans cesse ;

– les réserves « supposées » ont un caractère spéculatif.

Faisons maintenant un peu de prospective en prenant en compte la croissance annuelle de la consommation. Pour simplifier l'exercice, je suppose que les consommations se reportent entre différentes énergies sans pertes. Par exemple, le charbon remplacerait le pétrole sans décote sur les rendements, ce qui est optimiste, car les taux de pertes pour liquéfier le charbon, ce qui est indispensable pour substituer ce combustible au pétrole comme carburant liquide, sont assez significatifs. En combien de temps avons-nous vidé nos tiroirs ? Si la croissance mondiale de la consommation d'énergie est de 2 %, ce qui s'observe actuellement, il faut :

– 50 ans (au lieu de 100 sans tenir compte de la croissance) pour consommer toutes les réserves prouvées (agrégeant pétrole, gaz, et tous types de charbons, pour un total de 880 Gtep) ;

– 115 ans (au lieu de 400 sans tenir compte de la croissance) pour consommer toutes les réserves prouvées et additionnelles supposées (soit 4 000 Gtep).

Une telle croissance sur une telle durée est-elle réaliste ? Appliquer à 9 milliards d'individus (ordre de grandeur de la population de la seconde moitié du XXI^e siècle en prolongation tendancielle) la consommation d'un Américain (7 à 8 tonnes équivalent pétrole par an) signifie une consommation mondiale de 65 Gtep par an, niveau qui serait atteint en 2100. Tant que le style de vie des Américains constitue la référence de tout habitant de la planète et que nous conservons la culture de la « croissance », rien ne permet d'écarter la possibilité d'une telle évolution, tant qu'aucune discontinuité ne survient, bien entendu.

Avec 3 % de croissance annuelle, il faut respectivement 43 ans pour consommer les réserves prouvées et 90 ans pour consommer aussi les réserves supposées. Les 63 Gtep par an seraient atteints en 2066 seulement.

En poursuivant les tendances, nous ne pouvons donc ni exclure la pénurie (fin des réserves prouvées dès 2040, donc fin de la disponibilité commerciale bien avant, certains cadres du pétrole avançant l'idée d'une relative pénurie dès 2020, voire avant), ni des émissions croissantes pendant tout le XXI^e siècle, chaque diminution d'un risque renforçant l'autre. Nous sommes, d'une certaine manière, pile dans la mauvaise situation :

– il reste assez d'hydrocarbures et de charbon pour nous permettre d'émettre de plus en plus de gaz carbonique pendant une bonne partie du siècle à venir ;

– plus il en reste et plus nous risquons de fortes concentrations de gaz carbonique dans l'atmosphère et donc un dérèglement majeur du climat ;

– mais il n'en reste pas assez pour être sûrs (les ressources supposées sont spéculatives) que nous aurons à notre disposition l'énergie nécessaire pour parer aux éventuelles catastrophes dans quelques dizaines d'années (par exemple reconstruire de quoi nourrir et loger quelques milliards d'hommes s'il faut migrer de manière massive).

En outre, si nous brûlons 4 000 Gtep de combustibles fossiles en un siècle, nous aurons envoyé un poids équivalent de carbone dans l'atmosphère, laquelle ne pourrait pas en éliminer plus de quelques centaines de gigatonnes sur cette durée. Actuellement 3 Gt par an sont absorbées dans les puits, mais cette absorption, après avoir un peu augmenté, pourrait diminuer dès 2050 avec des émissions de gaz carbonique fossile sans cesse croissantes (voir fig. 10, page 56). Un plafonnement à quelques gigatonnes par an de l'absorption des puits sur le siècle à venir amènerait une concentration atmosphérique en gaz carbonique de l'ordre de 2 000 ppmv en 2100, hors rétroactions naturelles qui viendraient s'ajouter, c'est-à-dire près de deux fois ce qui figure dans le scénario de travail le plus « noir » du GIEC.

## LE PIÈGE À C… ARBONE

L'enrichissement de l'atmosphère en gaz carbonique s'assimile assez bien à un problème de robinets, ou plutôt de baignoire : le robinet des émissions est trop ouvert, alors que la bonde des puits est trop petite. Diminuer les émissions – c'est-à-dire agir sur le robinet – semblant par trop indésirable, pourquoi ne chercherions-nous pas à augmenter le débit de la vidange ? C'est exactement sur ce principe que sont basés les « puits de carbone », qui visent à donner un coup de pouce à notre planète pour éliminer plus rapidement le gaz carbonique de l'atmosphère, voire éviter de l'y mettre. À part les plantations d'arbres dont le potentiel est faible (voir page 52), d'autres possibilités existent en théorie :

– injecter du gaz carbonique dans des poches épuisées d'hydrocarbures ou d'autres réservoirs souterrains étanches ;

– injecter et dissoudre du gaz carbonique dans l'océan profond, l'eau qui s'y trouve mettant très longtemps avant de retrouver la surface ;

– favoriser artificiellement la productivité du phytoplancton à la surface de l'océan, afin de stimuler la chaîne alimentaire marine, et d'augmenter la sédimentation qu'elle provoque.

Mais ces éventualités ont toutes de très fortes limites :

– injecter le gaz carbonique en sous-sol n'est envisageable que pour des sources fixes très importantes (centrales à charbon, sidérurgie…), car aucun dispositif technique ne permettrait de ce faire pour tout pot d'échappement ou toute cheminée de maison. Pas plus d'un tiers des émissions mondiales de gaz carbonique fossile ne seraient éligibles (soit 15 % des émissions de gaz à effet de serre). La récupération et l'injection requièrent de l'énergie : à usage équivalent, ce procédé induit une surconsommation énergétique de l'ordre de 30 %, et donc une amputation d'autant de l'énergie restant à notre disposition vu que le stock de combustibles fossiles est donné une fois pour toutes. Il y a donc là une variable d'action effective, mais très limitée ;

– injecter le gaz carbonique dans le fonds de l'océan reste une solution sur le papier : ce gaz carbonique, en se dissolvant, se transformera en bicarbonate, ce qui acidifiera l'eau et aurait pour conséquence… une dissolution des sédiments calcaires. En outre la circulation océanique profonde fera ressortir ce gaz dissous ailleurs et plus tard. Il est déjà fort difficile de déterminer le potentiel des puits terrestres, que nous pouvons pourtant étudier relativement commodément, puisque nous les avons « sous la main », alors spéculer sur l'océan profond, bien moins connu, et pour lequel aucune confirmation expérimentale n'est simple à obtenir, semble particulièrement osé… Enfin personne n'a d'idée sur les conséquences que cela pourrait avoir sur les écosystèmes marins ;

– les expériences de fertilisation du phytoplancton menées jusqu'à présent ont abouti à des résultats décevants. La méthode employée consiste à saupoudrer des éléments minéraux (sels de fer notamment) à la surface de l'océan, leur abondance étant un facteur limitant pour le développement du phytoplancton. Un accroissement temporaire de ce dernier a bien été observé, puis il a été mangé par le zooplancton, et c'en fut terminé. La production de phytoplancton en régime de croisière n'a pas augmenté par la suite, ce qui est nécessaire pour conduire à un accroissement permanent du rythme de sédimentation. Pour maintenir un cycle plus intensif, il faudrait fertiliser en permanence des surfaces considérables en éléments minéraux (sous réserve que n'apparaisse pas un autre facteur limitant), ce qui consommerait de l'énergie, avec un bilan d'ensemble incertain. Enfin personne ne connaît l'impact que cela pourrait avoir sur la vie marine.

# Vive les énergies renouvelables ?

Le rêve est ancien, et sa réalisation serait tellement belle : créer un monde où toute l'énergie nous serait fournie par des sources aussi durables que la Terre elle-même, sans nuisances, sans pollution, et sans restriction. Pourrions-nous, les 6 milliards d'habitants de la planète, mettre ce rêve à exécution ? Presque toutes les énergies renouvelables sont des dérivés de l'énergie solaire : le vent, le rayonnement solaire, la force de l'eau sont des produits directs ou indirects de l'activité de notre astre. Même les marées sont à mettre essentiellement à son crédit (*via* l'attraction), et seule la géothermie échappe à cet inventaire. C'est dire que la durée nous serait assurée : ces énergies seront disponibles, avec des intensités diverses, quelques milliards d'années encore. Mais le propre des sources renouvelables, c'est aussi d'être très diffuses : obtenir de grandes quantités d'énergie suppose souvent de mobiliser de grandes surfaces, et engendre donc des conflits d'usage, comme nous allons le voir.

## ÉOLE, AU SECOURS !

L'éolienne, cette réhabilitation des temps modernes du moulin à vent, est (re)devenue… dans le vent. Pourrait-elle remplacer le pétrole, le charbon, et même, ses promoteurs ne portant généralement pas l'atome dans leur cœur, le nucléaire, pour produire notre électricité ? Ici comme ailleurs, ce sont les ordres de grandeur qui conditionnent la réponse. Même si cela constitue une option extrême, prenons l'hypothèse que nous souhaitions produire notre électricité uniquement par ce moyen.

L'énergie éolienne est une énergie intermittente, puisque le vent n'est pas constant. Il n'est pas possible, comme pour un dispositif dit fixe, de compter sur une production à pleine puissance pendant 80 à 90 % d'une année. L'observation montre que pour passer de la puissance maximale d'une éolienne (en watts) à l'énergie fournie sur une année (en wattheures), il faut multiplier par un coefficient valant 2 000 dans la majorité des cas favorables, à savoir les sites côtiers ou les crêtes de montagne (on peut espérer 3 000 dans quelques zones exceptionnelles). Par ailleurs, la puissance installée par unité de surface d'un champ d'éoliennes est en première approximation indépendante de la taille des engins utilisés. En effet, le vent présente des turbulences à l'aval des pales, et un espacement minimum des éoliennes est à respecter pour éviter que ces turbulences ne soient gênantes. Cet espacement augmente avec la taille, donc la puissance unitaire. Il en résulte que n'importe quel champ d'éoliennes possède une densité de puissance de l'ordre de 10 MW par kilomètre carré (cela va de 7 à 12), et permet de produire annuellement, en zone favorable, 20 GWh par kilomètre carré.

La consommation française d'électricité a été de 410 térawattheures en 1997 (1 TWh = $10^{12}$ Wh, ou encore un milliard de kWh), en incluant les pertes liées à la distribution de ce fluide par le réseau (qu'il faut aussi inclure pour notre exercice, puisque les éoliennes sont censées fournir tout le pays dans cet exemple). Excluons les barrages (environ 15 %), modalité renouvelable ; il reste 350 TWh (soit 350 000 GWh) à fournir. Si toutes les éoliennes pouvaient être installées dans les zones les plus favorables, il faudrait « planter » une surface de 17 500 km$^2$ (350 000 GWh ÷ 20 GWh/km$^2$), ce qui représente environ 3,5 % du territoire métropolitain. Les surfaces mobilisées ne sont pas mobilisées en totalité (l'éolienne *stricto sensu* n'occupe pas plus de 1 % de la surface du champ) et restent largement disponibles pour un autre usage (cultures par exemple), encore qu'il faille prévoir des voies de service pour la maintenance et les câbles.

Mais ce coefficient de 2 000 heures utiles ne se trouve pas partout, et les rendements diminuent très vite dès que l'on s'éloigne des côtes ou des crêtes de montage, dont je ne suis pas sûr qu'ils représentent un tel pourcentage de la superficie du pays.

Il est donc peu probable que la totalité des éoliennes puisse bénéficier des conditions les plus favorables, et c'est plutôt 5 à 10 % – soit la moitié des forêts – qu'il faudrait envisager de couvrir d'éoliennes pour remplacer les centrales électriques existantes. À 1 MW de puissance nominale par éolienne (qui fait alors de l'ordre de 80 m de haut), il en faut entre 175 000 et 500 000 pour produire les 350 TWh mentionnés plus haut. Cela représente de 5 à 10 fois le nombre de pylônes à haute tension (et la nécessité d'un réseau ne serait pas supprimée en pareil cas). Une étude plus approfondie réalisée il y a quelques années par un cabinet d'ingénierie avait chiffré le potentiel français à 10 % de la production d'électricité seulement, au prix d'une couverture significative de tout le littoral Atlantique, d'une large partie de la Bretagne, du littoral méditerranéen et du Sud du Massif central (Ardèche, Lozère, etc.). La dégradation du paysage en cas de recours significatif à cette forme de production serait donc très importante.

Enfin le calcul ci-dessus est basé sur notre consommation d'électricité actuelle, or celle-ci augmente rapidement : elle a plus que tri-

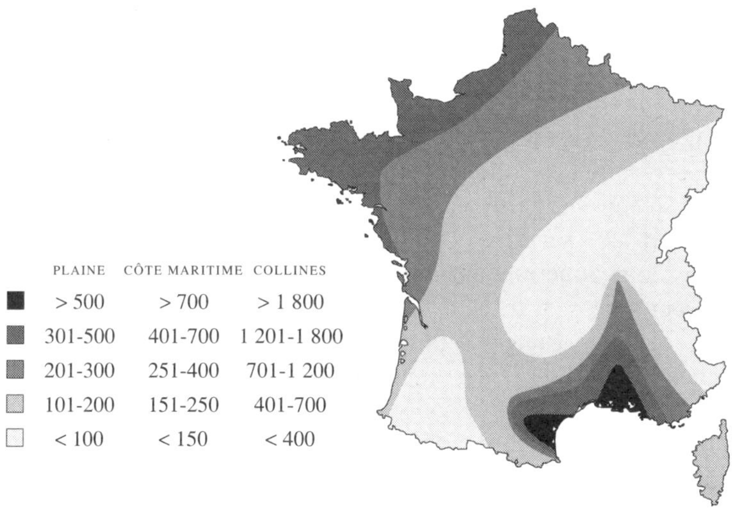


***Figure 61*** – Puissance moyenne du vent selon les régions (watt par mètre carré de section horizontale à 50 m du sol). (ADEME.)

plé des années 1970 à aujourd'hui ! Rappelons que le Danemark, champion toutes catégories de l'éolien dans le monde, n'a produit que 6 % de son électricité par ce moyen en 1997, soit un peu plus de 2 % de sa consommation totale d'énergie, et cela ne l'empêche pas d'être le plus gros émetteur de gaz à effet de serre par habitant de toute l'Europe, derrière le Luxembourg, avec des émissions en augmentation. Cette caractéristique du Danemark permet de faire le lien avec un inconvénient plus ennuyeux pour notre propos : l'éolien mis en œuvre uniquement pour alimenter le réseau électrique (c'est la manière de faire actuellement), ne permet pas de faire beaucoup baisser les émissions de gaz à effet de serre, et contribuerait même à les augmenter chez nous si une fraction significative de notre production électrique était réalisée par ce moyen. Par quel coup du sort ?

Admettons que nous souhaitions produire quelques dizaines de pour-cent de notre électricité avec des éoliennes. Sauf à ce que le consommateur accepte une pénurie (répartie comment ?) les jours sans vent, il serait nécessaire de prévoir soit des dispositifs de stockage, sous forme d'énergie chimique (accumulateurs, hydrogène...) ou mécanique (air comprimé, remontée d'eau en altitude), soit de prévoir d'autres moyens de produire de l'électricité les jours sans vent. Stocker l'énergie induit des pertes de rendement de quelques dizaines de pour-cent ; avec 50 % de pertes de stockage ce n'est plus 10 mais 20 % du pays qu'il faut couvrir d'éoliennes, à raison d'un engin tous les quelques centaines de mètres.

L'alternative est de produire l'électricité autrement les jours sans vent. Construire des éoliennes suppose alors de construire en même temps les centrales permettant de les suppléer en l'absence de vent. Et là, mauvaise surprise : ces centrales ne peuvent être que thermiques (donc fonctionnant au charbon, au gaz ou au pétrole) ou hydroélectriques, car les centrales nucléaires ne peuvent pas être arrêtées et mises en route « à la demande » en quelques minutes ou quelques heures, au gré des sautes de vent. En France, un plan massif d'éolien raccordé au réseau signifierait, dans les faits, la mise en chantier de centrales thermiques pour une puissance nominale équivalente, avec à la clé une augmentation des émissions de gaz à effet de serre !

Le côté « vert » du courant éolien dépend donc étroitement du contexte, et peut souvent se discuter. Tant que la capacité de production éolienne n'excède pas celle des centrales thermiques installées (la production thermique française est de l'ordre de 5 à 8 % du total), ce mode peut effectivement contribuer à une baisse des émissions de gaz à effet de serre, mais... à condition de conserver les centrales thermiques existantes. C'est peut-être pour cela que le Danemark ou l'Allemagne, qui produisent leur électricité essentiellement à base de charbon, font de gros efforts dans l'éolien. L'économie d'émissions de gaz à effet de serre en pareil cas est toutefois limitée à 25 % de l'existant (puisque les éoliennes n'approvisionnent le réseau que 25 % du temps au mieux). Pour qui possède un parc thermique important, il est donc bien plus efficace, du strict point de vue des émissions de gaz à effet de serre, de faire de sérieuses économies d'énergie ou de remplacer le parc de centrales à charbon par des centrales nucléaires, que de conserver les centrales à charbon pour ajouter des éoliennes, et *a fortiori* de présenter les éoliennes comme une avancée significative quand il n'y a pas beaucoup de centrales thermiques : le gain envisageable pour la France est au maximum de l'ordre de 1 % de nos émissions de 2000.

Que déduire de tout cela ? Que l'énergie éolienne est condamnée ? Non, mais que, tant que notre consommation d'énergie reste à son niveau actuel, elle ne peut concilier contribution significative à notre approvisionnement et absence de nuisances. Le recours à l'éolien considéré comme une solution en lieu et place des économies d'énergies ou comme panacée pour résoudre le problème d'émissions excessives de gaz à effet de serre est un leurre.

Si l'intérêt de l'éolien raccordé au réseau est faible, puisque supposant de conserver – ou de créer – une production de base en thermique, cette forme de production pourrait en revanche trouver un débouché différent, pour produire en des lieux reculés (où des surfaces considérables couvertes d'éoliennes seraient peut-être moins gênantes) de l'hydrogène (par électrolyse de l'eau) qui pourrait alors être transporté ailleurs, éventuellement après avoir été converti en carburant liquide de synthèse (avec des rendements qui ne seraient probablement pas extraordinaires). Mais, encore une fois, il ne pourrait probablement s'agir que d'une contribution mineure.

## DES BETTERAVES DANS LE RÉSERVOIR ?

Cela fait longtemps que l'on caresse l'idée de faire fonctionner les voitures avec du carburant obtenu à partir de plantes, afin de remplacer le pétrole. Le principe est de faire pousser des végétaux divers (blé, colza, betteraves), de presser ou broyer la biomasse obtenue, de faire éventuellement fermenter le jus obtenu, de le raffiner, et d'obtenir ainsi du carburant dit d'origine agricole. Il peut s'agir d'esters, d'huiles, ou d'alcools (méthanol, éthanol...). Pourrait-on ainsi éradiquer les combustibles fossiles pour l'automobile ? Je propose ici aussi un petit calcul d'ordre de grandeur.

Comme les hydrocarbures, les carburants d'origine agricole ont un pouvoir calorifique qui peut se mesurer en tonnes équivalent pétrole (tep). Les différentes cultures énergétiques permettent aujourd'hui d'obtenir de l'ordre de quelques tep de biocarburant par hectare (tableau ci-dessous).

| *Carburant* | *Culture (exemples)* | *Tonnes de biomasse par hectare* | *Litres de carburant par tonne* | *Pouvoir calorifique unitaire (MJ par litre)* | *Tep brutes par hectare* |
|---|---|---|---|---|---|
| ETBE[a] | Betterave | 75 | 100 | 21,3 | 3,56 |
| EMC | Colza | 3,5 | 450 | 33,2 | 1,17 |
| Éthanol | Blé[b] | 8 | 350 | 21,3 | 1,33 |

a. Éthyl-tertio-butyl-éther : mélange d'éthanol et de produits pétroliers. C'est donc un faux carburant renouvelable.
b. On peut aussi utiliser de la canne à sucre, du maïs...

Mais pour passer du produit de la culture (une plante, une graine, une racine...) à un carburant, il y a une dépense énergétique de transformation :

– comme pour des cultures ordinaires, il faut fabriquer engrais et pesticides, mettre du carburant dans le tracteur, etc. (voir page 175) ;

– il faut broyer, faire fermenter, distiller et raffiner (raffiner, c'est chauffer très fort en dehors de la présence d'air) les produits obtenus. À titre indicatif, le raffinage du pétrole, qui est pourtant du carburant que la nature nous a fourni quasiment prêt à l'emploi, induit une autoconsommation de l'ordre de 10 %.

Une fois soustraite cette consommation intermédiaire, nous obtenons des valeurs dites nettes : c'est « ce qui reste » une fois effectué le total « recettes moins dépenses », et c'est bien cette seule valeur nette qui est utilisable pour des véhicules. Sans valoriser les sous-produits de la chaîne de la production de carburants (la paille pour le blé, la pulpe broyée de la betterave, etc.), le rendement net de ces cultures est au mieux de l'ordre de 10 % : pour obtenir 10 tep de biocarburant, il aura fallu en investir 9 dans les dépenses intermédiaires. Même en valorisant efficacement les sous-produits, ce qui ne coïncide que partiellement avec notre postulat de départ, car il est difficile d'envisager de faire avancer des voitures avec de la paille (en revanche cette dernière peut être utilisée pour la distillation), le rendement des cultures énergétiques ne peut passer de 10 à 80 %. Pour la suite, j'ai retenu une hypothèse haute de 50 % en supposant que nous arriverions, en cas de nécessité, à valoriser tout ce qui peut l'être, sachant que certains sous-produits requièrent eux-mêmes des consommations intermédiaires importantes (liées à leur transport, par exemple) pour être valorisés.

Mais nos déconvenues ne s'arrêtent pas là : les consommations intermédiaires sont pour l'heure essentiellement satisfaites à base de combustibles fossiles : dans un litre de biocarburant, il y en a aujourd'hui 0,9 de pétrole ! Or notre postulat de départ (remplacer le pétrole par les biocarburants) suppose que les combustibles fossiles ne sont plus disponibles ou plus utilisés (l'exercice prend place dans le contexte de la suppression d'une source importante d'émissions de gaz à effet de serre) ; il faut alors utiliser des ressources renouvelables, dont… des carburants d'origine agricole pour le tracteur, par exemple, pour les différentes étapes de la production. Les rendements seraient de ce fait encore divisés par un facteur important mais inconnu. Admettons que ce facteur soit encore 2 (ce serait probablement plus).

Enfin la consommation française de pétrole s'élève actuellement à environ 100 millions de tonnes (100 Mtep) par an. Une substitution totale avec les hypothèses faites ci-dessus amène alors au tableau de la page suivante.

| *Carburant* | *Tep nettes par ha (rendement global de 25 %)* | *Km² occupés pour une substitution totale du pétrole (100 Mtep)* | *En % de la superficie du territoire métropolitain* | *En % des terres agricoles* |
|---|---|---|---|---|
| ETBE | 0,89 | 1 120 000 | 205 % | 733 % |
| EMC (Colza) | 0,29 | 3 430 000 | 626 % | 2 240 % |
| Éthanol de blé | 0,33 | 3 000 000 | 549 % | 1 964 % |

Ces chiffres se passent assez bien de commentaires : au niveau actuel de notre consommation de pétrole, aucune substitution des carburants classiques par des carburants renouvelables n'est envisageable, et cette substitution reste même hypothétique avec une mobilité automobile divisée par 4. La combustion directe de la biomasse (la production forestière représente aussi quelques tonnes équivalent pétrole par hectare) pour le chauffage, dans des chaudières à bois à haut rendement, permettrait en revanche de fournir une contribution non ridicule, mais il est vrai que cela ne permet pas de conserver l'usage actuel de la voiture et du camion. Comme la pile à combustible et la voiture électrique ne sont pour le moment que des variantes – au niveau mondial – de l'utilisation d'énergies fossiles, quiconque se soucie du climat doit probablement se faire à l'idée que notre mobilité actuelle ne pourrait perdurer si nous souhaitons revenir dans des conditions environnementales stables, sans même parler de la favoriser chez ceux qui ne l'ont pas aujourd'hui.

## SOLEIL CHERCHE FUTUR

Toute notre énergie provient directement ou indirectement des étoiles, et du Soleil en particulier : les énergies fossiles correspondent au stockage sous forme chimique de l'énergie solaire reçue par la surface dans le passé, et même l'énergie nucléaire ou la géothermie (qui sont toutes les deux dérivées de la radioactivité) ne peuvent exister que parce que des éléments lourds sont apparus dans le cœur de certaines étoiles originelles.

Le Soleil envoie chaque année à la surface de la Terre à peu près

6 000 fois la consommation annuelle mondiale d'énergie : il est donc légitime de s'interroger sur l'appropriation à notre profit d'une petite partie de cette quantité. Perturberions-nous significativement le bilan radiatif de la planète en ce faisant ? Toute énergie utilisée par l'homme finissant par se convertir en chaleur, le fait de rajouter une étape intermédiaire sous forme mécanique ou électrique à la transformation directe d'une petite partie du rayonnement solaire en chaleur n'aurait probablement pas grande incidence sur notre environnement. Deux bénéfices peuvent être retirés de l'exploitation directe du flux solaire :

– produire de l'eau chaude, pour le chauffage et les besoins sanitaires (solaire thermique) ;

– produire de l'électricité (solaire photovoltaïque).

Dans un cas comme dans l'autre, le dispositif de conversion est qualifié de panneau : de l'eau y circule au-dessus d'un fond noir dans le cas du solaire thermique ; des cellules y convertissent le rayonnement électromagnétique en électricité, avec des matériaux semi-conducteurs, dans le cas du photovoltaïque. Contrairement à une idée répandue, l'intérêt du solaire thermique n'est pas moindre aux hautes latitudes qu'aux basses, car la moindre puissance envoyée par le Soleil est compensée par le fait que le chauffage est utilisé plus longtemps dans l'année. C'est pour cela que cette forme de chauffage, tout en ne contribuant pour l'instant que de manière marginale (encore plus que l'éolien) au bilan énergétique des pays développés, est plutôt plus répandue dans les pays du Nord de l'Europe que dans les pays du Sud. L'intérêt du solaire thermique est de se substituer, souvent, à du chauffage domestique réalisé à partir de combustibles fossiles. Il y a donc là un gain réel pour les émissions de gaz à effet de serre, sur lequel je reviendrai plus bas.

Les mêmes réserves que celles formulées pour l'éolien s'appliquent en revanche au solaire photovoltaïque : il s'agit d'une énergie intermittente, dont le raccordement au réseau débouche sur les mêmes inconvénients que pour l'éolien. En outre sa généralisation pour substituer de l'énergie nucléaire n'influe pas sur les émissions de gaz à effet de serre ; il serait nécessaire pour ce faire – comme pour l'éolien – de trouver des modes d'utilisation qui substituent des combustibles fossiles. Ces réserves ne vont pas nous empêcher de faire à nouveau un calcul d'ordre de grandeur, afin d'estimer le potentiel à notre disposition et de le comparer à notre consommation actuelle. La production annuelle d'un panneau solaire photovoltaïque est de 100 kWh par mètre carré au moins sur la majeure partie de l'Europe, et même du monde (voir fig. 62).

La consommation française d'électricité hors hydraulique s'élevant à 350 TWh, il faudrait tapisser 3 500 000 000 m², soit 3 500 km² environ, pour y subvenir (hors prise en compte du stockage). Cela représente 5 à 6 fois moins que pour les éoliennes. Mais surtout, nous pourrions exploiter à cet usage des surfaces déjà occupées : les toits. La surface bâtie en France était en effet de 10 000 km² en 1997 (hors routes, parkings, et surfaces artificielles non bâties). La simple couverture des toits existants avec des panneaux solaires permet de produire quelque chose qui est du même ordre de grandeur que notre consommation électrique annuelle (une petite moitié de notre consommation d'énergie totale). Le rendement du solaire thermique étant 3 à 4 fois meilleur que celui du photovoltaïque, nous disposons avec ces deux usages d'une vraie marge de manœuvre. Deux inconvénients liés à l'éolien s'atténuent fortement avec cette forme de production :

– le désagrément visuel est bien inférieur. Les modules solaires modernes – thermiques ou photovoltaïques – sont assez faciles à intégrer dans l'architecture, même ancienne, car ils ressemblent selon

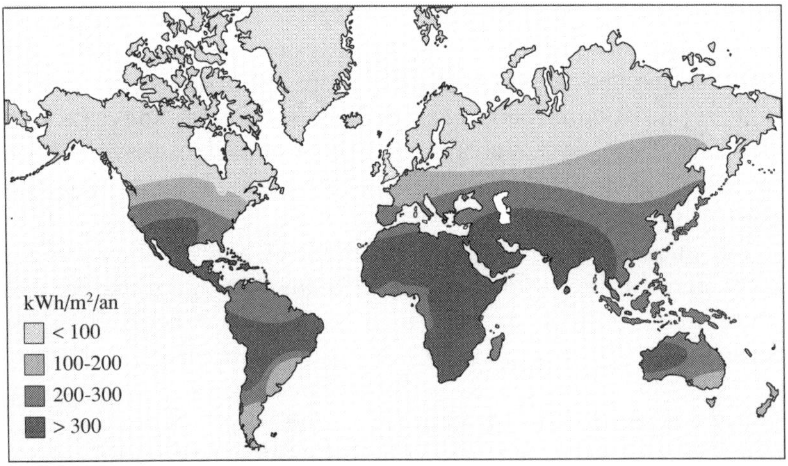


***Figure 62*** – Production annuelle d'un mètre carré de panneau photovoltaïque en kilowattheures. (Commissariat général du plan.)

les besoins à des vitres ou à des tuiles (ou des ardoises), n'attirent pas autant le regard car il n'y a pas de pièces mobiles, et n'intègrent pas de pièces de grande hauteur ;

– la production étant individuelle, donc faite sur le lieu de consommation, il n'y a pas de pertes de réseau, alors que l'éolien reste un mode centralisé.

Quel est le bilan énergétique net de l'affaire ? Il est déjà excellent pour le solaire thermique, qui restitue dans l'année l'énergie nécessaire à la production du panneau. Avec les technologies actuelles (silicium), il faut en revanche 7 ans pour récupérer l'énergie de fabrication d'un panneau photovoltaïque (si l'électricité est stockée, il faut rajouter 7 ans pour récupérer l'énergie dépensée pour la production de la batterie). Sachant que ce dernier a une durée de vie de 25 ans au minimum, le bilan est positif, mais loin d'être extraordinaire. En revanche, une technologie prometteuse (dont l'industrialisation démarre), dite « des couches minces », permet d'espérer une durée de retour sur investissement énergétique de 2 ans, voire moins, ce qui rendrait le déploiement de ce genre de dispositif intéressant (rappelons que la consommation de filière des hydrocarbures est de 20 % : même avec le pétrole cela signifie qu'il faut dépenser 2 ans de production pour en assurer 10).

L'avenir du solaire est bien plus lié au progrès des dispositifs de stockage qu'à celui des panneaux : le maximum de la production est estival, alors que c'est en hiver que la consommation est la plus importante. Pour le thermique, il existe déjà des dispositifs de stockage saisonnier qui permettent de restituer en hiver une partie de l'énergie reçue en été. Pour le photovoltaïque, stocker l'énergie induit nécessairement des pertes significatives, liées à la conversion de l'énergie thermique ou électrique en énergie chimique (la seule stockable), dans une batterie ou un réservoir d'hydrogène. Une partie des pertes découle des lois de la thermodynamique et aucune technologie ne peut les empêcher, une autre découle des modalités techniques, et des voies d'amélioration existent souvent. En pratique, l'électrolyse n'a qu'un rendement de 80 %, la compression de l'hydrogène dans un réservoir requiert de consommer 20 % de l'énergie produite (à 700 bars), et le rendement des piles sera au mieux de 80 % en cogénération (production simultanée de chaleur et d'électricité). La chaîne photovoltaïque complète n'aura donc pas un rendement extraordinaire : récupérer 30 % de l'énergie produite par le panneau semble un maximum, et de ce fait la surface à mobiliser sera probablement plus proche de 10 000 km$^2$ que de 3 500, mais cela reste compatible avec les surfaces de toit disponibles, surtout si ce recours s'inscrit dans le cadre d'une forte réduction de la consommation d'énergie par habitant.

Le solaire présente d'autres handicaps : la concentration de cette puissance électrique pour les installations très fortement consommatrices (trains ou industriels) poserait problème ; le silicium actuellement utilisé provient pour l'essentiel des chutes de l'industrie des semi-conducteurs, ce qui serait rapidement insuffisant en cas de production de masse. Enfin, comme pour l'éolien, cela n'aurait pas grand sens de commencer par remplacer des centrales nucléaires par du solaire, lequel devrait prioritairement se substituer aux combustibles fossiles, ce qui, sauf en ce qui concerne le chauffage et l'eau chaude sanitaire (un quart de la consommation d'énergie en France, tout de même), supposerait de convertir à l'électricité un certain nombre d'usages actuellement assurés par ces combustibles.

Mais les ordres de grandeur sont là, et cette énergie possède beaucoup d'avantages objectifs : peu d'émissions de gaz à effet de serre (voir page 161), pas de bruit, pas de polluants gazeux locaux ou de particules fines, pas de ponction sur des stocks, peu de lignes de transport, peu de contraintes collectives pour l'installation, une atteinte mineure au paysage, etc. ; nous avons clairement à notre disposition une source à creuser sérieusement. Le prix est un (vrai) problème éventuel pour le consommateur (mais, au risque de me répéter, celui-ci doit choisir entre consommer beaucoup et lutter contre le changement climatique, les deux n'étant pas compatibles) mais un faux problème pour l'économie prise dans son ensemble : encore une fois, s'il y a de l'argent dépensé d'un côté, il y a des gens pour l'encaisser de l'autre ! En outre l'extrapolation de la baisse des coûts constatée depuis 20 ans permet d'espérer une division par 3 du prix du kilowattheure produit vers 2020, toutes choses égales par ailleurs, ce qui amènerait le kilowattheure solaire dans les eaux des coûts actuels – en bout de réseau – des autres modes de production.

Toutefois, si le solaire peut être considéré comme un espoir majeur pour l'avenir (à la condition qu'un début de changement climatique n'ait pas significativement augmenté la couverture nuageuse), il s'agit d'avenir à moyen terme : même son application thermique, efficace et rentable dès aujourd'hui, demanderait une ou deux décennies pour être largement diffusée, comme cela se constate avec la majorité des innovations. En ce qui concerne le solaire photovoltaïque, il serait utopique d'en espérer quoi que ce soit de significatif avant quelques dizaines d'années, ce qui ne signifie pas qu'il serait inutile d'enclencher tout effort significatif aujourd'hui, notamment sur les dispositifs de stockage. Enfin, tout ce qui a été dit précédemment sur la nécessité de plafonner parallèlement la consommation d'énergie s'applique : le solaire n'a aucun intérêt si notre consommation doit être multipliée par 10 en même temps que cette source devient plus performante.

# Le nucléaire civil : le diable ou le salut ?

Il est désormais devenu impossible de débattre du changement climatique sans débattre des mérites ou inconvénients de l'énergie nucléaire. Quoique cette forme de production ne constitue que l'une des variables d'action à notre disposition, c'est la seule dont on soit sûr d'entendre parler lors d'une conférence sur le sujet. Elle présente une autre particularité : alors que les adversaires les plus actifs du changement climatique sont facilement des promoteurs des énergies renouvelables – parfois à tort, nous venons de le voir – ou des économies d'énergies (là ils ont toujours raison !), ils sont aussi, souvent, des opposants bruyants au nucléaire.

Le nucléaire civil présente le triple avantage d'utiliser une source d'énergie « concentrée », semblable en cela aux hydrocarbures (en fait la quantité d'énergie disponible par unité de poids est bien supérieure pour l'uranium de ce qu'elle est pour les hydrocarbures), d'être très faiblement émettrice de gaz à effet de serre par unité d'énergie produite, partageant cette caractéristique avec certaines énergies renouvelables, et d'utiliser une technologie pouvant être mise en œuvre à large échelle assez rapidement. De nombreux partisans y voient donc « la » planche de salut : y recourir de manière massive serait nécessaire et suffisant pour éradiquer l'essentiel de la contribution anthropique à l'effet de serre. Cette vision est plus ou moins ardemment combattue par d'autres, qui mettent sur un pied d'égalité les risques du changement climatique et ceux du nucléaire civil, expliquant que passer de l'un à l'autre serait tomber de Charybde en Scylla, et donc qu'il faut trouver une solution aux émissions anthropiques qui fasse l'économie du nucléaire.

Les inconvénients les plus souvent évoqués du nucléaire civil concernent ses risques sanitaires, bien plus que ses risques environnementaux : le devenir des lézards et chauves-souris ukrainiens ou biélorusses n'est pas un fréquent sujet de préoccupation, alors que ce qu'il pourrait advenir de la faune et la flore en cas de réchauffement climatique fait partie des raisons fréquemment invoquées de modérer nos émissions. À l'opposé, les morts de Tchernobyl sont constamment invoqués à l'appui d'un refus du nucléaire, alors que les futurs morts du changement climatique, qui seront bien plus nombreux, constituent rarement un argument dans le débat. Incidemment nous pourrions noter que les morts liés à l'utilisation des hydrocarbures, ou à l'existence d'une industrie chimique, ou encore à l'usage de la voiture, ne sont que rarement invoqués pour réclamer l'éradication de l'activité à l'origine des nuisances (personne n'a jamais réclamé la suppression de la chimie à cause de ses accidents).

De par les nombreuses autres considérations qui entrent en jeu, le débat sur le nucléaire est donc atypique, mais puisque l'usage est devenu de mettre en balance les risques sanitaires d'un côté et les risques environnementaux de l'autre, je vais me plier de bonne grâce à l'exercice imposé et tenter de faire part de quelques éléments qui me paraissent utiles pour démêler les opinions contradictoires qui s'échangent en la matière. Car la question essentielle est bien celle-là : admettons que la sortie du fossile soit décrétée priorité planétaire : peut-on y parvenir en se passant simultanément du nucléaire ? Le sujet se prêtant particulièrement bien à toutes sortes d'affirmations hasardeuses, il m'a semblé important de repartir du début.

## $\alpha$, $\beta$, $\gamma$

La radioactivité est le nom donné à la désintégration spontanée d'un atome dont le noyau est instable. De tels noyaux instables se trouvent partout : au cœur de la Terre, où ils se sont fait emprisonner au moment de sa formation (le feu central de notre planète est dû à la radioactivité naturelle), et dans la biosphère, où ils ont pu provenir soit de l'érosion ou de la dissolution des roches, soit du bombardement de noyaux stables par des particules, notamment *via* le rayonnement cosmique. Il y a trois types de radioactivité :

– la radioactivité α correspond à l'émission par le noyau instable d'une particule lourde comportant 2 protons et 2 neutrons ;

– la radioactivité β correspond à la transformation d'un neutron du noyau en un proton et un électron (sans oublier le neutrino !), avec expulsion de ce dernier ;

– la radioactivité γ correspond à l'émission d'un rayonnement électromagnétique très énergétique, et accompagne souvent les deux autres formes de désintégration.

Ces diverses émissions vont finir par être arrêtées par le milieu ambiant, ce qui est une autre manière de dire qu'elles vont transférer leur énergie à ce milieu. Les particules α abandonnent beaucoup d'énergie par unité traversée, car ce sont de grosses particules, vite interceptées. Elles sont donc peu pénétrantes (du papier suffit à les arrêter) mais très destructrices sur leur courte trajectoire, ce qui peut être très gênant si l'élément radioactif est directement posé sur un organe sensible, par exemple les poumons. Les rayon γ, très pénétrants (il faut quelques mètres de béton pour les arrêter), ne font que peu de dégâts par unité d'épaisseur traversée, mais les font plus profondément. Les β sont intermédiaires (quelques mètres dans l'air).

## BECQUERELS ET GRAYS

Il y a plusieurs manières de mesurer la radioactivité. L'activité de la source, c'est-à-dire l'émission de particules, se mesure en becquerels. Un becquerel correspond, quel que soit le type de radioactivité, à une désintégration atomique par seconde. C'est une unité ridiculement faible. Le corps humain est porteur, parfaitement naturellement, d'une radioactivité de l'ordre de 100 becquerels par kilogramme de poids (ordre de grandeur que l'on retrouve chez tous les êtres vivants), principalement en provenance du potassium 40 et du carbone 14. Un homme émet ainsi 5 000 à 10 000 becquerels en permanence. L'émission naturelle de certains composés abondants peut être beaucoup plus forte : le granite, par exemple, a une activité de l'ordre de 8 000 becquerels par kilogramme (et le radium 226 de 3,7 $10^{10}$ becquerels par gramme).

Le transfert d'énergie du rayonnement à la matière, que l'on qualifie encore de dose absorbée, se mesure en grays. Un gray correspond à l'absorption d'un joule par kilogramme de matière sous l'effet du rayonnement. Cela peut sembler peu : pour élever la température d'un kilogramme d'eau de 1 °C, il faut dépenser plus de 4 000 joules ! Pourtant, compte tenu de l'effet pénétrant de ces rayonnements, cela est bien suffisant pour avoir des effets observables sur les tissus vivants. Que fait l'irradiation ? Essentiellement, elle arrache des électrons aux atomes. Cela peut rompre des liaisons chimiques et endommager les cellules. Au-delà d'un certain niveau d'irradiation le nombre de cellules détruites est suffisant pour pouvoir être observé, par exemple à travers une perte de fonction tissulaire. On parle alors d'effet déterministe ou certain : il est possible d'observer, donc de prévoir avec une bonne fiabilité, les dégâts en fonction de l'irradiation. L'expérience est tirée essentiellement de l'étude des conséquences des bombardements de Hiroshima et Nagasaki, mais aussi des effets de la radiologie à ses débuts (on irradiait alors copieusement les malades, et plus encore les radiologues), des effets secondaires des radiothérapies et des conséquences de quelques accidents graves (civils et militaires). En fait les conséquences déterministes varient fortement selon l'organe, la dose, et la nature de rayonnement.

**Seuils de quelques effets déterministes**

| *Organe concerné* | *Seuil pour les effets déterministes (Grays)* | *Effet commençant à être observé au-dessus du seuil* |
|---|---|---|
| Corps entier | 0,5 | Vomissements |
| Thyroïde | 5 | Hypothyroïdie |
| Poumons | 5 | Mort |
| Moelle osseuse | 1,5 | Mort |
| Cristallin | 5 | Cataracte |
| Peau | 3 | Érythème |
| Testicules | 0,15 | Stérilité transitoire |
| Testicules | 3,5 | Stérilité définitive |

(Organisation mondiale de la santé, 1994.)

Comment peut-on irradier un organe particulier – les poumons par exemple – sans irradier le reste du corps ? Cela vient de ce qu'il y a trois manières d'être exposé à la radioactivité, naturelle ou artificielle : par l'extérieur (rayonnement cosmique par exemple), par l'alimentation (cas du carbone 14 et du potassium 40), auquel cas le dommage concerne préférentiellement l'organe où l'élément va se fixer ensuite (par exemple la thyroïde pour l'iode), par la respiration de gaz ou particules radioactifs (cas du radon 222 et de ses descendants).

## ET VOICI LES SIEVERTS

Reprenons : il y a 3 sortes de radioactivité, une grande diversité d'organes susceptibles d'être touchés et de voies de contamination possibles ; comment arriver à mesurer tout type d'effet du rayonnement avec une seule unité ? Précisément, sans prendre de conventions, il est impossible d'y parvenir. Toutefois, les professionnels avaient besoin de disposer d'une unité de mesure universelle, et ont créé le sievert (Sv), qui mesure la « dose efficace » dans tous les cas de figure, grâce à diverses pondérations permettant de prendre en compte les modalités d'exposition et les organes touchés. Par convention, un sievert est la dose efficace (que l'on appellera aussi « dose ») résultant de un gray transmis à un tissu vivant par des rayons $\gamma$. Mais pour les particules lourdes il faut appliquer un coefficient multiplicatif de 20 (un gray venant d'une irradiation $\alpha$ = 20 sieverts), de 5 à 20 pour les neutrons et protons, et il faudra aussi tenir compte du temps de séjour de l'isotope dans l'organisme en cas d'ingestion… Il n'y a donc pas de relation simple entre gray et sievert, pas plus qu'il n'y en a entre grays et becquerels. Obtenir des sieverts par la mesure supposerait qu'il soit possible, lors d'une irradiation :

– de compter les particules de différente nature reçues par chaque organe, interne et externe ;

– de mesurer leur énergie initiale et, pour celles qui ressortent, leur énergie résiduelle.

C'est bien entendu rigoureusement impossible. La dose ne se mesure donc pas, mais *s'estime par le calcul*. Des analyses chromosomiques permettent une mesure pour les très fortes irradiations, mais ces méthodes ne sont pas assez sensibles pour convenir pour l'immense majorité des cas. Les études épidémiologiques de la cohorte des dizaines de milliers de survivants d'Hiroshima et Nagasaki permettent de considérer que pour des doses de plus de 0,2 Sv, reçues par rayonnement gamma externe, sur le corps entier, avec des débits de dose très importants (supérieurs à 1 Sv par seconde), il existe une relation linéaire entre la dose reçue et des conséquences différées sous forme de cancers : le nombre de cancers mortels induits vaut 10 % de la dose collective reçue en hommes.sieverts. Ces cancers ne sont pas différents des cancers « ordinaires », mais apparaissent en plus grand nombre au sein d'une population irradiée qu'au sein d'une population normale, et l'excès apparaît proportionnel à la dose moyenne reçue. Ces effets sont qualifiés de stochastiques.

Et sous 0,2 Sv ? Et pour des débits de dose bien plus faibles (dose reçue sur l'année, par exemple) ? Nous sommes tous exposés à une radioactivité ambiante (« naturelle »), qui nous irradie à hauteur de 2,4 millisieverts (mSv) par an en moyenne, mais cela peut monter à plus de 50 mSv en certains endroits de la planète. Aucune étude médicale n'a pu mettre en évidence des conséquences sanitaires liées à cette fluctuation. Cela s'explique : l'agression des cellules (et notamment de l'ADN) provenant de la radioactivité naturelle est alors trop faible comparée aux autres causes (la première étant tout simplement… que nous respirons de l'oxygène, composé intrinsèquement agressif !). Mentionnons pour finir qu'un séjour d'une semaine à 1 500 m d'altitude représente une irradiation de 0,01 mSv, un trajet Paris-New York en avion 0,03 mSv, une radiographie pulmonaire 0,7 mSv, et un examen radiologique au scanner 10 à 80 mSv.

Dès lors qu'il est impossible de constater des effets stochastiques reliés aux variations de la radioactivité naturelle, alors que de tels effets peuvent être mis en évidence pour les survivants des explosions atomiques, c'est que la relation linéaire entre dose et excès observable de cancers cesse d'être applicable « quelque part » entre 200 mSv reçus à fort débit de dose et 2 mSv reçus à faible débit de dose. Existe-t-il un seuil ? S'il en existe un, il est probablement supérieur à 100 mSv par an : les études médicales actuellement disponibles – provenant de l'observation des travailleurs du nucléaire – ne permettent pas non plus de caractériser de risques sanitaires liés à une exposition à une dose annuelle inférieure à cette valeur.

Les instances internationales de radioprotection ont cependant proposé, *par mesure de prudence*, de prolonger jusqu'au zéro la relation linéaire entre dose reçue et effets stochastiques constatée aux moyennes et fortes doses. Le coefficient de proportionnalité retenu est de 5 %. Il ne s'agit pas d'un coefficient dérivé de l'observation, mais *d'un coefficient conventionnel.* Pour les mesures de radioprotection, on fera « comme si » :

Cas de cancers mortels =
5 % × dose individuelle (en sieverts)
× individus ayant reçu la dose

*Il ne s'agit en aucun cas d'une modalité de calcul des morts dues à une irradiation par des faibles doses*, mais d'une règle conventionnelle destinée à arbitrer les politiques publiques, à l'instar de celles utilisées par les assurances pour attribuer une valeur monétaire à la vie. L'utilisation de cette règle pour « compter » des morts suite à une irradiation accidentelle qui n'a pas dépassé 200 mSv par individu en moyenne est parfaitement abusive et ne correspond pas à une démarche scientifiquement acceptable. Un rapide calcul permettra de mieux illustrer ce propos. Outre la radioactivité naturelle (2,4 mSv par individu et par an), nous sommes également exposés à une radioactivité provenant d'applications humaines (0,7 mSv/an), provenant pour l'essentiel d'examens médicaux : radios, scanners, etc (0,6 mSv/an) ; l'électronucléaire ne contribue que pour 0,01 mSv par individu et par an (source : Organisation mondiale de la santé). L'application de la règle de radioprotection (ci-dessus) pour « compter des morts » imputerait aux radiographies médicales un surplus annuel de cancers mortels de 180 000 cas (sur 6 milliards d'habitants), en fait essentiellement situés dans les pays riches puisque les Nigérians et les Chinois passent peu de radios. 180 000 morts par an à cause des examens radiologiques, cela ferait du bruit !

## AH, TCHERNOBYL...

Dangerosité du nucléaire et accident de Tchernobyl sont désormais étroitement associés dans bien des esprits, ce qui est parfaitement normal compte tenu de l'ampleur médiatique qu'a eue cet événement. Le risque que ce genre d'accident se reproduise doit-il nous dissuader de recourir à jamais au nucléaire civil pour lutter contre les émissions de gaz à effet de serre ?

Il y a deux catégories de morts dont le décompte ne pose pas de problème particulier :

– les victimes à court terme des effets déterministes, c'est-à-dire ceux qui ont été gravement irradiés dans les premiers jours de l'accident (essentiellement des pompiers et les premiers « liquidateurs », lesquels seront 600 000 en tout) ;

– les décès dus aux cancers de la thyroïde qui se sont déclarés depuis.

Les Nations unies retiennent 31 décès pour les effets déterministes, ce nombre étant aussi retenu par l'Organisation mondiale de la santé (*Nuclear Power and Health*, World Health Organization, 1994). En 2001, l'Institut de protection et de sûreté nucléaire (IPSN) retenait pour sa part 42 décès (*Tchernobyl, 15 ans après*, IPSN, 2001), avec un périmètre un peu plus large (tous les décès survenus depuis parmi les premiers liquidateurs sont comptés, même les infarctus). Une deuxième catégorie de victimes bien identifiées provient des cancers de la thyroïde, qui sont des cancers rares et typiques de l'ingestion d'iode 131, contenu dans les déchets de fission. Près de 2 000 cas se sont déclarés depuis 1986 (la normale est de quelques cas par an pour la même population), le bilan en 2001 s'établissant à 10 morts, ces cancers ayant la particularité d'avoir un taux de guérison proche de 100 %, ce taux étant essentiellement fonction de la qualité de l'appareil de soins, comme pour bien d'autres pathologies.

Mais les conséquences principales de Tchernobyl sont généralement attribuées aux effets stochastiques, c'est-à-dire au surcroît de cancers « normaux » à long terme. Peut-on les estimer par le calcul ? Cela suppose de connaître les doses, et de pouvoir appliquer la règle dose-effet dans son périmètre de validité. Pour parvenir aux doses, il est nécessaire de connaître la nature, les quantités, et la trajectoire des différents éléments radioactifs émis dans l'environnement suite à l'accident. Ces éléments sont connus avec un degré de confiance acceptable pour un ordre de grandeur, mais pas plus, par exemple l'activité des radioéléments libérés dans l'atmosphère a été estimée (au moment où ils ont été disséminés) à 6 $10^{18}$ becquerels environ. Les doses reçues par les populations immédiatement riveraines du réacteur ont alors été estimées comme suit (rappelons que les doses s'estiment et ne se mesurent pas).

| *Distance au réacteur* | *Population* | *Dose collective en hommes.sieverts* | *Dose individuelle moyenne reçue en mSv* |
|---|---|---|---|
| Ville de Pripyat (< 3 km[a]) | 45 000 | 1 500 | 33 |
| 3 à 7 km | 7 000 | 3 800 | 540 |
| 7 à 10 km | 9 000 | 4 100 | 460 |
| 10 à 15 km | 8 200 | 2 900 | 350 |
| 15 à 20 km | 11 600 | 600 | 52 |
| 20 à 25 km | 14 900 | 900 | 60 |
| 25 à 30 km | 39 200 | 1 800 | 46 |
| **Total** | **135 000** | **16 000** | **120** |

a. Évacuée peu après l'accident, ce qui explique les doses plus faibles que pour des populations plus éloignées.

(*Éléments de sûreté nucléaire*, Jacques Libman, EDP Sciences, 2000.)

Seule la population qui a reçu plus de 200 mSv (soit 24 200 personnes) peut faire l'objet de la règle dose-effet, qui donne un surplus de cancers mortels de 540 cas (en tout, pas par an). Notons que, sur cette population, un peu plus de 6 000 individus mourront de cancer de toute façon. Confirmer par l'observation, sur un échantillon de cette taille, un surplus inférieur à 10 % ne sera pas nécessairement possible, pour les raisons exposées quelques lignes ci-dessous. Le reste de la population concernée ayant reçu 50 mSv ou moins, c'est-à-dire l'équivalent d'un examen au scanner, la règle dose-effet ne peut plus s'appliquer pour estimer le nombre de décès.

Est-il alors possible de procéder par l'observation ? Cette démarche est bien sûr possible en théorie : il « suffit » de compter les cancers, et tout excès par rapport à la normale sera la signature de l'événement. Ce qui est possible pour les cancers de la thyroïde, dont les occurrences ont connu une croissance bien au-delà des fluctuations habituelles, pose d'insurmontables problèmes pour les cancers « normaux » qui constituent une cause « normale » de décès de toute façon :

– plus on souhaite relier des morts à l'événement, plus il faut se restreindre à un petit groupe (les individus que l'on suppose les plus irradiés), mais les lois de la statistique nous enseignent que l'incertitude augmente lorsque la taille de l'échantillon étudié diminue ;

– les cancers étant des manifestations à long terme, il faut normalement attendre que toute la population étudiée meure, puis compter les décès par cancers, or nous n'y sommes pas encore ;

– il faut pouvoir discriminer l'incidence d'autres causes, postérieures à l'accident, dont les effets viennent interférer (comme par exemple une augmentation de la tabagie ou de l'alcoolémie, qui engendrent des cancers supplémentaires, ou un délabrement de l'appareil de soins, la situation de l'Ukraine en particulier et des pays de l'Est touchés en général s'étant terriblement dégradée depuis la chute du Mur, ce qui induit une hausse des décès à morbidité égale…) ;

– il faut que le décès soit suffisamment prématuré par rapport à la normale pour pouvoir s'observer : si la perte de durée de vie induite par victime est trop brève, elle restera indétectable (des problèmes analogues se rencontrent pour les études concernant les effets sanitaires de la pollution atmosphérique) ;

– les cancers recherchés étant identiques aux cancers « ordinaires », pour conclure sans équivoque il faut impérativement caractériser une variation qui excède de manière perceptible les fluctuations habituelles de ce type de maladie, qui sont de quelques pour-cent par an (il ne meurt pas exactement le même nombre de personnes par cancer tous les ans !).

Ces innombrables difficultés expliquent que les éventuels effets stochastiques ne seront constatés que s'ils représentent une fraction significative des décès survenant normalement par cancer. Or, si la règle dose-effet ne permet pas de compter les morts, du moins peut-elle donner, par la force des choses, une borne supérieure. Parmi les 135 000 personnes les plus touchées, cette règle plafonne les cancers surnuméraires à 800 cas. Or plus de 30 000 individus de cet échantillon mourront de cancer de toute façon, avec une incertitude de plus de 5 %. Le surplus à détecter étant de moins de 3 %, un éventuel effet stochastique ne sera donc probablement jamais observable.

Cela explique que, à ce jour, aucune étude épidémiologique n'a pu mettre en évidence un quelconque surcroît de mortalité par cancer dû à cet accident, mis à part les quelques dizaines de décès mentionnés ci-dessus que personne ne conteste. La seule conclusion rigoureuse que l'on puisse formuler sur l'accident est alors celle-ci (tous les mots de cette phrase sont soigneusement pesés) : l'accident de Tchernobyl a *indiscutablement* causé quelques dizaines de morts, et pour le reste il est impossible de caractériser sans équivoque un surcroît de mortalité *lié aux conséquences radiologiques de l'accident.*

Tchernobyl a donc été un accident important, qu'il aurait bien mieux valu éviter, mais en aucun cas quelque chose de nature à porter gravement atteinte à la population d'un pays prise dans son ensemble. Quelques dizaines ou centaines de morts est certes significatif à l'échelle d'un individu, mais à l'échelle de la Terre, où il meurt de l'ordre de 150 000 personnes *par jour*, ce n'est pas suffisant pour faire du nucléaire civil un fléau planétaire de premier ordre. Et savoir si tout mort supplémentaire est un mort de trop est un débat qui nous entraînerait trop loin du cadre de ce livre. L'argument du risque choisi, parfois invoqué pour discriminer le nucléaire du tabagisme ou des accidents de la route (dont les risques seraient choisis par chacun), n'est pas nécessairement pertinent : le tabagisme passif – pas choisi du tout – fait encore bien plus de dégâts que le nucléaire civil, et ne serait-ce que les enfants tués sur la route peuvent difficilement être considérés comme ayant pris un risque en parfaite connaissance de cause. En France, pour finir, la dose moyenne reçue suite à cet accident a été de 0,01 mSv par individu, soit à peu près ce qui découle d'une semaine de vacances en montagne.

Quittons maintenant la santé des hommes pour revenir à l'environnement. L'atteinte aux écosystèmes résultant de l'irradiation a été localement indiscutable au moment de l'accident ; des centaines d'hectares d'arbres ont été grillées, par exemple. Mais il faut savoir que la résistance d'un organisme aux radiations est d'autant plus élevée qu'il se situe au bas de l'échelle de l'évolution : l'homme est l'animal le plus fragile aux rayonnements, et une dose létale pour notre espèce n'incommodera même pas un arbre, un insecte ou même un oiseau. Tous les cancers qui mettent plus de 20 ans à se développer constituent des nuisances nulles pour une espèce dont l'espérance de vie est de 15 ans. Enfin si les rayonnements font 5 % de morts ou de maladies graves en plus dans une population animale pendant quelques années, cela ne fait pas la « Une » de journaux ! Ces animaux, morts ou faibles, seront mangés par leurs prédateurs (qui ne connaissent pas non plus des taux de mortalité importants), la conséquence cessera d'être observable dès l'animal mangé (un animal irradié ne devient pas fortement radioactif) et le dommage pour l'environnement sera minime. Pour en revenir aux arbres, par exemple, ils ont maintenant retrouvé un aspect parfaitement normal, et les prélèvements de rats effectués dans la zone très fortement soumise aux radiations après l'accident ne montrent pas de dommages majeurs.

Encore plus étonnant, les environs de Tchernobyl sont maintenant plutôt plus abondamment fournis en faune sauvage qu'avant l'accident, car le fait que les hommes aient été évacués des abords de l'ex-centrale (il est interdit de résider à moins de 30 km de Tchernobyl) a supprimé le premier facteur de pression pour la vie animale (bien avant les rayonnements) : notre espèce ! L'évacuation du prédateur universel que nous constituons contrebalance, et bien au-delà, les dommages engendrés par les radiations supplémentaires.

Dans les dommages à l'environnement qui peuvent toutefois affecter l'homme, il y a la contamination des sols par des éléments à durée de vie moyenne (le césium, par exemple) qui ne gênent pas la croissance des végétaux mais repassent ensuite dans la chaîne alimentaire. Ainsi, les sols contaminés de manière importante par Tchernobyl, et qui mettront des décennies avant de redevenir cultivables sans précautions particulières, couvrent plus d'un millier de kilomètres carrés, et là réside le dommage le plus significatif à moyen terme de l'accident. Mais il n'est pas inutile, ici aussi, de mettre ces chiffres en perspective : à l'échelle de la planète, notre espèce « stérilise », pour des siècles probablement, plus de 5 000 $km^2$ par an pour pouvoir rouler en voiture en les couvrant d'asphalte, soit 200 000 $km^2$ en 40 ans[1] (40 % de notre Hexagone). Si minimiser l'atteinte aux écosystèmes est notre objectif premier, ne faut-il pas revoir bien des choses à l'aune de ce critère ?

Hors les accidents graves, l'exploitation courante expose aussi les individus. L'Organisation mondiale de la santé a établi comme suit la dangerosité des différentes formes de production d'électricité, tableau de la page suivante qui se passe de commentaires.

1. La durée de vie d'une route se compte aussi en siècles.

| *Énergie* | *Morts par gigawatt électrique par an, conditions normales (moyenne mondiale)* | | |
|---|---|---|---|
| | *Travailleurs* | *Public* | *Total* |
| Charbon | 0,2 à 6 | 1,1 à 11 | 1,3 à 17 |
| Pétrole | 0,5 à 1 mini | 1 à 10,1 | 1,5 à 11,1 |
| Nucléaire | 0,2 à 2 | 0,1 à 1 | 0,3 à 3 |

(Organisation mondiale de la santé, 1994.)

Enfin, parmi les inconvénients souvent mis en avant figurent la prolifération et les déchets. Éviter la prolifération, c'est-à-dire la diffusion large d'armes atomiques, est effectivement une action dotée du plus haut degré de priorité, à laquelle je souscris sans l'ombre d'une hésitation, mais cela n'interdit pas pour autant l'emploi du nucléaire civil partout et tout le temps. J'y reviens indirectement dans le petit calcul proposé à la fin de ce chapitre. Les déchets nucléaires, pour leur part, représentent actuellement moins d'un kilogramme par an et par individu en France, dont environ 10 grammes doivent vraiment être traités avec soin (les déchets dits « de haute activité » de l'année représentent en France le volume de quelques voitures), quand l'industrie française dans son ensemble produit 200 à 400 kg de déchets toxiques par an et par Français, dont la gestion est très loin d'être aussi surveillée que celle des déchets nucléaires et l'impact sur l'environnement bien plus important. La durée de vie des déchets radioactifs peut être importante, mais celle de certains résidus de pesticides, dont on répand un kilogramme par Français chaque année dans la nature, est infinie. Et surtout, est-ce que cela a un sens de se préoccuper de ce qu'il adviendra de ces déchets dans 10 000 ans quand l'essentiel de nos actions nous conduit tout droit à de réelles impasses avant la fin du siècle qui commence ? Faut-il se focaliser à ce point sur un phénomène responsable des chiffres après la virgule, quand nous sommes si désinvoltes à propos des causes à l'origine de ceux qui sont avant ?

Depuis les attentats survenus aux États-Unis en septembre 1991, une nouvelle menace est apparue : celle d'une tentative de destruction aérienne volontaire par des terroristes d'une centrale ou d'une installation comme La Hague. Là aussi, cette éventualité a-t-elle fait naître une nouvelle raison de renoncer au nucléaire civil ?

Supposons tout d'abord qu'une centrale soit effectivement détruite par un impact de gros avion. Nous aurions alors, au pire, un Tchernobyl *bis*. Venant d'expliquer, finalement, que l'éventualité d'un nouveau Tchernobyl est un risque préférable à celui d'un changement climatique de grande ampleur, il me semble que non.

Une deuxième réflexion, peut-être plus politiquement correcte, sera de discuter l'hypothèse même de l'écrasement d'un avion sur une centrale (et du reste il est clair qu'il faut tout faire pour éviter ce genre de chose). On peut, à court terme, abattre l'avion (dont les occupants sont promis à la mort de toute façon, et je raisonnerais de la même manière si je m'y trouvais), à plus long terme, enterrer les centrales ou simplement remarquer que maintenant que les passagers d'un vol savent que les pirates peuvent écraser l'avion, il est possible que les détournements où les otages « se laissent faire » deviennent l'exception plus que la règle.

Enfin, à l'aune d'une telle menace, l'électronucléaire n'a pas de raison particulière d'être stigmatisé parmi nos nombreuses activités industrielles : il vaut mieux écraser un avion sur bon nombre d'usines chimiques (contenant des produits hautement toxiques, et non recouvertes d'une enceinte de béton) que sur une centrale nucléaire : faut-il rappeler que, selon l'OMS, Bhopal a fait 50 à 100 fois plus de victimes directes que Tchernobyl ? Et même, percuter une tour de la Défense fera toujours bien plus de morts que de s'écraser sur une centrale nucléaire. L'électronucléaire ne sera pas la première activité à laquelle nous devrons renoncer si nous les classons en fonction du nombre de morts qu'une attaque terroriste basée sur l'écrasement d'un avion pourrait provoquer.

## LA PESTE ET LE CHOLÉRA ?

Tout cela nous ramène à notre objet premier : les risques du nucléaire et du changement climatique sont-ils équivalents ? Le nucléaire n'est pas sans risques, mais la vie est pleine de risques, et le buraliste ou le concessionnaire automobile du coin restent pour le moment bien plus redoutables que les ingénieurs de Framatome. Le nucléaire civil me semble donc une variable d'action recevable pour lutter contre les émissions de gaz à effet de serre. Mais si les « écologistes politiques » sont systématiquement contre, n'est-ce pas qu'il y a quand même de bonnes raisons à cela ? Commençons par nous poser ces deux questions :

– en quoi les « écologistes politiques » seraient-ils tenus d'être plus cohérents que les autres « politiques » ? La politique en démocratie est-elle toujours une affaire de logique ?

– suffit-il de se déclarer écologiste (et *a fortiori* de se présenter aux élections sous cette étiquette) pour devenir automatiquement le dépositaire exclusif d'un discours sensé sur l'environnement et l'avenir énergétique ?

Après ce qui sera peut-être pris pour une simple raillerie, puis-je proposer une analyse un tout petit peu plus poussée ? Le sentiment anti-nucléaire des « écologistes politiques » est né dans les années 1970. À l'époque démarrait le programme électronucléaire civil français, bien sûr, mais surtout les essais militaires battaient leur plein, la technique mise en œuvre, nouvelle, suscitait une méfiance qui était plus compréhensible qu'aujourd'hui, le Club de Rome avait souligné que notre modèle de développement nous emmenait droit vers les problèmes (ce qui reste parfaitement valable ; l'effet de serre est finalement l'une des concrétisations de cette « prophétie »), ce qui rendait logique une opposition entre les partisans des économies d'énergie et ceux de moyens supplémentaires de production (la substitution au pétrole était l'un des arguments du nucléaire mais pas le seul : il s'agissait aussi d'augmenter l'offre énergétique), et, enfin, la menace du changement climatique ne faisait pas les unes des journaux. Ce sentiment, parfaitement compréhensible dans le contexte de l'époque (peut-être même l'aurais-je partagé, alors...), a constitué l'un des liants forts des mouvements écologistes. Comme tout socle culturel, il est après bien difficile de le faire évoluer. Cela ne signifie pas nécessairement que le discours reste justifié.

## POURRAIT-ON EN METTRE PARTOUT ?

Afin de cadrer la suite de la discussion, je propose encore un petit calcul d'ordre de grandeur : que gagnerait-on à « mettre du nucléaire partout » ? En 1995, la production électrique mondiale (valant la consommation mondiale, puisque l'électricité ne se stocke pas) totalisait 13 520 TWh, dont 20 % environ provenaient de centrales nucléaires. Toutefois, il serait – avec raison – désagréable à certains de voir des centrales nucléaires fleurir en Afghanistan ou en Angola. Nous allons donc restreindre la possibilité de recourir au nucléaire en lieu et place de la totalité des centrales thermiques aux pays suivants :

– tous les pays possédant déjà l'arme atomique. L'un des arguments des opposants à la généralisation du nucléaire dans le monde est l'incitation à la prolifération, ce en quoi je leur donne parfaitement raison, mais, hélas, si le mal est déjà fait on ne refera pas l'histoire. Mieux vaut alors une absence de prétexte à conflit – la pénurie énergétique ou un dérèglement climatique fourniraient de bonnes raisons de se battre – qu'une précaution superfétatoire pour les pays qui sont déjà des puissances atomiques ;

– tous les pays possédant un niveau de culture technique et une tradition culturelle suffisants pour opérer des centrales, même s'ils n'en disposent pas aujourd'hui (tous les pays d'Europe, par exemple), et qui est supposé acquis quand des centrales existent déjà. Ici aussi on ne refait pas l'histoire !

| *Pays ou groupe de pays* | *TWh produits en 1997* | *Éligible ?* | *TWh éligibles* |
|---|---|---|---|
| Canada | 516 | oui | 516 |
| États-Unis | 3 619 | oui | 3 619 |
| Mexique | 152 | non | 0 |
| Amérique latine | 163 | non | 0 |
| Europe de l'Ouest | 2 705 | oui | 2 705 |
| Europe de l'Est | 1 627 | oui | 1 627 |
| Afrique | 365 | non | 0 |
| Moyen-Orient | 327 | non | 0 |
| Extrême-Orient | 3 120 | oui | 3 120 |
| Océanie | 210 | oui | 210 |
| **Total** | **13 529** | | **11797** |

Il s'avère donc que 11 800 TWh sur les 13 529 produits en 1997 l'ont été dans des pays ayant déjà la bombe, des centrales en service, ou un bon niveau de culture de la sécurité. Il faudrait probablement procéder à de petits ajustements de périmètre : la Birmanie et l'Afghanistan devraient être ôtés de l'Extrême-Orient, mais en revanche j'ai peut-être été un peu sévère avec le Mexique ou l'Argentine. Restons-en là pour un calcul en ordre de grandeur.

Un gros 80 % de cette électricité est actuellement faite avec du charbon ou du gaz, avec une émission moyenne de 600 g de gaz carbonique par kilowattheure (soit 160 g équivalent carbone), cote mal taillée entre les 900 g du charbon et les 430 du gaz : nucléariser les 11 800 TWh mentionnés plus haut permettrait une économie annuelle de l'ordre de 2 Gt équivalent carbone, alors que les émissions de 1999 du poste « production d'énergie » au niveau mondial totalisent 2,4 Gt équivalent carbone (mon résultat est probablement un peu optimiste, mais l'ordre de grandeur est bon). En ce qui concerne les États-Unis, qui produisent à eux seuls 3 619 TWh dont 660 sont déjà d'origine nucléaire, le recours au nucléaire pour le solde de leur production électrique permettrait une économie de l'ordre de 500 Mt équivalent carbone, soit l'équivalent des émissions de l'Allemagne et du Japon réunis. Nucléariser toute la production d'électricité n'est pas encore suffisant pour stabiliser la perturbation du climat (une telle stabilisation signifierait une diminution de 50 % des émissions mondiales au minimum), mais voilà aussi une marge de manœuvre considérable, qui du reste augmenterait avec la conversion à l'électricité d'un certain nombre d'applications, comme pour le solaire.

Toutefois, si l'uranium est abondant (3 g par tonne de terre en moyenne, quelques microgrammes par litre dans l'eau de mer), il n'est pas présent à beaucoup d'endroits avec une concentration forte (quelques centaines de grammes par tonne de minerai) rendant son exploitation commode : les réserves économiquement exploitables d'uranium fissile ne représentent guère plus que celles de pétrole. Nous en tirerons péniblement quelques petits siècles de consommation avec le parc actuel de centrales, lequel fournit 5 % de l'approvisionnement énergétique mondial. Nucléariser la totalité de la production mondiale d'électricité avec la technologie d'aujourd'hui conduirait à un épuisement des ressources d'uranium 235 en quelques décennies. Pour élargir l'horizon des ressources du nucléaire, il faut impérativement recourir à la surgénération, qui permet d'utiliser d'autres éléments que l'uranium 235 comme combustible. Dans les réacteurs actuellement en service, dits classiques, le matériau utilisé est fissile (l'uranium

235) : le noyau se casse en plusieurs parties (on dit qu'il fissionne) après avoir reçu un neutron. Chaque fission d'atome produit en moyenne 2,5 neutrons, dont un et un seul doit être absorbé par un autre noyau chez qui il provoquera une fission qui, à son tour produira 2,5 neutrons, etc. Un tel réacteur est dit « critique », parce que la réaction produit des neutrons en excès, et que, laissée à elle-même, elle s'emballe. Three Miles Island et Tchernobyl constituent des exemples d'un tel emballement. Toute la difficulté est de modérer suffisamment la réaction, par divers dispositifs techniques, pour la maintenir dans un état stationnaire sans la tuer.

Le principe d'un surgénérateur est d'utiliser un matériau dit « fertile », qui devient fissile lorsqu'il a absorbé un neutron. Chaque étape (fertile → fissile et fissile → fission) requiert donc un neutron. Si l'étape fission fournit plus de 2 neutrons utiles, il faut encore modérer. Si elle fournit moins de 2 neutrons utiles, le réacteur est dit « sous-critique », et il faut alors fournir des neutrons d'une source extérieure, laquelle peut être soit une autre réaction de fission entretenue au même endroit (on mélange les matériaux), soit un accélérateur de particules (on parle alors de réacteur hybride). Les avantages de la surgénération sont bien connus :

– les éléments fertiles (thorium 232, uranium 238...) sont plusieurs centaines de fois plus abondants que l'uranium 235 actuellement utilisé ;

– il est possible d'utiliser de tels réacteurs pour « brûler » du plutonium provenant du démantèlement des armes nucléaires ou du retraitement des « déchets »[1] de centrales classiques ;

– dans le cas particulier des réacteurs hybrides, qui toutefois n'existent pour l'heure que sur le papier, on disposerait d'une sécurité forte par nature ; en cas de problème il suffirait de couper l'accélérateur. Comme la réaction laissée à elle-même est sous-critique elle s'arrêterait rapidement (pas d'emballement possible).

– enfin, en bout de course, la production de déchets est inférieure à celle d'un réacteur classique, avec une proportion supérieure de déchets à vie courte.

1. Qui alors cessent de l'être ! Selon les choix technologiques (filières utilisées) et politiques (surgénération ou pas) du moment, un même matériau est un déchet ou un combustible...

L'horizon de ressources devient donc virtuellement illimité (ou du moins l'humanité disparaîtra avant pour une autre raison) si nous acceptons de recourir à la surgénération, puis éventuellement à la fusion, dont la disponibilité commerciale aboutira peut-être à l'horizon d'un siècle. Toutefois ces choix se prennent longtemps à l'avance : le passage des possibilités théoriques aujourd'hui connues à une solution exploitable industriellement prendra vraisemblablement de l'ordre de quelques décennies, c'est-à-dire le temps que nous avons devant nous avec les seuls matériaux fissiles en cas de nucléarisation forte.

Approchant l'âge où je répèterai inlassablement les mêmes phrases, je peux commencer dès maintenant : cette variable d'action n'est intéressante que si la consommation d'énergie ne continue pas d'augmenter indéfiniment, et même cesse d'augmenter tout court assez rapidement. Économies d'énergie et nucléaire n'ont pas de raison particulière d'être antagonistes. Du reste, si les émissions mondiales continuent d'augmenter de 2 % par an comme c'est actuellement le cas, nucléariser toute la production d'électricité (sans modifier la proportion d'énergie électrique dans la consommation totale) ne permet que de gagner 20 ans sur le chemin des ennuis. Cette solution ne présente alors plus qu'un intérêt mineur, et, d'une certaine manière, nucléaire ou pas nucléaire, peu importe pour le long terme. Supposer que sa mise en œuvre à large échelle serait suffisante pour supprimer nos ennuis *toutes choses égales par ailleurs* est aussi un leurre. Cette technologie ne nous dispense en rien d'une réflexion plus profonde sur la voie que nous entendons suivre par ailleurs concernant la consommation de chaque individu.

En revanche, si l'objectif est bien de diminuer aussi vite que possible des émissions de gaz à effet de serre, avec toutes les composantes que cette évolution suppose, alors le nucléaire civil, qui n'a pas plus de raison d'être considéré comme le diable que l'essentiel des autres applications industrielles, serait à mon sens une brique incontournable d'un tel choix.

Notons enfin que, même en cas de taxe carbone ou de cycle du combustible plus coûteux, le nucléaire civil continuera à fournir du kilowattheure à pas loin de 3 centimes d'euro en sortie de centrale : de toutes les marges de manœuvre examinées, il s'agit probablement de la plus indolore pour le consommateur.

# Que serait l'âge d'or ?

Depuis le début de cette dernière partie, j'ai essayé de passer en revue les différentes briques dont nous disposons pour construire un monde qui nous permettrait de vivre encore assez confortablement tout en échappant peut-être aux conséquences les plus graves du changement climatique et à celles de la pénurie d'énergie. Pouvons-nous maintenant les utiliser pour un jeu de construction imaginaire d'un monde « durable » pour de bon, ou encore « énergétiquement vertueux » ? Ce monde aurait adapté son organisation et le mode de vie de ses habitants de telle sorte que les risques de long terme que nous venons d'évoquer aient disparu ; nos émissions de gaz à effet de serre auraient notamment cessé de perturber le climat. Cela ne résoudrait pas tous les problèmes : alors que l'objectif de la croissance matérielle indéfinie – incompatible avec la durabilité – aurait cessé de guider nos pas, il nous resterait alors à trouver un sens à l'existence, à meubler nos vies, et ce ne serait peut-être pas le moindre des défis auxquels nous serions alors confrontés.

## COMBIEN D'ÉNERGIE ET QUELLE ÉNERGIE ?

Ne plus recourir aux combustibles fossiles est incontournable dans notre monde vertueux (ou durable), puisque, tant que nous sommes quelques milliards, il n'est pas possible de les utiliser sans perturber le climat et que ces ressources ne sont pas renouvelables de toute façon. *Exit* donc ces combustibles (tous ces combustibles, y compris le gaz que tout le monde semble considérer comme une martingale !). Les petits calculs effectués plus haut montrent qu'il nous reste alors comme sources significatives, aujourd'hui ou dans un avenir visible :

– les énergies nucléaires (fission, surgénération, fusion) ;

– le rayonnement solaire ;

– la biomasse.

Et comme sources d'appoint pouvant être intéressantes dans certains cas :

– l'hydroélectricité (le potentiel mondial est significatif, mais il s'exploite au prix d'installations souvent traumatisantes pour l'environnement local, le barrage des Trois-Gorges en étant l'archétype) ;

– l'éolien ;

– la géothermie (le flux géothermique planétaire représente, réparti sur toute la surface de la Terre, à peu près l'équivalent de notre consommation d'énergie actuelle. La récupérer en totalité supposerait de poser un capteur couvrant toute la surface de la Terre et disposant d'un rendement de 100 %. Cette source sera donc par la force des choses nécessairement très limitée au niveau mondial).

Nous avons vu plus haut qu'il était parfaitement envisageable, dans un pays tel que la France, de diviser la consommation d'énergie par 2 à service rendu à peu près équivalent (voir page 208), et un objectif ultime d'une tonne équivalent pétrole par habitant semble parfaitement à notre portée si nous le voulons. Il serait alors possible de « boucler la boucle » avec les sources énumérées ci-dessus, dans des proportions variables mais pas trop : même en pareil cas, les biocarburants et l'éolien resteront des contributeurs marginaux. Bien sûr, tout ce qui va suivre ne tient que pour autant que nous décidions d'en rester là tant que nous serons quelques milliards d'individus : ne pas courir à de gros ennuis en quelques décennies avec 3 ou 4 tep par Terrien me semble actuellement impossible. À long terme, nous dépendrions essentiellement du nucléaire civil et du solaire ou de ses dérivés, chacune de ces deux sources disposant d'un potentiel à peu près équivalent, proche d'une petite moitié de notre consommation actuelle. Outre l'absence d'effet de serre additionnel, nous en retirerions les avantages suivants :

– ressources inépuisables ou quasi-inépuisables à l'échelle de l'espérance de vie de notre espèce (mais à condition d'utiliser des éléments fertiles et donc la surgénération) ;

– compatibilité avec un mode de vie pas très éloigné de celui que nous connaissons, et en tout cas nettement plus proche de notre monde moderne que de « l'âge des cavernes » ;

– les éléments fertiles étant assez abondants, et le Soleil encore plus, il y aurait une moindre compétition pour les approvisionnements qu'avec des ressources pétrolières massivement concentrées en un point du globe (ce qui est encore partiellement vrai pour les ressources gazières et charbonnières), ce qui diminue donc les risques de conflit ;

– robustesse accrue du système (la partie solaire est locale et ne se transporte pas) ;

– bonne complémentarité entre deux sources disposant chacune de son domaine privilégié (les fortes puissances centralisées d'un côté, la modularité et la souplesse de la gestion individuelle de l'autre).

Notons aussi que dans ce monde l'énergie primaire est essentiellement électrique.

## QUE PERDRIONS-NOUS PAR RAPPORT À MAINTENANT ?

### *La faculté de se déplacer vite, à volonté et pour pas cher*

Se déplacer vite consomme beaucoup d'énergie, nous l'avons vu. Se déplacer à volonté requiert des moyens de transport surdimensionnés par rapport aux besoins courants : pour être sûr de ne pas avoir de problème une fois par an, le jour du départ en vacances, avec ses 3 enfants, la grand-mère et le chien, chacun achète une voiture à 5 places utilisée en moyenne par… 1,8 personne pendant l'année, ce qui n'est pas compatible avec une énergie raréfiée. En procédant par élimination, et en supposant que seuls les moyens de transport utilisant le plus efficacement possible l'énergie soient conservés, dans un tel monde « vertueux » subsisteraient :

– des moyens non motorisés (vélos, marche à pied, rollers…) pour les déplacements de proximité (inférieurs à quelques kilomètres), quelle que soit la zone concernée ;

– le train et le bateau pour les déplacements lointains (qui prendraient alors plus de temps, mais on peut envisager de les aménager pour que le voyage soit un moment « hors du temps », source d'agréments et de souvenirs, et non « une perte de temps » !) ;

– essentiellement le métro, le bus, quelques voitures partagées (taxis inclus) et quelques camions en zones urbaines denses ;

– le bus, des voitures collectives partagées et quelques camions en zones urbaines moyennement denses ;

– des voitures et camionnettes individuelles – ou des taxis – en zones rurales, sous réserve que ce soient de petits véhicules mus à l'électricité (directement ou indirectement, avec de l'air comprimé ou de l'hydrogène).

## *L'urbanisme actuel*

Un monde où l'offre de transports aurait diminué (et la demande aussi : il faut être logique !) engendrerait l'adaptation de l'urbanisme en conséquence. Il est vraisemblable que les « vraies » villes seraient

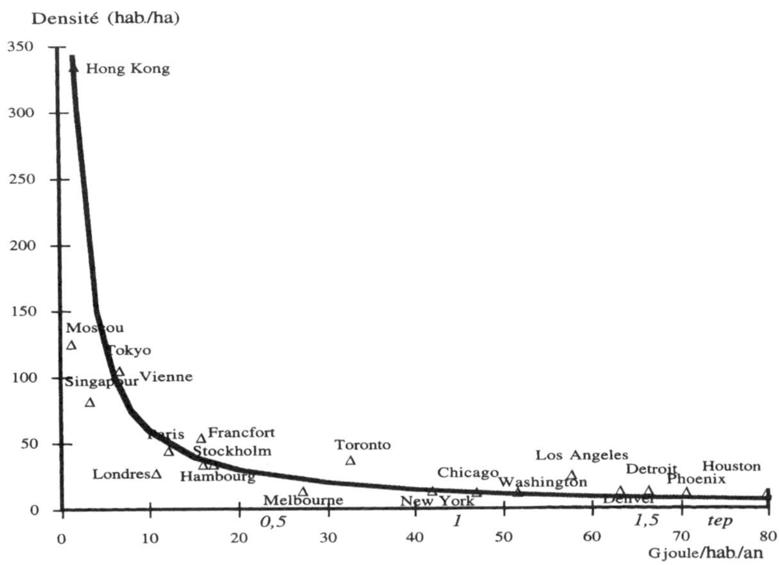


***Figure 63*** – Consommation annuelle d'énergie par habitant pour le transport en fonction de la densité urbaine. (Newman & Kenworthy, *Cities and Automobile Dependance*, Gower, 1989.)

globalement plus denses que maintenant, la consommation d'énergie requise pour le transport évoluant à l'inverse de la densité (voir fig. 63).

Les zones peu denses des villes ne pourraient subsister qu'à la condition que les gens s'y déplacent peu, alors que la mobilité des habitants des banlieues est actuellement celle qui est maximale. Les transports collectifs lourds (RER, tram…) ne sont déjà pas rentables en zone peu dense, ce serait vrai *a fortiori* si l'énergie coûtait plus cher : impossible de voir subsister des banlieues-dortoirs de centres éloignés. Plutôt que de déplacer les individus vers le travail, il serait peut-être possible de faire l'inverse, *via* les réseaux (voir plus bas). Cela équivaudrait de toute façon à recréer des villages assez fortement autarciques en termes de fréquentations physiques.

Les produits renouvelables de première nécessité se trouvant à la campagne (de quoi manger, du bois pour se loger, et un peu d'espace pour faire son électricité ou son énergie), il n'est pas interdit de penser qu'une société « énergétiquement vertueuse » serait une société moins centralisée. Même si se maintenait un pourcentage important de la population dans les villes, ces dernières seraient à la fois plus nombreuses, plus denses, mieux réparties et plus petites en taille de population.

Concentrer les populations dans quelques grandes métropoles implique nécessairement du transport longue distance pour y amener tout ce que les gens consomment et qui, par la force des choses, ne peut être produit sur place ni même dans les proches environs. Du reste, avant l'énergie abondante, la population était essentiellement répartie de la manière décrite ci-dessus !

## *Le transport aérien démocratique*

L'avion est de très loin le mode de transport le plus gourmand en carburant par personne transportée. Sur un vol aller retour Paris-New York, soit 12 000 km, chaque passager « consomme » entre 700 et 1 000 litres de carburant (si l'avion est plein, sinon c'est plus), ce qui équivaut presque à la consommation annuelle d'un détenteur de petite voiture. Cette forme de transport augmente actuellement de 5 % par an. Les émissions de gaz carbonique dues au seul trafic international équivalaient en 1992 à celles de la Grande-Bretagne ; en prolongeant les tendances elles pourraient représenter en 2050 une fois et demie ce qu'émettent actuellement les États-Unis. Par ailleurs il n'existe actuellement pas d'alternative à l'utilisation de carburants chimiques pour l'avion (la pile à combustible est alimentée avec un carburant chimique) ; les avions électriques à panneaux solaires sont des appareils ultra-légers qui ne seront jamais adaptés au transport massif de passagers.

La « vertu » énergétique est donc incompatible avec le maintien du trafic aérien actuel, dont une très forte diminution (plus proche de 90 % que de 5 %...) en serait probablement une composante indispensable.

### *Des hypermarchés en périphérie de ville*

Une étude de l'INRETS (Institut national de recherches et d'études sur les transports et leur sécurité) datant des années 1990 a montré que les hypermarchés de périphérie étaient deux fois plus consommateurs d'énergie par unité de chiffre d'affaires que les supermarchés de centre-ville, ce qui reflète leur éloignement des lieux d'habitation, donc l'obligation d'y aller en voiture, et la provenance éloignée des produits vendus (ce qui est moins le cas des commerces locaux, si l'on inclut les marchés). La « vertu » énergétique suppose donc des commerces et marchés en centre-ville accessibles à pied ou en vélo et l'abandon des courses en voiture à l'hypermarché.

### *Des produits manufacturés abondants et peu chers*

En faisant le total des consommations directes des procédés industriels (électricité comprise), de celle des transports de marchandises, et de celle du tertiaire (chauffage des bâtiments, etc.), l'industrie et ses services annexes représentent, dans les pays industrialisés, une grosse moitié de l'énergie consommée (voir tableau ci-contre).

La production de matériaux de base (acier, verre, plastique, ciment, papier), en particulier, absorbe les trois quarts de la consommation directe des procédés industriels. Une forte réduction de la consommation énergétique suppose donc une bien moindre utilisation par personne de ces matériaux de base.

Il s'ensuit que les produits manufacturés verraient leur coût relatif augmenter, et que la consommation en poids de produits par habitant décroîtrait. La location et la copropriété se développeraient probablement au détriment de la possession individuelle, et les produits jetables en général et les emballages jetables en particulier disparaîtraient (chaque Français jette actuellement plus de 200 kg de papier, métal et verre chaque année). La réparation remonterait en puissance, au détriment du remplacement.

**Répartition de la consommation d'énergie pour la France (base 1995)**

| *Postes* | *Mégatonnes équivalent pétrole* |
|---|---|
| ***Tertiaire*** | 30 |
| Dont confort thermique | 25 |
| Dont usages spécifiques | 5 |
| ***Industrie*** | 47 |
| Dont production intermédiaire | 38 |
| Dont autres activités | 9 |
| ***Transports*** | 34 |
| Dont personnes, déplacements professionnels[a] | 10 |
| Dont marchandises | 19 |
| **Total (sur 198 Mtep)** | **106** |

a. Forfaitairement estimés à 30 % des déplacements en voiture.

(Commissariat général du plan.)

## *La construction de maisons individuelles peu chères*

Dans un contexte où la combustion fossile aurait quasiment disparu, nous n'aurions plus à notre disposition de béton en grande quantité à des prix abordables. L'industrie cimentière est en effet grosse consommatrice de combustibles, et doublement émettrice de gaz carbonique. Il faudrait probablement recourir bien plus à des matériaux traditionnels (pierre de taille, bois) dont le coût à la construction est supérieur, car ils nécessitent beaucoup plus de main-d'œuvre.

### *Des lieux d'habitation vastes, très chauffés en hiver et très climatisés en été*

À technologie d'isolation donnée, la dépense de chauffage augmente avec la superficie. Ensuite, baisser d'un degré la température intérieure d'un local peut faire économiser 10 % de la consommation...

### *Beaucoup de viande*

L'essentiel des émissions de gaz à effet de serre de l'agriculture est « contenu » dans la viande. Non seulement la généralisation d'une alimentation fortement carnée à 6 milliards d'individus est strictement incompatible avec la maîtrise des émissions de gaz à effet de serre (et aussi avec le maintien de forêts : il faut environ 50 fois plus de surface agricole pour faire un kilo de bœuf que pour faire un kilo de blé), mais nous devrions diminuer notre consommation, et en changer la composition : plus de volaille, moins de ruminants (bœufs, moutons, etc.). Il est possible de manger moins de viande sans pénaliser les éleveurs : il suffit de la payer plus cher !

### *Des fraises en février et des lychees en décembre*

Les fruits qui ne sont pas de saison ou qui ne poussent pas sous nos latitudes viennent généralement de loin (par avion dans le cas des fruits tropicaux) et/ou sont cultivés sous serre, parfois chauffées (au fioul, au gaz...). Tout cela est intensif en énergie : il nous faudrait attendre fin mai pour les fraises, l'été pour manger des tomates fraîches, et les lychees deviendraient un vrai luxe ! Mais nous y retrouverions le plaisir d'avoir « à chaque saison ses produits ».

## QUE GAGNERIONS-NOUS DANS UN TEL MONDE ?

### *Un climat non perturbé*

On me permettra de renvoyer le lecteur à la deuxième partie de cet ouvrage pour les considérations sur le gain que cela représente.

### *Moins de risques de conflit*

Les conflits armés sont une forme particulièrement violente de résolution des litiges ou des problèmes internes aigus des pays. Tout ce qui contribue à diminuer les possibilités de litiges ou de crises va alors dans le bon sens pour prévenir les guerres, y compris civiles. Une stabilisation de la perturbation climatique impliquant que les pays « riches » et « pauvres » convergent vers un niveau de consommation à peu près uniforme, et donc que l'écart entre pays « développés » et « en voie de développement » se réduise considérablement, diminuerait certaines tensions par la force des choses. L'arrogance d'un puissant est insupportable, celle d'un égal est juste agaçante... Ensuite recourir aux sources d'énergie mentionnées plus haut, réparties de manière assez homogène à la surface du globe, en lieu et place des hydrocarbures, dont les réserves sont largement concentrées dans les mains de quelques pays seulement, sera vraisemblablement un élément positif de ce point de vue. Enfin, les zones favorables n'étant pas appelées à se déplacer par suite d'un dérèglement du climat, une autre cause de tensions possibles s'amoindrirait. Compte tenu des dégâts rendus possibles par la banalisation des armes de destruction massive, une paix mieux garantie ne serait peut-être pas le moindre des avantages de notre monde imaginaire...

### *Davantage d'emplois ?*

Toute machine requiert de l'énergie pour fonctionner. Celle-ci devenant une ressource plus rare, il est vraisemblable que notre monde « vertueux » serait plus riche en emplois manuels – directement concurrencés par la mécanisation – que notre monde actuel. Si 3 % seulement de la population active parvient à nourrir notre pays, ce n'est pas seulement grâce aux travaux des chercheurs de l'INRA : il faut aussi y voir le résultat de l'existence de tracteurs et de l'agrochimie, c'est-à-dire un large recours à l'énergie. Des résultats partiels d'études sectorielles étayent cette (hypo)thèse d'un besoin en travail humain augmenté dans un monde peu gourmand en énergie :

– l'étude de l'INRETS relative aux hypermarchés citée ci-dessus montre aussi que lesdits hypermarchés sont deux fois moins inducteurs d'emploi par unité de chiffre d'affaires que les supermarchés de centre-ville, ce qui semble accréditer la thèse que consommation énergétique élevée et emploi sont antagonistes (incidemment cette étude suggère que, à consommation finale constante, créer un emploi dans la grande distribution détruit deux emplois dans le petit commerce) ;

– une autre étude de l'INRETS a également montré que le déplacement d'un voyageur sur un kilomètre en automobile consomme deux fois plus de pétrole et crée 2 fois moins d'emplois que le même déplacement en bus, ce qui va dans le même sens ;

– une étude de l'Oko-Institut (en Allemagne) aboutit à la conclusion que le fait de pénaliser le transport automobile, ce qui est favorable à la baisse de la consommation énergétique, crée 2,5 fois plus d'emplois qu'il n'en détruit, tous secteurs confondus.

### *Moins de bruit*

Le bruit est essentiellement un sous-produit de l'utilisation de l'énergie fossile, qu'il soit causé par les transports, les usines, les engins de chantier, etc. Un monde plus sobre sur le plan énergétique et essentiellement électrique serait très vraisemblablement beaucoup moins bruyant que notre monde actuel : un vélo fait moins de bruit qu'une voiture, un train moins de bruit qu'un avion, et une pelle moins de bruit qu'un marteau-piqueur. 22 % de la population européenne est exposée au bruit des transports à un niveau qui dépasse 65 décibels (dBA) de jour, la voiture et les camions se taillant la « part du lion » dans ces nuisances : 90 % des gens qui se plaignent du bruit des transports en France incriminent la route.

### *Moins de pollution locale*

Une bonne partie des polluants locaux est associée à l'utilisation de l'énergie fossile, que ce soit dans les voitures, dans les usines, ou dans les centrales électriques à charbon, à pétrole ou à gaz : oxydes d'azote, dioxyde de soufre, monoxyde de carbone, ozone, hydrocarbures divers, dérivés benzénés, particules fines, etc.

Une autre partie des polluants provient de l'utilisation de l'énergie, sans être directement dérivés de la combustion : poussière des routes et usure des composants de la voiture (pneus, garnitures de freins, etc.), résidus de réactions industrielles, etc. Dans un monde plus pauvre en combustion, en véhicules particuliers, et en industries, tout en bénéficiant de l'acquis sur les réductions unitaires, il est fort probable que la pollution locale serait nettement diminuée.

### *Moins de congestion*

La congestion provient d'un souhait de déplacement qui excède la capacité de l'infrastructure. Sa fréquence augmente notamment avec la taille de la population désirant se déplacer et l'espace au sol requis pour le déplacement d'une personne. Un souhait de grande mobilité et l'utilisation d'un grand nombre de moyens de transport individuels lourds la favorisent indiscutablement. Si les transports deviennent essentiellement collectifs ou individuels légers (vélos, rollers, etc.), et si la mobilité est plafonnée (une croissance perpétuelle de la mobilité engendre une croissance perpétuelle de la consommation d'énergie ; on ne peut y échapper !) une bonne partie de la congestion disparaîtra à population égale (un vélo occupe environ 10 fois moins d'espace au sol qu'une voiture), surtout si dans le même temps les mégalopoles disparaissent (voir page 252).

## PERTES OU GAINS, C'EST SELON

### *Moins de stress et le « temps de vivre » ?*

Le désir de gain perpétuel sur les délais, qui gouverne actuellement l'activité des pays riches, est l'un des moteurs importants de la croissance des consommations énergétiques. Consommer nettement moins d'énergie ne permettrait plus cette démarche, or une partie du stress actuel est lié à ce souci de la performance sans cesse accrue. Notre monde nous amènerait donc peut-être, comme produit dérivé, un peu moins de stress. Mais, comme indiqué en introduction, le moindre des problèmes ne sera peut-être pas de vaincre notre ennui…

### *Davantage de télécommunications ?*

La dématérialisation, c'est-à-dire la part de plus en plus importante de notre activité consacrée à traiter de l'information, est souvent présentée comme une évolution suffisante pour nous emmener sans efforts vers une société énergétiquement vertueuse. Le report du déplacement des objets et personnes vers le déplacement des informations semble en effet une voie de progrès, et des formes de télétravail pourraient se développer dans cet esprit.

Mais l'effet premier des technologies de l'information n'est-il pas d'augmenter la consommation matérielle ? Force est de constater que les deux croissent actuellement de concert. Et, à bien y regarder, un effet d'entraînement en ce sens est très souvent souhaité. Le but premier de l'activité informatique, par exemple, est de permettre une augmentation des volumes de biens matériels produits ou consommés, en facilitant l'efficacité commerciale, la gestion de la chaîne logistique pour des gros volumes, la recherchc de nouveaux produits, et plus généralement l'accélération de l'activité des entreprises manufacturières. La publicité, qui n'a pas précisément pour objet de nous faire consommer moins, est devenue le compagnon de route indissociable de tout moyen de diffusion de l'information : journaux, télévision, radio, Internet, et même téléphone, rien n'y échappe. Or pouvons-nous nous contenter des biens matériels que nous possédons déjà, sans quoi il n'y a pas de vertu énergétique qui tienne, lorsque tous les moyens de communication servent aussi à nous tenter en permanence ?

Même sans volonté délibérée, ces moyens, en ouvrant des fenêtres sur le monde, et en donnant à connaître des choses inconnues, suscitent probablement l'envie de consommer encore plus. Si l'intensité énergétique de chaque service pris isolément peut effectivement décroître grâce à l'arrivée des télécommunications, il n'en va pas nécessairement de même pour le total : si j'achète une bouteille de vin chez Houra, puis mon lait chez Télémarket, puis un livre chez Amazon, mais que je continue d'aller au supermarché pour le reste à la même fréquence, ou que je profite du temps rendu disponible pour aller voir mes parents en voiture, ma consommation d'énergie aura augmenté malgré que la part affectée à chaque action ait pu diminuer.

Enfin, être joignable partout et tout le temps, soumis, partout et tout le temps, à l'influence contradictoire d'un nombre sans cesse croissant d'acteurs qui peuvent nous toucher de plus en plus facilement, n'est-il pas tout sauf incitatif à la sérénité ? Et comment être vertueux, c'est-à-dire modéré dans ses actes, sans être serein, c'est-à-dire heureux de son sort ?

Quoique ayant longtemps pensé qu'un monde « énergétiquement vertueux » serait plus riche en télécommunications, composante indispensable de la dématérialisation, je n'en suis plus si sûr actuellement. En fait, il est probable que, pas plus ici qu'ailleurs, l'outil ne sera spontanément le catalyseur d'une réduction quelconque de notre consommation d'énergie. Il ne fera que nous mener là où nous avons envie d'aller par ailleurs.

### *Davantage d'exercice physique*

Moins recourir à la force motrice de l'énergie supposerait probablement de réutiliser significativement nos muscles. Inconvénient pour certains : c'est fatigant ! Mais, précisément pour cette raison, nous aurions une meilleure qualité de vie. N'est-ce pas après une bonne marche – ou un exercice plus intense pour certains – que nous nous sentons le mieux dans notre peau ? Si le sport est rarement reconnu comme un facteur de longévité (mais l'augmentation de l'espérance de vie des adultes doit-elle encore être un objectif ?), il est par contre avéré que sa pratique permet de combattre le stress et la prise de poids, donc concourt à une meilleure qualité de vie. Aux États-Unis (où 50 % des individus sont obèses ou surpondérés), les deux facteurs parfaitement corrélés avec l'obésité sont d'une part le nombre de voitures en circulation, et d'autre part le temps passé devant la télévision, c'est-à-dire autant d'occasions de rester immobile. Le premier facteur d'augmentation du poids durant ces dernières décennies n'a pas été l'augmentation des apports caloriques, stables depuis quelques dizaines d'années, mais bien la diminution de l'exercice physique. En Europe, les distances quotidiennes marchées par individu on été divisées par un facteur 3 depuis le début du siècle. Vous voulez faire un régime ? Inutile : laissez la voiture au garage, et mettez la télévision au grenier !

### *Une modification de l'emploi du temps quotidien*

Les auxiliaires mécanisés nécessitant beaucoup d'énergie, la part relative de l'emploi du temps consacrée à les utiliser devrait baisser. Dans notre monde vertueux, devraient donc augmenter en proportion du temps éveillé :

– le travail manuel ; un monde sobre n'est pas nécessairement un monde à l'économie dématérialisée, il est même probable que ce soit le contraire. Au début du siècle, l'économie était parfaitement matérielle, et pourtant la consommation d'énergie par individu était bien moindre ;

– comme cas particulier de ce qui précède, les activités personnelles extensives (bricolage, jardinage, etc.) sous réserve qu'elles nécessitent peu de mécanisation ;

– les travaux domestiques ;

– la formation et les distractions culturelles ;

– les discussions et la vie associative locale ;

– le cas du transport est non tranché ; à nombre de déplacements égal, il devrait nécessiter plus de temps, mais dans un tel monde la mobilité diminuerait. Quel bilan d'ensemble ?

## LE RETOUR À L'ÂGE DE PIERRE ?

Il est courant de reprocher aux tenants de la sobriété qu'ils veulent renvoyer l'humanité à l'âge de pierre : être écologique, ce serait prôner le retour des charrues à bœufs et jeter aux orties toutes les avancées technologiques quelles qu'elles soient. En fait, cela n'est plus possible, car, avec 6 milliards d'habitants sur Terre, les rendements que nous offre la nature seront souvent insuffisants pour survivre, tout simplement.

Prenons un exemple : un panneau solaire convertit en électricité, utilisable pour nos besoins, de l'ordre de 10 % de l'énergie solaire qu'il reçoit, alors que la photosynthèse ne permet de convertir en combustible solide qu'une fraction de pour-cent de cette même énergie solaire incidente. Les rendements naturels (ou biologiques) sont souvent bien inférieurs à ceux des inventions humaines pour des processus équivalents, et la sobriété nécessite parfois des techniques sophistiquées plutôt que de laisser faire la nature. Il ne s'agit pas du retour à l'âge de pierre, mais d'un avenir différent que celui qui nous est promis par la tendance actuelle.

# Mais que fait le gouvernement ?

Il est incontestable que les gouvernants montrent peu d'empressement à prendre des mesures destinées à faire baisser rapidement et significativement les émissions de gaz à effet de serre. Sont-ils éminemment blâmables ? Répondre oui sans réserve serait faire bien peu de cas de notre comportement de consommateurs, alors que ce dernier est bien à la racine du mal. La réduction des émissions n'est qu'en second lieu une affaire d'élus, de hauts fonctionnaires ou d'ingénieurs, qui n'auraient qu'à mettre en œuvre dans leur coin les mesures appropriées, plus ou moins indolores pour chacun d'entre nous, pour supprimer le problème, sans que nous ayons autre chose à faire que de manifester bruyamment, de temps à autre, notre désir de les voir s'occuper de notre avenir. Bien sûr, les élus ont de larges possibilités d'action à partir du moment où le souhait partagé est de réduire fortement les émissions, et peuvent décider de mesures plus ou moins efficaces pour y parvenir, mais là se limite leur marge de manœuvre : en démocratie, ils ne peuvent pas nous imposer une sobriété dont nous ne voudrions pas. Tant que l'aspiration de tout Terrien sera de vivre dans un pavillon de banlieue, de disposer d'une voiture par adulte en âge de conduire, de 100 kg de viande par personne et par an, de produits manufacturés à profusion, et de considérer qu'il est légitime que les habitants de la planète qui ne disposent pas de cette abondance y accèdent au plus vite, il n'y a pas de voie de sortie au problème, donc en particulier aucune mesure qui soit du seul ressort de la classe politique.

Il faut alors se tourner vers nous-mêmes : voulons-nous tant que cela sortir la tête du sable ? Il est fort possible que non. Nous serions alors des « drogués du fossile », inaccessibles au choix d'arrêter de consommer ces combustibles éponymes. Le parallèle avec la drogue n'est pas si absurde : l'héroïnomane a souvent dépassé le stade du choix ; aucun discours sur le mal qu'il fait à ses enfants (s'il en a) ne permet d'infléchir facilement son comportement, et de même peut-être qu'aucun discours sur le mal que nous nous apprêtons à faire aux nôtres ne peut avoir de prise sur nous, tellement nous sommes devenus dépendants d'une forte consommation d'énergie dans les pays riches, et aspirant à le devenir dans ceux qui le sont moins. Restons optimistes : il est aussi possible que nous soyons majoritairement prêts à faire des efforts substantiels, voyant finalement dans la lutte contre le changement climatique un nouveau grand projet à même de donner un sens à notre existence et un avenir meilleur à nos enfants, deux pulsions fortes qui ont souvent guidé les pas des sociétés humaines. Mon chapitre conclusif n'est autre qu'un développement sur la manière d'en avoir le cœur net.

Je ne résisterai quand même pas à une petite pique : l'absence de compatibilité des souhaits est certes le cas général du côté de la population, mais elle l'est tout autant du côté des personnages politiques, dont le degré d'information est pourtant supérieur à celui de la majorité de nos concitoyens, même s'il reste très insuffisant sur ce sujet. Il n'est pas un discours qui ne place l'avenir au-dessus du présent, ce qui devrait nous inciter à la sobriété, mais il n'est pas un acte qui ne vise à prolonger des tendances, voire à les accélérer, c'est-à-dire faire primer le présent sur l'avenir. Ne peut-on blâmer une certaine tendance à préférer ainsi la démagogie à la pédagogie ? M. Bush, finalement, n'est-il pas le seul à être cohérent ? Maîtrise des émissions et « croissance » ne sont pas compatibles ? Alors il ne prétend pas concilier les deux. Il a choisi du mauvais côté pour autant que je sois concerné, mais au moins il n'est pas schizophrène. Ce qui va suivre ne se veut donc pas un jugement moral. Les décisions de la puissance publique reflètent, pour l'essentiel, les choix de société que nous faisons, et il ne m'appartient sûrement pas d'imposer, au nom d'un « intégrisme climatique », la voie à suivre pour l'avenir. Je souhaite uniquement donner quelques exemples de décisions politiques françaises ou européennes qui rendront nécessairement la tâche plus difficile si la mise en œuvre d'un objectif de « vertu énergétique » devient un jour prioritaire.

## LIBÉRALISER LES MARCHÉS DE L'ÉLECTRICITÉ TOUTES CHOSES ÉGALES PAR AILLEURS

Introduire la concurrence au sein des marchés de l'électricité a un objectif affiché : permettre au consommateur – que nous sommes tous – d'acheter son kilowattheure moins cher. Le mouvement de baisse des prix sera notamment permis grâce à l'arrivée de nouveaux producteurs, que le dispositif est prévu pour faciliter. Par ailleurs, les acteurs en situation de concurrence sur le marché ne sont pas payés pour faire du philanthropisme, mais pour rapporter de l'argent à leurs actionnaires (ce n'est pas condamnable en soi, mais il ne faut pas prêter à cette motivation des vertus qu'elle n'a pas). De ce fait, ils commenceront par construire des centrales à base de combustibles fossiles, notamment à gaz, car elles nécessitent les dépenses d'investissement les plus faibles par kilowattheure produit, et sont donc les plus vites amorties, ce qui est essentiel dans un marché concurrentiel.

Sans contrainte explicite sur les émissions de gaz carbonique prévue dès le départ (la directive européenne n'en comporte pas), et sans mécanisme d'internalisation des coûts externes (il n'y en a pas), ce sont bien les installations à combustibles fossiles qui seront favorisées. De ce fait, le « contenu moyen en équivalent carbone » du kilowattheure va augmenter. Par ailleurs, la baisse des prix explicitement souhaitée ne favorisera pas les économies d'énergie, mais au contraire encouragera la hausse de la consommation. Dans un tel chantier, tout est donc prévu pour conduire à une augmentation des émissions de gaz à effet de serre.

## SORTIR DU NUCLÉAIRE À BRÈVE ÉCHÉANCE (ET MÊME À MOYEN TERME)

L'électricité représente à peu près 40 % de la consommation d'énergie en France, et, par suite de coefficients de conversion différents ailleurs, environ un tiers dans les pays peu nucléarisés : ce n'est pas mineur. Compte tenu des ordres de grandeur en présence, et des contributions limitées à court terme des autres formes d'énergie qui n'émettent pas de gaz à effet de serre, « sortir du nucléaire » dans les décennies qui viennent, sans avoir auparavant réduit notre consommation énergétique à la moitié de notre consommation présente, engendrera par la force des choses un recours accru aux énergies fossiles, donc des émissions en croissance. Si nous souhaitons dans le même temps diviser l'utilisation de nos émissions par 4 ou 5, pour arriver au « quota » de 0,5 tonne équivalent carbone par Français et par an (voir page 187), cela signifie une division par 10 à 20 de notre consommation d'énergie actuelle. Chiche ?

L'arrêt de SuperPhénix se justifiait peut-être par des arguments techniques (même certains partisans du nucléaire ne considèrent pas le sodium fondu comme une solution extraordinaire), mais en avoir profité pour jeter l'anathème sur la surgénération en général, sans laquelle le nucléaire ne représente qu'une toute petite marge de manœuvre, et pour laquelle d'autres solutions techniques existent ou existeront, est aussi un comportement qui n'est pas compatible avec un souhait de réduction des émissions de gaz à effet de serre.

### CONTINUER À CONSTRUIRE DES INFRASTRUCTURES ROUTIÈRES, OU FAVORISER LA VOITURE

Est-il nécessaire de développer longuement cette assertion ? Bien évidemment, il n'est pas logique, si la préservation du climat est un réel souci, d'encourager la hausse du trafic automobile, surtout si, dans le même temps, les constructeurs font tout ce qu'il faut pour nous persuader d'acheter des 4 × 4 climatisés (mais, hélas, même une petite voiture par adulte reste excessif par rapport au « plafond » de 0,5 tonne équivalent carbone par Terrien). Sur ce point précis, l'ignorance ne peut être invoquée : la correspondance entre trafic routier et émissions de gaz à effet de serre est un fait connu depuis assez longtemps maintenant. Quelles qu'en soient les justifications par ailleurs, il n'est donc pas compatible avec un souhait de « vertu énergétique » :

– d'améliorer l'offre routière et autoroutière (la durée de vie des infrastructures routières est de l'ordre du siècle : où serons-nous en 2100 ?). Il ne s'agit pas seulement des autoroutes, mais aussi des rocades périurbaines, de rues ou routes élargies, de la multiplication des axes, de l'augmentation du nombre de parkings, et plus généra-

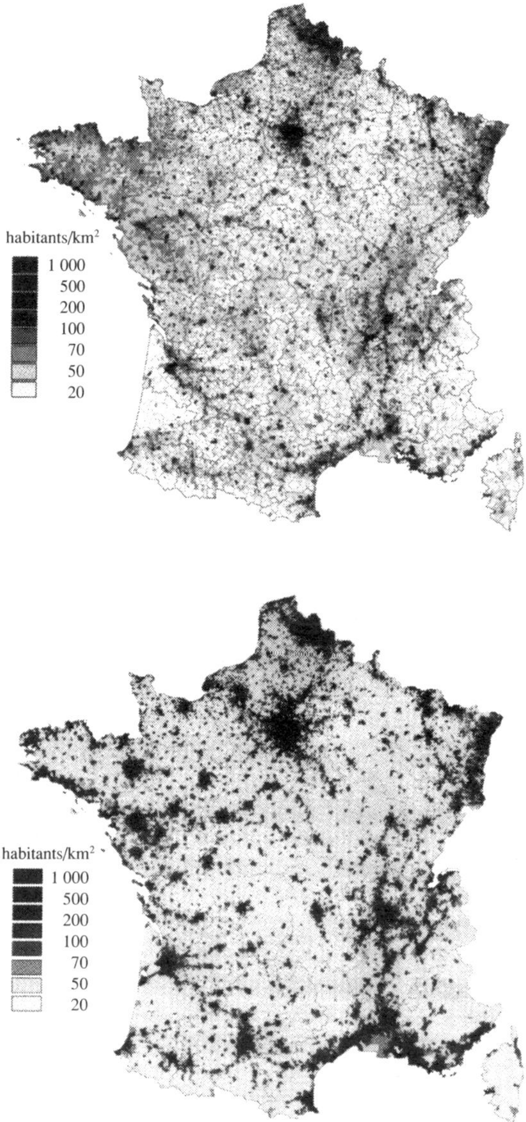


***Figure 64*** – *En haut* : la France de 1936 pour 41,5 millions d'habitants. *En bas* : la France de 1999 pour 58,5 millions d'habitants (+ 40 %). Certaines aires urbaines ont décuplé pendant que les campagnes se sont vidées. (DATAR, 1999.)

lement de tout ce qui concourt à rendre les déplacements en voiture plus commodes ;

– de faire de l'aide à l'amélioration des voies routières le premier poste des contrats de plan État-Région (ce qui a été le cas presque partout en 2000) ;

– de baisser la TIPP ou de supprimer la vignette ;

– de rouvrir le tunnel du Mont-Blanc sous forme routière…

L'augmentation du réseau routier encourage en outre la périurbanisation, qui est un phénomène par lequel les agglomérations s'étendent en superficie, sans qu'elles gagnent nécessairement beaucoup d'habitants par ailleurs (la démographie en France croît moins vite que les occupations foncières) (voir fig. 64).

Ce phénomène induit une consommation énergétique augmentée (voir fig. 65) :

– à surface égale, l'habitat individuel nécessite plus d'énergie pour parvenir à une température identique (maison contre appartement), la surface de murs en contact avec l'extérieur étant supérieure ;

– les déplacements quotidiens deviennent plus longs en banlieue qu'en centre-ville.

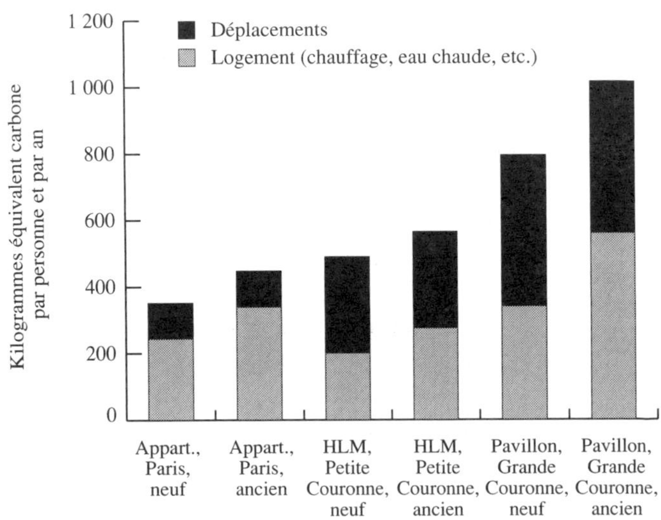


***Figure 65*** – Émissions moyennes de gaz à effet de serre par habitant et par an pour le logement et les transports, selon la localisation. (D'après Traisnel, 2000.)

Incidemment, sachant que la construction d'infrastructures routières, quelles qu'en soient les motivations à court terme, engendre une croissance du transport routier générateur d'effet de serre, phénomène qui ne peut pas vraiment être considéré comme étant d'utilité publique, le Conseil d'État ne serait-il pas fondé à déclarer, chaque fois qu'il doit statuer sur un recours, que la construction de nouvelles voies routières est de « non-utilité publique » ?

## CONSTRUIRE LE TROISIÈME AÉROPORT PARISIEN

Le transport aérien est le mode le plus gourmand en carburant par personne transportée sur une distance donnée (voir page 167). Aller vers un monde énergétiquement vertueux suppose donc de ne pas encourager ce mode de transport, et, par voie de conséquence, de ne pas construire encore des aéroports ou réaliser des extensions d'aéroports existants. Un rapide calcul permet par exemple de montrer que les mouvements d'avion permis par une plate-forme de type Roissy engendrent des émissions (celles des avions qui atterrissent ou décollent de cet aéroport, mais prises sur toute la durée du vol) de l'ordre de 5 % du total français (calcul disponible sur le site Internet de l'auteur, voir à la fin de l'ouvrage) : c'est très loin d'être négligeable ! Précisons au passage que, par le fait d'une lacune dans les méthodes, ces émissions – bien réelles – ne seront pas considérées comme nationales [1]. La prise en compte des émissions de gaz à effet de serre amène à une conclusion logique : le troisième aéroport parisien ne doit pas être construit si l'avenir climatique nous importe.

Il est également incompatible avec la préservation du climat de chercher à développer le tourisme international lointain, comme nous pouvons l'illustrer avec l'exemple d'Eurodisney, devenu l'une des premières destinations touristiques d'Europe : environ 12 millions de visiteurs par an. Si une moitié vient par avion, avec une émission moyenne de 200 kg équivalent carbone par visiteur aéroporté (ce qui

1. Les émissions du trafic aérien international n'entrent pas dans le protocole de Kyoto, car on ne saurait pas comment les imputer : à quel pays attribuer les émissions d'un passager anglais prenant un avion d'une compagnie allemande pour aller de Paris à São Paulo ?

correspond à une répartition 50/50 entre l'Europe et ailleurs), la visite de ce complexe engendre chaque année l'équivalent des émissions de 600 000 Français.

## NE PAS RÉFORMER LA PAC

Faut-il arrêter de subventionner les éleveurs et contribuer à vider un peu plus les campagnes, alors qu'il semblerait que le repeuplement des villages soit une composante de la vertu énergétique ? Certes non, mais est-ce que la seule façon d'aider les éleveurs est de les subventionner essentiellement sur la base des volumes produits ? L'agriculture ne faisant ni bruit ni congestion, ses nuisances semblent moins insupportables sur le court terme, mais elle n'en représente pas moins le premier poste d'émissions de gaz à effet de serre en France. Perpétuer la croissance des volumes, continuer à encourager l'exportation, ou même conserver le niveau de production que nous avons actuellement, n'est pas compatible avec la préservation du climat.

Il serait donc indispensable de favoriser :

– un système de subventions encourageant la baisse des volumes (et la hausse de la qualité, pour laquelle il y a de la marge : la nourriture de masse est de plus en plus insipide…) ;

– la prise en compte du rôle des agriculteurs dans l'aménagement du territoire, et le financement explicite des actions qui pourraient leur être confiées à ce titre.

## SE DÉSINTÉRESSER DU SORT DES PAYS PAUVRES

Si la vertu énergétique devenait prioritaire, nous devrions alors, au nom d'un égoïsme bien compris, financer massivement les pays en développement pour qu'ils s'équipent avec des applications économes en énergie, des réseaux de services permettant le maintien de la plus grande fraction possible de la population hors des mégalopoles, des transports en commun en ville (qui nécessitent des investissements initiaux plus lourds que la voiture), du solaire, du nucléaire opéré dans de bonnes conditions, ce qui coûte cher (doit-on rappeler que la Chine et l'Inde, hélas pour nous, ont déjà la Bombe ?), bref qu'ils bénéficient des avancées technologiques majeures et des enseignements de l'expérience rapidement, au lieu de commencer par l'étape « fossile » et les formes d'organisation que nous connaissons, et qui encouragent la hausse des consommations.

Cela justifierait parfaitement l'affectation d'une part très significative de nos impôts à les aider : ces derniers ne sont-ils pas destinés à préparer notre avenir, qui ne saurait être rose si les émissions de gaz à effet de serre explosent ? Or la voie actuellement suivie est de réduire un peu plus chaque année l'aide aux pays en développement. Il est vrai que si cette aide est destinée à les aider à consommer plus, et non à consommer mieux, il est aussi bien qu'elle soit maigre…

## PERPÉTUER L'IDÉOLOGIE DE LA CROISSANCE

Qu'est-ce que la croissance ? Très exactement la perpétuation d'une exponentielle : toute grandeur dont la hausse annuelle est un pourcentage de la valeur de l'année – ce que, en mots de tous les jours, on appelle une augmentation annuelle de *x* % – est une exponentielle. Vénérer la croissance, c'est donc se faire le suppôt des exponentielles, dont chacun sait qu'elles tendent vers l'infini avec le temps. Dans un monde fini, durabilité et croissance sont donc antinomiques. Si cela ne s'appliquait qu'aux grandeurs financières, ce ne serait pas grave : avec des conventions appropriées, une croissance économique perpétuelle serait possible, tout en étant parfaitement décorrélée de celle des grandeurs physiques. Mais il est peu probable qu'une telle séparation se produise naturellement : la « dématérialisation de l'économie » n'a, jusqu'à présent, en rien fait baisser la production manufacturière en volume, qui a augmenté sans discontinuer depuis l'avènement de l'industrie. Cette dématérialisation est juste une manière de dire que la part relative de l'industrie baisse, mais sa production en valeur absolue augmente toujours. Simplement la valorisation financière de l'information a augmenté plus vite que celle des objets matériels.

Mais, par effet d'entraînement, cet amour de la croissance de l'économie dans son ensemble s'applique aussi à tous ses sous-ensembles : nombre de logements construits, de voyageurs transportés, d'aspirateurs ou de tonnes de blé produites, de voitures vendues... Chaque hausse est une occasion de célébration dans la bouche des mêmes personnages (politiques ou journalistes) qui déploreront peu après telle ou telle évolution négative de l'environnement, sans, apparemment, avoir fait le rapprochement entre les deux, à de rares exceptions près.

En prolongeant les tendances mondiales actuelles, nous parviendrons assez vite à des résultats qui laissent songeur : un taux de croissance annuel de 4 % de la production industrielle aboutit à une multiplication des volumes par plus de 7 à 50 ans ; un taux de 5 % engendre une multiplication par 11. Malgré des gains de productivité, les émissions ne diminueront pas dans un tel contexte, pas plus que les prélèvements de matières premières de toutes sortes, et la production de déchets divers (le poids de déchets ménagers par habitant a par exemple augmenté de 20 % en France de 1980 à 1990 !), dont le gaz carbonique fossile fait partie. Faire baisser notre pression sur l'environnement dans un contexte de « célébration de la croissance matérielle » est rigoureusement impossible.

Dans un autre registre, sachant que nous avons *grosso modo*, dans les pays développés, 2 % d'augmentation du trafic quand nous avons 1 % de croissance économique, 3 % de croissance mondiale annuelle (objectif du FMI, peu ou prou) amène en 50 ans un trafic mondial multiplié par 20 environ. Nos enfants ont intérêt à aimer les routes, les aéroports, et tout ce qui figure dans la deuxième partie de cet ouvrage !

La « vertu énergétique » n'est donc pas compatible avec le fait de se réjouir de la vigueur de la croissance de la production manufacturière en volume, de la croissance de la consommation des ménages en volume, etc.

## VÉNÉRER LE LIBRE-ÉCHANGE

L'un des obstacles majeurs à l'efficacité de la taxation des émissions de gaz à effet de serre est la nécessité d'une harmonisation internationale, qui ne serait probablement pas beaucoup plus facile à obtenir que celle du reste de la fiscalité. Pour contourner le problème, peut-on envisager d'instaurer des droits de douane destinés à taxer le « contenu en équivalent carbone » des produits importés, même si cela est contraire à la pensée dominante du moment, qui consiste à supprimer toutes les barrières, partout, au nom d'un principe dont le fondement m'échappe parfois ?

On m'objectera peut-être que la décision unilatérale d'instaurer de tels droits de douane dans notre pays pénalisera notre activité manufacturière : ce sera très certainement vrai, mais dans la mesure où la préservation du climat requiert de diminuer de toute façon les volumes produits, en quoi cela serait-il antagoniste avec la mise en première priorité de la préservation de notre environnement ?

En outre il est difficile d'envisager un commerce mondial florissant sans échanges matériels importants : comment concilier des flux internationaux en croissance avec une modération de la consommation d'énergie des transports ?

# En guise de conclusion : comment sortir de la schizophrénie ?

Tout au long de cet ouvrage, j'ai essayé de faire comprendre que, fondamentalement, le changement climatique n'est plus un problème scientifique, aucune incertitude résiduelle ne pouvant justifier l'inaction, ne sera jamais un problème purement économique, aucune règle objective ne permettant de fixer un prix au climat, n'est pas un problème d'élus, ces derniers, en démocratie, se contentant de suivre les désirs de la majorité, mais a été, est et sera un problème de choix de mode de vie. La simple conservation du monde actuel rend hélas illusoire de penser éviter « toute perturbation anthropique dangereuse du système climatique », outre les risques géopolitiques intrinsèquement liés à notre dépendance chaque jour accrue à l'énergie fossile.

Force est de constater que ce panorama des risques, connu depuis longtemps, n'a pas vraiment eu pour conséquence d'infléchir notre trajectoire. Il est vrai que cela impliquerait que notre vision de l'avenir comprenne la mise en œuvre d'une certaine forme de décroissance matérielle, mais serions-nous si réfractaires que cela à changer peu à peu nos modes de vie, quels que soient les enjeux ?

Pour savoir à quoi s'en tenir, le mieux serait probablement de se poser explicitement la question. L'euro a justifié un référendum ; le monde dans lequel vivront nos enfants – que notre consommation matérielle présente et à venir façonne bien plus fondamentalement que notre monnaie – en vaudrait bien un autre. La question de fond est finalement assez simple : avons-nous le souhait de faire passer la préservation de l'environnement global avant toute autre chose, même si cela nous impose des contraintes fortes à moyen terme (dont j'ai essayé de donner un aperçu), et sommes-nous prêts à conserver une telle hiérarchie tant que nous serons quelques milliards ? Qu'un tel consensus s'établisse hors du champ d'un référendum n'a certes rien d'impossible. Mais en combien de temps ? Alors que ce dernier nous est compté, une consultation référendaire ne permettrait-elle pas d'accélérer les choses, notamment en fournissant une occasion sans pareille de vulgarisation, largement insuffisante aujourd'hui, et sans laquelle personne n'a de raison particulière de se sentir concerné ou de s'inquiéter ? En outre, à part recueillir directement une opinion circonstanciée sur ce problème précis, il me semble difficile d'envisager une voie de sortie dans un délai raisonnable dans le cadre du système démocratique classique. Bien entendu, nous ne pouvons nous en remettre aux sondages, cet avatar moderne de la démocratie directe : la réponse étant généralement dans la question, ils n'ont pas leur pareil pour nous faire dire n'importe quoi.

Alors, pourquoi ne pas organiser un référendum européen sur notre avenir énergétique et climatique ? Une telle proposition semblera peut-être iconoclaste, farfelue, ou relevant d'une adolescence tardive à beaucoup. Elle permettrait pourtant, pour un coût modeste compte tenu de l'importance de l'enjeu, de tracer une ligne claire pour l'avenir, de choisir explicitement entre la griserie et la prudence, et éventuellement, si nous choisissons la prudence, d'élaborer toutes les décisions qui seront prises après sur le meilleur socle qui soit : la volonté éclairée de la majorité, à laquelle aucune mandature du moment, aucun « lobby » ne pourrait se soustraire de sa propre initiative.

Imaginons qu'une telle consultation amène les électeurs européens à exprimer une préférence claire pour parvenir dans un délai à la fois court et raisonnable (disons une génération) à un monde très nettement plus économe sur le plan des émissions de gaz à effet de serre que celui que nous connaissons, après avoir eu tout le temps de peser le pour et le contre de leur choix, pour eux et pour leurs descendants. Pour fixer les idées, diviser nos émissions de gaz à effet de serre par 2 en 20 ans signifie une réduction annuelle de 3,4 % : si nous le voulons vraiment, nous le pouvons.

De nombreux signes épars montrent qu'une fraction de nos concitoyens, dont un référendum permettrait opportunément d'en révéler le nombre, sont prêts à faire des efforts en ce sens, pourvu qu'ils s'inscrivent dans un mouvement collectif bien organisé. Certes l'évolution actuelle n'incite guère à l'optimisme, mais l'histoire donne parfois tort aux pessimistes qui croient la population systématiquement incapable de tout effort collectif : s'ils avaient toujours raison, il n'y aurait jamais eu que des déserteurs en temps de guerre.

Continuons la fiction : quelles seraient les conséquences d'un vote en faveur de la décroissance des émissions à l'échelle d'un ensemble comme l'Europe ?

– *vox populi, vox dei*, le pouvoir politique, quelles que soient ses déclarations antérieures, n'aurait d'autre choix que de se conformer à cette volonté sur le long terme (ce dont il serait peut-être secrètement ravi) ;

– les entreprises, sachant que les citoyens sont aussi les consommateurs, y verraient un signe clair d'un marché de 350 millions d'âmes, auquel elles s'adapteraient plus volontiers qu'à la réglementation ou la fiscalité (qui peuvent être justifiées mais que l'on discutera toujours, alors que la loi du marché ne se discute pas) ;

– l'objectif de société devenant de réduire la consommation, de nombreux individus changeraient de comportement par rapport à la situation actuelle, dans laquelle il est aisé de rechigner à être économe au nom de la conviction que c'est un acte non significatif dans un ensemble adverse (ce qui est parfaitement vrai) ou socialement non valorisant ; les références changeant on deviendrait peut-être jaloux de son voisin « qui consomme moins que soi » !

– ce serait un signal clair vers les pays en développement, et surtout cohérent avec ce que nous leur demandons ;

– l'Europe deviendrait un acteur majeur sur la scène géopolitique internationale, car unie autour d'un projet de société alternatif qui cesserait de nous mettre à la remorque des États-Unis ;

– nous pourrions peut-être raccrocher les États-Unis à cette croisade d'un nouveau genre (sans ennemis à occire, celle-là), or le succès du combat contre le changement climatique requiert nécessairement, à une échéance pas trop éloignée, l'adhésion de ce pays ;

– accessoirement nous créerions un nouveau « grand projet » au long cours qui ne pourrait qu'être bénéfique pour mobiliser les individus : quelle vision radieuse du monde dans 50 ans nous promet l'évolution actuelle ?

Pouvons-nous être sûrs du résultat d'un tel scrutin ? Non, bien entendu : le choix explicite et éclairé des habitants du Vieux Continent peut très bien être de consommer aujourd'hui une énergie fossile abondante sans se soucier de ce qui peut arriver à leurs descendants (ou à nous-mêmes…) demain, pensant que la technologie nous tirera naturellement d'affaire sans que nous ayons beaucoup d'efforts à effectuer dans l'immédiat (ce qui ne semble pas très probable, nous l'avons vu).

Mais quelle que soit l'issue pour cette fois-ci, le mouvement serait lancé, et une telle consultation électorale annoncée longtemps à l'avance donnerait de toute façon l'occasion de réaliser la plus vaste entreprise de vulgarisation sur le sujet – qui le mérite probablement – que l'on puisse souhaiter.

Un tel choix peut-il se faire à l'occasion d'une ou plusieurs élection(s) législative(s) ou présidentielle(s) ? Selon moi non, pour deux raisons :

– ces élections ne permettent pas de poser une question explicite sur un sujet pris isolément, donc d'établir une hiérarchie. Quand un candidat déclare qu'il va réduire les émissions de gaz à effet de serre et favoriser la croissance en volume, et que l'autre propose de réduire les émissions tout en supprimant rapidement le nucléaire, comment les départager ?

– ces élections sont nationales, or le problème est international.

Même un référendum uniquement national serait à écarter : d'une part nous prendrions le risque de ne pas être suivis, et d'autre part il deviendrait l'objet d'un enjeu de politique intérieure, alors que la nature même du problème (ainsi que la nécessaire exemplarité envers l'Amérique) suppose une réponse au moins à l'échelle du continent.

Enfin, et d'une certaine manière surtout, il serait nécessaire de lui trouver une mise en œuvre qui ne ressemble pas à ce que nous connaissons actuellement. En particulier, une seule question n'aurait pas de sens : demander si nous sommes pour ou contre la préservation du climat n'a pas d'intérêt pratique : tout le monde est pour, tant que ce qui va en regard n'est pas précisé ! Il faudrait nécessairement poser de nombreuses questions, qui ne se recouvrent pas, afin de cerner finement les priorités. C'est à cette seule condition qu'il serait possible de cadrer une action précise. Bien entendu, le libellé des questions est alors primordial, et un long travail de préparation serait indispensable. Pour éviter toute perversion dans leur rédaction, pourquoi ne pas demander à l'électeur de s'en acquitter lui-même ? Encore une provocation ? Pas tout à fait. Il existe en effet un outil pour ce faire : la « conférence des citoyens ». Elle consiste à prendre quelques individus au hasard, à leur donner le temps et la possibilité de s'informer le plus largement possible sur la question, puis à leur demander leurs recommandations (un peu sur le modèle du jury d'assises, mais un jury qui ordonnerait directement les commissions rogatoires). En l'espèce, les recommandations pourraient être le libellé des questions (mais pas la réponse !).

L'expérience de ce genre de démarche montre que lorsque l'on se donne la peine d'informer correctement le citoyen de base – fût-il parfaitement ignare au préalable – avant de lui demander son avis sous forme de questions non équivoques, les préconisations rendues sont généralement raisonnables et clairvoyantes, bien plus que les décisions politiques qui seraient prises en lieu et place, parce que le citoyen de base n'a pas à composer avec tout un ensemble de contraintes à court terme qui pervertissent ou dénaturent la réflexion. Le succès de ce genre de démarche est toutefois étroitement dépendant du temps disponible pour la formation préalable.

Un référendum européen, précédé d'une conférence des citoyens (européenne) pour définir clairement le cahier des charges de l'exercice, ou du moins vérifier que ce cahier des charges, s'il était établi par d'autres, correspond bien au problème : voilà qui serait une occasion à la hauteur des enjeux de confronter les points de vue, de mesurer les adhésions et les réticences de manière directe, et de recueillir une volonté claire sur ce que nous « voulons faire plus tard ». D'aucuns diront peut-être – probablement avec raison – que les lois organiques actuelles de l'Europe ne permettent pas ce genre de référendum. Ne pourrions-nous adapter l'outil à la fin, au lieu d'en invoquer les limites pour nous priver d'un salutaire exercice de démocratie directe ? Notre propre descendance nous pardonnera-t-elle de ne pas avoir eu le courage de nous demander clairement dans quel monde nous voulons vivre, et quel héritage nous souhaitons lui transmettre, l'exercice étant manifestement à notre portée ?

# Remerciements

Privilégier quelques noms parmi la quasi-centaine de personnes qui ont accepté de satisfaire ma curiosité depuis le début de mes pérégrinations climatiques n'est pas la moindre des difficultés auxquelles j'ai eu affaire en écrivant ces quelques pages. Et, bien sûr, une mention ne doit pas être un cadeau empoisonné : tous ceux qui ont permis à cet ouvrage d'exister ne partageront pas nécessairement toutes mes conclusions pour autant.

Cette précaution rappelée, je remercie tout d'abord très vivement la communauté des chercheurs et des universitaires, qu'ils soient physiciens, agronomes, chimistes, ou représentants d'une autre spécialité, qui m'ont toujours réservé le meilleur accueil lors de mes prises de contact, alors que je contribuais essentiellement à les empêcher de travailler tranquillement. Une pensée spéciale va à Hervé Le Treut pour sa confiance, sa simplicité, et l'infinie patience avec laquelle il a toujours accepté de se laisser « cuisiner », et à Gérard Lambert, qui a bien voulu relire un premier jet de manuscrit (mais les erreurs et conclusions restent miennes).

Aussi surprenant que cela pourra sembler, je remercie aussi tous mes interlocuteurs professionnels qui, en m'honorant de leur confiance, m'ont permis de consacrer du temps à faire nombre de petits calculs ou investigations documentaires que j'ai opportunément recyclés ici. Sans eux, une partie de la matière m'aurait réellement fait défaut. Mais pas de noms !

Enfin je remercie tous ceux qui, amis, correspondants, collègues, sans être nécessairement des experts du sujet, m'ont servi de « miroirs intelligents » ces dernières années et m'ont considérablement aidé, à travers leurs remarques et critiques, leur intérêt pour le sujet, et souvent leurs encouragements, à mettre mes idées en ordre et à aller de l'avant. Je leur dois aussi beaucoup, en particulier à Michel Volle, et surtout à Dominique Bourg, sans lequel ce livre n'aurait probablement pas existé.

# Bibliographie

*Bilan et gestion des gaz à effet de serre dans l'espace rural*, compte rendu de l'Académie d'agriculture, vol. 85, n° 6, 1999.

BACHER, Pierre, *Quelle énergie pour demain ?*, Nucléon, 2000.

Commissariat général du plan, *Rapport Charpin-Dessus-Pelat sur le nucléaire*, 2001.

Commissariat général du plan, *Énergie 2010-2020, les défis du long terme*, La Documentation française, 1999.

DESSUS, Benjamin, *Énergie, un défi planétaire*, Belin, 1999.

DESSUS, Benjamin, *Atlas des énergies pour un monde vivable*, Syros, 1994.

DUPLESSY, Jean-Claude et MOREL, Pierre, *Gros Temps sur la planète*, Odile Jacob, 1990.

GEORGESCU ROEGEN, Nicholas, *La Décroissance, sang de la Terre*, 1995.

HUET, Sylvestre, *Quel climat pour demain ?*, Calmann-Lévy, 2000.

Institut français de l'environnement, *L'Environnement en France*, La Découverte, 1998.

IPCC, *Climate Change 2001, the Scientific Basis*, Cambridge University Press (www.cup.cam.ac.uk), 2001.

IPCC, *The Regional Impacts of Climate Change*, Cambridge University Press, 1998.

IPCC, *Land Use, Land Change and Forestry*, Cambridge University Press, 2000.

IPCC, *Aviation and the Global Atmosphere*, Cambridge University Press, 1999.

IPCC, *IPCC Workshop on Rapid Non-Linear Climate Change*, 1998.

IPCC, *Emission Scenarios*, Cambridge University Press, 2000.

IPCC, *Procedures for the Preparation, Review, Acceptance, Adoption, Approval and Publication of IPCC Reports*, 1999.

IPCC, *Guidelines for National Greenhouse Gas Inventories*, 1996

JOUSSEAUME, Sylvie, *Climats d'hier à demain*, CNRS Éditions, 1999.

KANDEL, Robert, *Les Eaux du ciel*, Hachette, 1998.

LAMBERT, Gérard, *La Terre chauffe-t-elle ?*, EDP Sciences, 2001.

LAMBERT, Gérard, *L'Air de notre temps*, Seuil, 1995.

LE TREUT, Hervé et JANCOVICI, Jean-Marc, *L'Effet de serre*, Flammarion, collection « Dominos », 2001.

LIBMANN, Jacques, *Éléments de sûreté nucléaire*, EDP Sciences, 2000.

MÉGIE, Gérard, *Ozone, l'équilibre rompu*, Presses du CNRS, 1989.

Ministère de l'Industrie, *L'Énergie, chiffres clés*, 2000

MINSTER, Jean-François, *Les Océans*, Flammarion, collection « Dominos », 1997.

PHILIBERT, Cédric, *La Terre brûle-t-elle ?*, Calmann-Lévy, 1990.

PLOYE, François, *Effet de serre : science ou religion du XXIe siècle ?*, Naturellement, 2000.

RASOOL, Ichtiaque, *Système Terre*, Flammarion, collection « Dominos », 1993.

SADOURNY, Robert, *Le Climat de la Terre*, Flammarion, collection « Dominos », 1994.

TOCQUEVILLE, Alexis de, *De la démocratie en Amérique*, 1840.

WORLD HEALTH ORGANIZATION, *Nuclear Power and Health*, 1994.

# Sites Internet
(sélection)

Agence de l'économie et de la maîtrise de l'énergie (ADEME) : www.ademe.fr

CITEPA (comptabilité des émissions de gaz à effet de serre) : www.citepa.org

Dossier climat du CNRS : www.cnrs.fr/dossiers/dosclim

École Normale de Lyon (Planet Terre) : www.ens-lyon.fr/Planet-Terre

Fondation Nicolas-Hulot (dossiers pour enfants) : www.fnh.org

GIEC/IPCC : www.ipcc.ch

Hadley Centre : www.met-office.gov.uk/research/hadleycentre

Institut français de l'environnement (statistiques en tous genres) : www.ifen.fr

Jean-Marc Jancovici, site personnel : www.jancovici.com/documentation

Mission interministérielle de l'effet de serre : www.effet-de-serre.gouv.fr

Numéros « environnement » de *La Jaune et La Rouge*, revue de l'Amicale des anciens élèves de l'École polytechnique : www.x-environnement.org/Jaune_Rouge

Réseau action climat : www.rac-f.org

Secrétariat d'État à l'Industrie (chiffres sur l'énergie) : www.minefi.gouv.fr/minefi/pratique/energie

Société française de physique : sfp.in2p3.fr

United Nations Framework Convention on Climate Change : www.unfccc.org

World Resource Institute : www.wri.org

# Annexes

## Tableau de conversion des unités

| | *Tep* | *Tec* | *MégaJoule (10⁶ joules)* | *KWh PCI* | *kWh électrique*[e] | *m³ de gaz* | *Tonne de bois*[a] |
|---|---|---|---|---|---|---|---|
| Tep[b] | 1 | 1,65 | 44 800 | 11 600 | 4 545 | 1 075 | 2,22 |
| TEC[c] | 0,61 | 1 | 27 200 | 7 041 | 2 759 | 653 | 1,35 |
| Mega Joule | $2,23.10^{-5}$ | $3,68.10^{-5}$ | 1 | 0,259 | 0,102 | $2,4.10^{-2}$ | $4,96.10^{-5}$ |
| kwh PCI | $8,62.10^{-5}$ | $1,42.10^{-4}$ | 3,86 | 1 | 0,392 | 0,093 | 0,000192 |
| KWh électrique EDF | 0,00022 | $3,62.10^{-4}$ | 9,86 | 2,552 | 1 | 0,237 | 0,00049 |
| $m^3$ de gaz | 0,00093 | $1,53.10^{-3}$ | 41,7 | 10,8 | 4,23 | 1 | 0,002 |
| Tonne de bois[d] | 0,45 | 0,741 | 20,2 | 5 220 | 2 045 | 484 | 1 |

a. Une tonne de bois fait environ 3 stères.

b. Tep signifie « tonne équivalent pétrole », c'est donc l'énergie dégagée par la combustion d'une tonne de pétrole (lequel peut avoir une composition variable, c'est donc devenu une unité conventionnelle).

c. Tec signifie « tonne équivalent charbon », c'est-à-dire l'énergie dégagée par la combustion d'une tonne de charbon (de même, l'énergie de combustion dépendant de la qualité de charbon, c'est devenu une unité conventionnelle).

d. Moyenne, en supposant que ce dernier contient 15 % d'humidité.

e. En France.

## Pays de l'annexe B du protocole de Kyoto et engagements concernant les émissions

| *Pays signataire* | *$CO_2$ fossile seul en 1990 (kt)* | *Engagement de Kyoto* |
|---|---|---|
| Allemagne | 269 136 | – 21 % |
| Australie | 72 352 | 8 % |
| Autriche | 12 732 | – 13 % |
| Belgique | 28 415 | – 7,5 % |
| Bulgarie | 26 044 | – 8 % |
| Canada | 113 370 | – 6 % |
| Croatie | ? | – 5 % |
| Danemark | 14 050 | – 21 % |
| Espagne | 56 093 | 15 % |
| Estonie | 10 141 | – 8 % |
| Finlande | 14 697 | 0 % |
| France | 97 561 | 0 % |
| Grande-Bretagne | 152 091 | – 12,5 % |
| Grèce | 21 080 | 25 % |
| Hongrie | 21 842 | – 6 % |
| Irlande | 8 067 | 13 % |
| Islande | 456 | 10 % |
| Italie | 108 633 | – 6,5 % |
| Japon | 287 172 | – 6 % |
| Lettonie | 6 602 | – 8 % |
| Liechtenstein | ? | – 8 % |
| Lituanie | 10 181 | – 8 % |
| Luxembourg | 3 309 | – 28 % |
| Monaco | 29 | – 8 % |
| Norvège | 7 192 | 1 % |
| Nouvelle-Zélande | 6 108 | 0 % |
| Pays-Bas | 43 375 | – 6 % |
| Pologne | 126 272 | – 6 % |
| Portugal | 10 642 | 27 % |
| République tchèque | 43 656 | – 8 % |
| Roumanie | 50 611 | – 8 % |
| Russie | 626 973 | 0 % |
| Slovaquie | 15 461 | – 8 % |
| Slovénie | 3 626 | – 8 % |
| Suède | 13 999 | 4 % |
| Suisse | 10 820 | -8 % |
| Ukraine | 183 293 | 0 % |
| États-Unis | 1 320 132 | – 7 % |

# Table

TROISIÈME PARTIE

## Qui est responsable ?



QUATRIÈME PARTIE

## Dans quel monde voulons-nous vivre ?

RÉALISATION : CURSIVES, PARIS
IMPRESSION : NORMANDIE ROTO S.A. À LONRAI
DÉPÔT LÉGAL : MARS 2002. N° 51235 (02-0372)